EINFÜHRUNG IN DIE THEORIE

DER

ANALYTISCHEN FUNCTIONEN

EINER COMPLEXEN VERÄNDERLICHEN.

VON

HEINRICH BURKHARDT,
O. PROFESSOR AN DER UNIVERSITÄT ZÜRICH.

MIT ZAHLREICHEN FIGUREN IM TEXT.

LEIPZIG,
VERLAG VON VEIT & COMP.
1897.

FUNKTIONENTHEORETISCHE VORLESUNGEN.

VON

HEINRICH BURKHARDT,

O. PROFESSOR AN DER UNIVERSITÄT ZÜRICH.

ERSTER TEIL.

EINFÜHRUNG IN DIE THEORIE DER ANALYTISCHEN FUNCTIONEN EINER COMPLEXEN VERÄNDERLICHEN.

LEIPZIG,

VERLAG VON VEIT & COMP.

1897.

EINFÜHRUNG IN DIE THEORIE

DER

ANALYTISCHEN FUNCTIONEN

EINER COMPLEXEN VERÄNDERLICHEN.

VON

HEINRICH BURKHARDT,

O. PROFESSOR AN DER UNIVERSITÄT ZÜRICH.

MIT ZAHLREICHEN FIGUREN IM TEXT.

LEIPZIG,

VERLAG VON VEIT & COMP.

1897.

Druck von Metzger & Wittig in Leipzig.

Vorwort.

Die zahlreich vorhandenen deutschen funktionentheoretischen Lehrbücher berücksichtigen fast alle[1] einseitig entweder nur WEIERSTRASSsche oder nur RIEMANNsche Funktionentheorie. Neuere französische und englische Lehrbücher (PICARD, FORSYTH, HARKNESS und MORLEY) sind seit Jahren bemüht, die Kluft zwischen beiden Methoden zu überbrücken; auch bei uns sind die Vorlesungen wie die wissenschaftliche Arbeit selbst nachgerade wohl überall über sie hinausgewachsen; aber es fehlt noch an einem unseren deutschen Unterrichtsverhältnissen angepaßten Buch von mäßigem Umfang, das geeignet wäre, den Studenten von Anfang an den Zugang zu beiden Gedankenkreisen zu eröffnen. Das Fehlen eines solchen Buches machte sich mir lebhaft fühlbar, als ich auf Aufforderung der Verlagsbuchhandlung ein kurzes Lehrbuch der elliptischen Funktionen zu schreiben unternahm; ich habe mich daher entschlossen, ihm diese Einführung in die Funktionentheorie vorauszuschicken. Die RIEMANNschen geometrischen Vorstellungsweisen sind in ihm durchweg in den Vordergrund gestellt; dabei wird aber versucht, unter angemessener Einschränkung der Voraussetzungen diejenige Schärfe der Beweisführung zu erreichen, die niemand mehr entbehren kann, dem einmal in der Schule von WEIERSTRASS die Augen geöffnet sind.

Die verbreiteten Darstellungen der RIEMANNschen Funktionentheorie geben im wesentlichen eine Vorbereitung auf RIEMANNS Theorie der Integrale algebraischer Funktionen. Das war ganz sachgemäß, solange diese Theorie der einzige zur Ausführung gelangte Teil von RIEMANNS funktionentheoretischen Entwürfen war. Inzwischen ist das anders geworden: durch die Arbeiten von

[1] Soviel mir bekannt, macht nur HARNACKS Grundriß der Differential- und Integralrechnung eine Ausnahme; aber der kann Anfängern nicht wohl empfohlen werden.

POINCARÉ und KLEIN sind die linearen Differentialgleichungen und die automorphen Funktionen in den Vordergrund getreten. Auch ein elementares Lehrbuch wird dieser Verschiebung des Schwerpunkts Rechnung tragen müssen; der Begriff des *Fundamentalbereichs* mit allem was daran hängt wird nicht mehr in ihm fehlen dürfen, sondern an den ja durchaus den Elementen angehörenden einfachsten Beispielen, wie z^n und e^z, ausführlich exponiert werden müssen. Soll dafür Platz werden, so muß ein Teil des herkömmlichen Stoffes fallen; ich habe geglaubt, am ehesten die allgemeine Analysis Situs der endlichblättrigen RIEMANNschen Flächen opfern zu können.

Was die Disposition des Stoffes im einzelnen angeht, so ist sie im allgemeinen aus dem beigegebenen Inhaltsverzeichnis ersichtlich; im einzelnen darf ich vielleicht folgendes erwähnen.

Im *ersten* Abschnitt habe ich das Rechnen mit complexen Zahlen als ein Rechnen mit Zahlenpaaren eingeführt, dabei mich aber auf eine allgemeine Theorie der Zahlensysteme mit zwei (oder gar mit mehr) Einheiten nicht eingelassen, sondern gleich die für die Theorie der „gemeinen complexen Zahlen“ charakteristischen Voraussetzungen apodiktisch hingestellt.

Der *zweite* Abschnitt enthält zunächst eine ausführliche geometrische Theorie der elementaren rationalen Funktionen einer complexen Veränderlichen und der durch sie vermittelten konformen Abbildungen. Der Übergang von der Ebene zur Kugel durch stereographische Projektion wird zeitig vorgenommen und dann im folgenden überall wo es zweckmäßig schien wieder benutzt. Den Schluß des Abschnitts bildet, statt irgend eines an und für sich gleichgültigen Beispiels einer rationalen Funktion allgemeineren Charakters, die Diskussion der symmetrischen Invariante von vier Punkten als Funktion ihres Doppelverhältnisses.

Über die Anlage des *dritten* Abschnitts habe ich am längsten geschwankt. Einerseits schien es mir durchaus erforderlich, von vorneherein mich auf bestimmte, auch arithmetisch festgelegte Begriffe der Irrationalzahl und des Grenzwerts zu stützen. Geht man den Schwierigkeiten in der allgemeinen Theorie aus dem Wege, so kommen sie einem nachher bei jeder einzelnen Frage in die Quere. Andererseits wollte ich doch auch nicht ein Lehrbuch der Theorie reeller Veränderlicher und ihrer Funktionen schreiben. Mich aber einfach auf eine der vorhandenen Darstellungen dieser Theorie zu beziehen schien mir auch nicht thunlich. So habe ich mich schließlich entschlossen, Definitionen und Sätze ohne Beweise zusammenzustellen, um wenigstens keinen Zweifel darüber zu lassen, in welchem Sinne ich die einzelnen Termini gebrauche und in welchem Umfang ich die Sätze benutze. Dabei glaubte ich namentlich den Begriff der gleichmäßigen Annäherung an eine Grenzfunktion hervorheben zu sollen.

Der *vierte* Abschnitt bringt die Lehre von den eindeutigen Funktionen complexen Arguments im wesentlichen im Anschluß an Cauchy und Riemann. Nach Ableitung der Eigenschaften solcher Funktionen in Bereichen, in denen sie sich regulär verhalten, schalte ich zunächst die specielle Discussion der Exponentialfunktion, sowie des Sinus und Cosinus ein. Erst dann folgt die Lehre von den isolierten singulären Punkten, in Verbindung mit dem Laurentschen Satze, an den ich auch gleich die Fouriersche Reihe anschließe. Bei der Behandlung des Mittag-Lefflerschen Satzes beschränke ich mich auf den einfachen Fall, in welchem man nicht nötig hat, die Grade der Zusatzpolynome ins Unendliche wachsen zu lassen. Anwendungen dieses Satzes auf einfach periodische Funktionen schließen den Abschnitt.

Im *fünften* Abschnitt, der von mehrdeutigen Funktionen handelt, habe ich eine Änderung der herkömmlichen Anordnung gewagt, die vielleicht nur geteilter Zustimmung begegnen wird: ich habe den Logarithmus und die zugehörige unendlichblättrige Riemannsche Fläche vorangestellt und seine Eigenschaften dann bei der Untersuchung auch der einfachsten Irrationalitäten ohne Scheu benutzt. Gewiß kann man diese Untersuchung führen, ohne irgend welche transcendente Hilfsmittel zu benutzen; will man aber dann konsequent sein, so muß man auch die trigonometrische Form einer complexen Zahl vermeiden, die doch nichts anderes ist als die Einführung ihres Logarithmus, und die Existenz der n^{ten} Wurzeln complexer Zahlen mit dem Fundamentalsatz der Algebra beweisen. Für ein Elementarbuch schien mir das zu umständlich zu sein. Übrigens ist in diesem Abschnitt die allgemeine Theorie der algebraischen Funktionen ganz bei Seite gelassen; dafür sind die einfachsten Fälle um so ausführlicher diskutiert. Zum Schluß des Abschnitts werden die Eigenschaften des Logarithmus benutzt, um die Darstellung einer ganzen transcendenten Funktion durch ein unendliches Produkt aus der Partialbruchzerlegung ihrer logarithmischen Ableitung zu gewinnen.

Den *sechsten* und letzten Abschnitt habe ich „allgemeine Funktionentheorie“ genannt. Erst in ihm entwickle ich die allgemeinen Begriffe der analytischen Fortsetzung, der analytischen Funktion, der Riemannschen Fläche, der natürlichen Grenze. Außerdem enthält der Abschnitt noch eine Darstellung der einzigen bis jetzt bekannten Methode, die in geeigneten Fällen die analytische Fortsetzung einer zunächst nur für einen beschränkten Bereich definierten Funktion wirklich zu bestimmen gestattet, nämlich des Spiegelungsprinzips.

Eine Angabe der ersten Quelle der angeführten Definitionen und Sätze habe ich unterlassen zu dürfen geglaubt. An einzelnen Stellen habe ich Hinweise auf die Litteratur für solche Leser beigefügt, die eine oder die andere Frage weiter zu verfolgen wünschen, als es im Text geschehen konnte; auch dabei habe ich nicht stets die erste Quelle genannt, sondern womöglich auf solche Darstellungen verwiesen, die mir für den Anfänger geeignet zu sein schienen.

Schließlich ist es mir eine angenehme Pflicht, meinen Göttinger Lehrern und Freunden für das fördernde Interesse zu danken, mit dem sie die Entstehung des Büchleins begleitet haben.

Ansbach, den 26. März 1897.

H. Burkhardt.

Inhalt.

Erster Abschnitt.

Complexe Zahlen und ihre geometrische Darstellung.

Zweiter Abschnitt.

Die rationalen Funktionen einer complexen Veränderlichen und die durch sie vermittelten konformen Abbildungen.

Dritter Abschnitt.

Definitionen und Sätze aus der Theorie reeller Veränderlicher und ihrer Funktionen.

Vierter Abschnitt.

Eindeutige analytische Funktionen einer complexen Veränderlichen.

Fünfter Abschnitt.

Mehrdeutige analytische Funktionen einer complexen Veränderlichen.

Sechster Abschnitt.

Allgemeine Funktionentheorie.

ERSTER ABSCHNITT.

Complexe Zahlen und ihre geometrische Darstellung.

§ I. Die allgemeine Arithmetik.

Objekte der *elementaren Arithmetik* sind die einzelnen *ganzen Zahlen.* Sie lehrt, wie durch einfache *Verknüpfungen* je zweier Zahlen (Addition, Subtraktion, Multiplikation u. s. f.) eine dritte gefunden werden kann. Sie leitet dann *Gesetze* ab, welche aussagen: das Resultat einer gewissen Reihe von nacheinander vorgenommenen Verknüpfungen (z. B. $a(b + c)$) kann auch durch eine Reihe anderer Verknüpfungen (im genannten Beispiel $ab + ac$) erhalten werden. Sie wendet endlich diese Gesetze an, um festzustellen, wie eine Größe, die bestimmten Verknüpfungen mit anderen Grössen unterworfen werden soll, gewählt werden muß, damit das Resultat dieser Verknüpfungen einen vorgeschriebenen Wert erhält. Die *Beweise,* welche sie für diese Gesetze und Vorschriften giebt, sind von zwei ganz verschiedenen Arten. Bei der Ableitung der *fundamentalen* Gesetze beruft sie sich auf die *reale* Bedeutung ihrer Objekte (der Zahlen) und der Operationen, welchen diese Objekte unterworfen werden; im weiteren Verlauf wird auf diese reale Bedeutung nicht mehr rekurriert, sondern es wird nur mit den *Zeichen* der Objekte und der Operationen auf Grund der Lehren der *formalen Logik* und der vorher schon abgeleiteten Sätze der Arithmetik selbst manipuliert. Diese Unterscheidung hat weiterhin eine wichtige Konsequenz. Die Entwicklung führt nämlich dahin, daß neben den „*positiven, ganzen*“ Zahlen, denen der Name „*Zahlen*“ ursprünglich allein zukommt, noch andere Gedankendinge ebenfalls als Zahlen (negative, gebrochene, irrationale) bezeichnet und zu Objekten der „*allgemeinen Arithmetik*“ gemacht werden. Für diese Zahlen in allgemeinerem Sinne des Wortes werden dann gewisse Verknüpfungsoperationen definiert, welche große Analogie zu den Verknüpfungen der ganzen Zahlen zeigen und auf welche auch die Namen dieser letzteren Verknüpfungen übertragen werden. Von diesen Operationen mit allgemeineren Zahlen wird auf Grund ihrer Definition gezeigt, daß sie den oben erwähnten fundamentalen Gesetzen genügen; daraus folgt dann mit einem Schlage, daß auch die abgeleiteten Gesetze für sie gelten; die früher unter Voraussetzung nur positiver ganzer Zahlen gegebenen Beweise behalten Wort für Wort Gültigkeit, da sie ja auf die Eigenschaften der Objekte nicht mehr rekurrieren, sondern nur auf die vorher schon bewiesenen Eigenschaften der Operationen sich stützen.

Daß es *erlaubt* ist, solche allgemeinere Zahlen einzuführen, ist in der *Freiheit des wissenschaftlichen Denkens* begründet, das sich seine Objekte selbst wählen kann; daß es *zweckmässig* ist, zeigt der *Erfolg*. Die negativen und gebrochenen Zahlen stellen Relationen zwischen Objekten der täglichen Erfahrung in übersichtlicherer Form dar, als sie sich bei ausschließlichem Gebrauch ganzer positiver Zahlen darstellen lassen; die irrationalen Zahlen entspringen aus der Forderung, die in der Erfahrung approximativ vorliegenden Gesetze unserer Raumanschauung zum Zwecke ihrer wissenschaftlichen Verarbeitung als absolut genaue zu erfassen — einer Forderung, der durch Relationen zwischen ganzen Zahlen allein nicht genügt werden kann.

Im folgenden wird die Einführung der negativen und der gebrochenen Zahlen als bereits erledigt vorausgesetzt; dagegen wird von irrationalen Zahlen in den beiden ersten Abschnitten nur an wenigen Stellen Gebrauch gemacht.

§ 2. Einführung von Zahlenpaaren; ihre Addition und Subtraktion.

Neben die Algebra der *einfachen Zahlen* tritt nun eine Algebra der *Zahlenpaare* („double algebra" sagen die Engländer). Sie leitet aus je zwei Zahlenpaaren ein neues ab und sucht die Gesetze, welchen diese Verknüpfungen der Zahlenpaare unterliegen. Die Algebra der einfachen Zahlen findet ihr Gegenbild in der Geometrie auf einfach ausgedehnten Gebilden, insofern es möglich ist, jedem Punkte eines solchen Gebildes, z. B. einer geraden Linie, eine bestimmte Zahl und jeder Zahl einen bestimmten Punkt zuzuweisen. Von der Algebra der Zahlenpaare werden wir sehen, daß sie ihr Gegenbild in den geometrischen Beziehungen zwischen den Punkten auf zweifach ausgedehnten Gebilden — Flächen — findet, namentlich auf den einfachsten unter diesen, der Ebene und der Kugel.

Welcherlei Verknüpfungen von Zahlenpaaren wir betrachten wollen, steht zunächst in unserer Hand; ob die Wahl, die wir treffen, eine zweckmäßige ist — diese Frage wird dann, aber auch erst dann bejaht werden dürfen, wenn sich Resultate ergeben haben, die auf anderem Wege nicht oder doch nicht so leicht zu gewinnen sind. Wir haben aber für die Auswahl zwei Gesichtspunkte, die uns leiten können. Wir werden einmal nach Verknüpfungen suchen, die denselben oder doch nahezu denselben Gesetzen gehorchen, wie die Verknüpfungen der einfachen Zahlen; wir werden andererseits immer die Beziehung zum geometrischen Bilde im Auge behalten. Doch wollen wir nicht die allgemeine Frage aufwerfen, welches denn die allgemeinsten Verknüpfungen sein mögen, die die erste Forderung erfüllen und dabei auch dem zweiten Gesichtspunkt gerecht werden; wir wollen vielmehr mit der Definition der Verknüpfungen, die wir betrachten, beginnen und nachher erst beweisen, daß sie jenen Gesetzen gehorchen, und zeigen, wie sie sich geometrisch darstellen. Wir knüpfen dabei an die historische Entwicklung an: die Zahlenpaare sind zuerst in der Form „imaginärer" Zahlen $a + b\sqrt{-1}$ bei der Auflösung der algebraischen Gleichungen 2., 3., 4. Grades aufgetreten. Man hat mit diesen „imaginären" Zahlen zuerst zaghaft, bald durch glückliche Erfolge ermutigt, wie mit reellen Zahlen gerechnet, ohne sich vollständig Rechenschaft darüber zu geben, wieso ein solches Vorgehen berechtigt sei, und was ein solches imaginäres Symbol überhaupt bedeute. Die folgenden Definitionen sind alle zuerst in der Form gegeben worden: man soll mit den imaginären Zahlen $a + bi$ wie mit reellen Binomen rechnen, dabei aber höhere Potenzen von i durch die Relation $i^2 + 1 = 0$ auf die erste reducieren.

Wollen wir mit Zahlenpaaren rechnen, so müssen wir uns erst darüber einigen, welchen Sinn die Aussage haben soll: „zwei Zahlenpaare sind einander gleich". Wir definieren:

I. *Zwei Zahlenpaare (a, b) und (c, d) sollen dann und nur dann einander gleich heißen, wenn*

$$a = c \text{ und } b = d$$

ist (nicht etwa auch wenn $a = d$ und $b = c$ ist). *Eine* Gleichung zwischen Zahlenpaaren vertritt also *zwei* Gleichungen zwischen Zahlen.

II. Wohl die einfachste Art, aus zwei Zahlenpaaren (a, b) und (c, d) ein drittes abzuleiten, ist, daß man bildet:

$$(a + c,\ b + d).$$

Wir bedürfen eines *Namens* und eines *Zeichens* für diese Verknüpfung; wir wollen keine neuen einführen, sondern den aus der einfachen Algebra bekannten Namen der *Addition* mit ihrem Zeichen $+$ auch hier benutzen. *Wir nennen demgemäß das dritte Zahlenpaar die Summe der beiden andern und schreiben:*

1) $$(a, b) + (c, d) = (a + c, b + d).$$

Diese Worte und Zeichen (Addition, Summe, $+$, $=$) haben damit eine neue Bedeutung erhalten.

Diese Verknüpfung der Zahlenpaare ist eine *in jedem Falle ausführbare* und *eindeutig bestimmte* Operation. Es gelten für sie das *Gesetz der Commutation:*

2) $$(a, b) + (c, d) = (c, d) + (a, b)$$

und das *Gesetz der Association:*

3) $$[(a, b) + (c, d)] + (e, f) = (a, b) + [(c, d) + (e, f)].$$

Das erste dieser Gesetze wird bewiesen, indem man die auf beiden Seiten der Gleichung (2) geforderten Operationen der Definition (II) gemäß ausführt; die sich ergebenden Zahlenpaare $(a + c, b + d)$ und $(c + a, d + b)$ sind nach Definition (I) einander gleich, weil nach dem für die Addition der Zahlen geltenden Kommutationsgesetz $a + c = c + a$ und $b + d = d + b$ ist. — In derselben Weise ist die Gleichung (3) zu beweisen.

Aus den beiden Gesetzen der Kommutation und der Association werden in der elementaren Algebra die weiteren Sätze über die Umordnung der Glieder in einer Summe von 3 oder mehr Summanden durch rein logische Deduktion gewonnen, ohne daß man dabei nötig hätte, auf die reale Bedeutung der Operation des Addierens zurückzugehen. Daraus folgt (man wolle die allgemeine Erörterung des § 1 über diese Schlußweise vergleichen), daß auch diese weiteren Sätze für das Rechnen mit Zahlenpaaren ebenso wie für das Rechnen mit gewöhnlichen Zahlen Gültigkeit haben. Demgemäß gilt der allgemeine Satz, von dem die Gleichungen (2) und (3) spezielle Fälle darstellen:

III. *In einer Summe beliebig vieler Zahlenpaare dürfen die einzelnen Summanden in beliebiger Auswahl und Reihenfolge zu Teilsummen zusammengefaßt werden.*

Wir definieren weiter:

IV. *Das Zahlenpaar $(-a, -b)$ heißt zu dem Zahlenpaar (a, b) entgegengesetzt.*

V. *Unter der Differenz zweier Zahlenpaare verstehen wir dasjenige Zahlenpaar, das zu dem Subtrahenden addiert den Minuenden liefert.*

Aus dieser Definition, der Definition der Summe (II) und den Eigenschaften der Addition und der Subtraktion der einfachen Zahlen folgt:

Satz VI, der sich durch die Gleichung ausdrückt

4) $$(a, b) - (c, d) = (a - b, c - d);$$

sowie *Satz VII: Subtraktion eines Zahlenpaares ist dasselbe wie Addition des entgegengesetzten Zahlenpaares, also eine in jedem Falle ausführbare und eindeutig bestimmte Operation.*

Die Summe einer Anzahl (m) gleicher Summanden a

$$\overset{1}{a} + \overset{2}{a} + \overset{3}{a} + \ldots + \overset{m-1}{a} + \overset{m}{a}$$

wird in der elementaren Algebra „das Produkt aus der Anzahl m in die Zahl a" genannt. Zufolge des Satzes (III) hat es einen bestimmten Sinn, wenn wir diese Definition auf Zahlenpaare ausdehnen; wir können sagen:

VIII. *Unter dem Produkt aus einer ganzen Zahl m und einem Zahlenpaar (a, b) verstehen wir die Summe von m einander gleichen Zahlenpaaren (a, b).*

Bilden wir diese Summe nach den Vorschriften der Definition II und des Satzes III, so finden wir einen *Satz IX* der sich durch die Gleichung ausdrückt:

5) $$m(a, b) = (m a, m b).$$

X. *Die Division eines Zahlenpaares durch eine ganze Zahl definieren wir als Umkehrung der eben definierten Multiplikation.* Zufolge der Gleichung (5) ist dann:

6) $$\frac{(a, b)}{m} = \left(\frac{a}{m}, \frac{b}{m}\right).$$

XI. *Multiplikation eines Zahlenpaares mit einem Bruch* definieren wir als *„Multiplikation mit dem Zähler und Division durch den Nenner"*; aus den Gleichungen (5) und (6) folgt dann:

7) $$\frac{m}{n} \cdot (a, b) = \left(\frac{m}{n} a, \frac{m}{n} b\right).$$

Vermöge IV—VII und der Definition der Multiplikation negativer Zahlen gelten die Sätze IX—XI auch für negative ganze Zahlen m, n.

XII. Auf Grund der Definitionen II und XI kann jedes Zahlenpaar in der Form:

8) $$(a, b) = a e_1 + b e_2$$

als algebraische Summe von Multiplis der beiden speziellen Zahlenpaare:

$$e_1 = (1, 0)$$
$$e_2 = (0, 1)$$

dargestellt werden, die man wohl Einheiten nennt.

§ 3. Multiplikation der Zahlenpaare; die Zahlenpaare als complexe Zahlen.

In der elementaren Arithmetik wird neben der Addition als eine zweite Art der Verknüpfung zweier Zahlen zu einer dritten die *Multiplikation* betrachtet. Von den Eigenschaften derselben heben wir für unsere nächsten Zwecke einmal die *Commutativität* hervor (vgl. § 2, Glchg. (2)), derzufolge:

1) $$ab = ba$$

ist; dann aber die *distributive* Beziehung, in welcher sie zur Addition steht. Diese letztere drückt sich durch die identische Gleichung:

2) $$a(b + c) = ab + ac$$

aus.

Wir fragen nun, ob es auch für Zahlen*paare* eine Verknüpfung giebt, welche diesen beiden Gesetzen gehorcht, welche also erstens selbst commutativ ist, zweitens zu der in § 2 gelehrten Addition der Zahlenpaare in distributiver Beziehung steht. Giebt es eine solche, so wollen wir den Namen *Multiplikation* und die Bezeichnung durch Nebeneinanderstellen der Faktoren, mit oder ohne verbindenden Punkt, auf sie übertragen.

Vermöge der in § 2, Glchg. (8) gelehrten Darstellung der Zahlenpaare und vermöge der gestellten Forderungen der Commutativität und Associativität wird das Resultat der Multiplikation irgend zweier Zahlenpaare bestimmt sein, wenn die Produkte der beiden Einheiten mit sich selbst und mit einander bestimmt sind (natürlich wieder als Zahlenpaare). Wir wollen aber hier nicht die Frage allgemein aufwerfen und beantworten, welches die allgemeinsten mit den übrigen Voraussetzungen verträglichen Annahmen sind, die wir hier noch machen können, oder welche von den verschiedenen etwa möglichen Annahmen auch wirklich zu wesentlich verschiedenen „double algebras“ führen; wir wollen vielmehr gleich diejenigen Voraussetzungen einführen, welche für die Theorie der sogenannten *„gemeinen complexen Zahlen“* charakteristisch sind.

I. *Wir setzen* dementsprechend *fest, daß die Produkte der Einheiten durch die Gleichungen definiert seien:*

3) $$(1, 0) . (1, 0) = (1, 0)$$

4) $$(0, 1) . (1, 0) = (1, 0)(0, 1) = (0, 1)$$

5) $$(0, 1) . (0, 1) = (-1, 0)$$

Wir müssen uns vor allem den Inhalt dieser Gleichungen klar machen.

Aus der ersten von ihnen, zusammen mit den Resultaten des vorigen Paragraphen, ergiebt sich, daß alles Rechnen mit Zahlenpaaren, deren zweite Elemente $= 0$ sind, so auszuführen ist, wie wenn diese zweiten Elemente gar nicht vorhanden wären, indem nämlich nur mit den ersten Elementen wie mit einfachen Zahlen zu rechnen ist. Gleichung (4) sagt zusammen mit dem Gesetz der Distributivität aus, daß die Zahlenpaare $(a, 0)$ auch für die Multiplikation mit andern Zahlenpaaren wie einfache Zahlen zu behandeln sind. Infolgedessen dürfen wir diese speziellen Zahlenpaare geradezu mit den einfachen Zahlen identifizieren:

II. *Wir dürfen und wollen:*

6) $$(1, 0) = 1$$

setzen; dann folgt vermöge § 2, Glchg. 5, *daß allgemein*

7) $$(a, 0) = a$$

zu setzen ist.

Gleichung (5) endlich kann vermöge (7) geschrieben werden:

8) $$(0, 1) . (0, 1) = -1.$$

Infolgedessen können wir sagen:

III. *Während es nicht möglich ist, eine einfache Zahl zu finden, die mit sich selbst multipliziert* -1 *giebt, giebt es ein Zahlenpaar, nämlich* $(0, 1)$, *das diese Eigenschaft hat.*

Die Aufgabe, eine Zahl zu finden, die mit sich selbst multipliziert eine gegebene Zahl liefert, heißt in der elementaren Algebra „Ausziehung der Quadratwurzel aus dieser Zahl“ und wird mit $\sqrt{}$ bezeichnet; übertragen wir diese Bezeichnungsweise (vorläufig ohne nähere Diskussion) auf das Rechnen mit Zahlenpaaren, so können wir Satz III auch folgendermaßen formulieren:

IV. *Die durch* $\sqrt{-1}$ *geforderte Rechnungsoperation ist im Gebiete der einzelnen Zahlen unmöglich; aber im Gebiete der Zahlenpaare wird ihr durch* $(0, 1)$ *Genüge geleistet.*

(Ob ihr etwa noch andere Zahlenpaare Genüge leisten, bleibt vorläufig dahingestellt; vgl. aber § 58.)

Dementsprechend setzen wir, indem wir uns einer von Gauss eingeführten Bezeichnungsweise bedienen:

9) $$(0, 1) = \sqrt{-1} = i$$

V. *Zufolge Glchg. 8 des § 2 kann dann jedes Zahlenpaar in der Form geschrieben werden:*

10) $$(a, b) = a + b i.$$

Wir ändern nunmehr unsere Ausdrucksweise:

VI. *Was wir bisher schlechtweg „eine Zahl" nannten, soll in Zukunft „eine reelle Zahl" heißen; was wir bisher ein Zahlenpaar nannten, soll in Zukunft „eine Zahl"*, oder wo ein unterscheidender Zusatz wünschenswert ist, *eine „complexe Zahl" (complexe Größe) genannt werden.*

Dementsprechend dehnen wir den Gebrauch, unbestimmte Zahlen durch Buchstaben zu bezeichnen, dahin aus, daß *ein Buchstabe eine beliebige complexe Zahl soll bezeichnen können*, wenn nicht die Beschränkung auf reelle Zahlen (oder eine andere Beschränkung) ausdrücklich ausgesprochen oder aus dem Zusammenhang ersichtlich ist.

VII. *a heißt der reelle, $b\,i$ der imaginäre Bestandteil der complexen Zahl $a + b\,i$.* Eine complexe Zahl, deren reeller Bestandteil 0 ist, heißt eine *rein imaginäre* Zahl.

Man darf sich durch diese *Namen* nicht zu falschen Vorstellungen verleiten lassen; wie wir bald sehen werden, sind die complexen Zahlen sehr wohl zur Darstellung bestimmter Beziehungen zwischen reellen Objekten geeignet.

Wir wollen die eben eingeführte Bezeichungsweise sofort benutzen, um in ihr das Resultat explicite anzugeben, welches sich:

VIII. für die *Multiplikation von irgend zwei complexen Zahlen* durch Anwendung der Gleichungen (1)—(5) ergiebt:

11) $$(a + b\,i)(c + d\,i) = a\,c - b\,d + i(a\,d + b\,c).$$

Die durch diese Gleichung definierte Multiplikation complexer Zahlen ist demnach eine in jedem Falle ausführbare Operation, und ihr Resultat ist eindeutig bestimmt. Daß die Regeln der Multiplikation reeller Zahlen für sie gelten, ist nicht selbstverständlich (ebensowenig wie die entsprechende Eigenschaft der Addition), sondern muß bewiesen werden. Dabei wird es genügen, die fortdauernde Gültigkeit der *fundamentalen* Gesetze nachzuweisen, um schließen zu können, daß auch die abgeleiteten Gesetze bestehen bleiben; wir haben diesen Punkt in den §§ 1, 2 so ausführlich erörtert, daß wir hier nicht mehr darauf zurückzukommen brauchen. Solcher fundamentalen Gesetze besitzt die Multiplikation aber drei; nämlich außer den beiden zu Anfang des Paragraphen genannten noch das folgende:

12) $$(a\,b)\,.\,c = a\,.\,(b\,c)$$

das als *Gesetz der Association* (§ 1, Glchg. 3) bezeichnet wird. Zur Verifikation der Thatsache, daß diese drei Gesetze auch für die durch Glchg. (11) definierte Multiplikation complexer Zahlen Gültigkeit behalten, bedarf es nur der Ausführung der geforderten Operationen nach den gegebenen Vorschriften; sie kann dem Leser überlassen bleiben, und wir dürfen gleich den Satz aussprechen:

IX. *Für die durch Gleichung (11) definierte Multiplikation gelten die drei Gesetze (1), (2), (12) mit allen ihren Folgerungen.*

Alle Folgerungen aus Gleichungen sind natürlich wieder Gleichungen. Es giebt aber noch eine wichtige Eigenschaft der Multiplikation reeller Zahlen, die sich nicht durch eine Gleichung, sondern durch eine *Ungleichung* ausdrückt, und die daher jedenfalls nicht aus jenen drei Grundgesetzen allein abgeleitet werden kann: nämlich den Satz, dass ein Produkt nicht 0 sein kann, wenn nicht einer der beiden Faktoren 0 ist. Wir müssen daher noch besonders zeigen, daß auch dieser Satz für complexe Zahlen gültig bleibt. Soll die rechte Seite der Glchg. (11) $= 0$ sein, so muß nach der in § 2, I gegebenen Definition der Gleichheit complexer Zahlen:

$$\begin{aligned} ac - bd &= 0 \quad \left| \begin{matrix} c \\ d \end{matrix} \right| \quad \begin{matrix} -d \\ c \end{matrix} \\ ad + bc &= 0 \end{aligned}$$

sein. Aus diesen Gleichungen folgt durch Multiplikation mit den beigesetzten Faktoren:

13)
$$\begin{aligned} a(c^2 + d^2) &= 0, \\ b(c^2 + d^2) &= 0. \end{aligned}$$

Der Gleichung $c^2 + d^2 = 0$ kann durch reelle Zahlen c, d nicht anders genügt werden, als wenn $c = 0$ und $d = 0$ ist. Wenn aber $c^2 + d^2$ nicht $= 0$ ist, folgt aus den Gleichungen (13), daß $a = 0$ und $b = 0$ sein muß, eben weil für reelle Zahlen der angeführte Satz Gültigkeit hat. Wenn also

$$(a + bi)(c + di) = 0$$

ist, muß entweder $a + bi = 0$ oder $c + di = 0$ sein; d. h. es gilt auch für unsere complexen Zahlen in der That der Satz:

X. *Ein Produkt kann nicht Null sein, wenn nicht einer der Faktoren Null ist.*

§ 4. Geometrische Darstellung der complexen Zahlen durch die Punkte der Ebene.

Zu Beginn unserer Untersuchungen (in § 1) haben wir uns daran erinnert, daß die Gesamtheit der reellen Zahlen und die Gesamtheit der Punkte einer geraden Linie einander umkehrbar eindeutig, d. h. so zugeordnet werden können, daß jedem Punkt eine bestimmte Zahl (seine „Abscisse“) und jeder Zahl ein bestimmter

Punkt entspricht. Wir haben auch bereits darauf hingewiesen, daß ebenso den Punkten einer Fläche, als eines zweifach ausgedehnten Gebildes, Zahlenpaare zugeordnet werden können. Die einfachste derartige Zuordnung ist die für die Punkte der Ebene von DESCARTES gegebene: man zieht durch einen bestimmten Punkt, den „Ursprung des Koordinatensystems“, zwei zu einander senkrechte Gerade, „die x- und die y-Axe“, fällt von jedem Punkt der Ebene Senkrechte auf diese Axen und bezeichnet die Längen der von diesen Senkrechten auf den Axen gebildeten Abschnitte, vom Ursprung aus gemessen und mit Vorzeichen[1] genommen als „Koordinaten“ x, y des betrachteten Punktes (vgl. Fig. 1). In dieser Darstellung brauchen wir nur das Zahlenpaar (x, y) durch die complexe Zahl $x + iy$ zu ersetzen, so haben wir die von GAUSS und ARGAND gegebene Beziehung der complexen Zahlen auf die Punkte der Ebene:

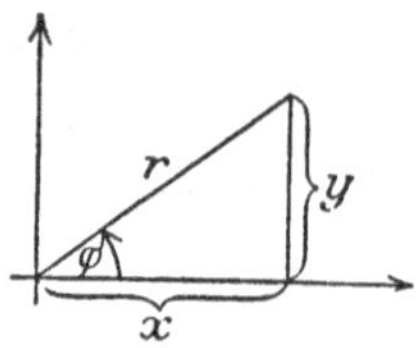

Fig. 1.

I. *Wir ordnen jeder complexen Zahl $x + iy$ denjenigen Punkt der Ebene zu, der in Bezug auf ein fest angenommenes rechtwinkliges Koordinatensystem die Koordinaten x, y hat, und umgekehrt jedem Punkt mit den Koordinaten x, y die complexe Zahl $x + iy$.*

Dabei entspricht also jeder complexen Zahl ein und nur ein Punkt der Ebene und umgekehrt jedem Punkte der Ebene eine und nur eine complexe Zahl. Also muss auch jeder bestimmten Beziehung zwischen Punkten der Ebene eine bestimmte Beziehung zwischen complexen Zahlen entsprechen und umgekehrt. Aus jedem Satze über complexe Zahlen folgt durch Übersetzung in die Sprache der Geometrie ein Satz über Punkte einer Ebene; umgekehrt aus jedem Satze der Geometrie der Ebene ein Satz über complexe Zahlen. Selbstverständlich muß jeder Satz jeder dieser Theorien sich „rein“ durch Mittel beweisen lassen, die ihr allein angehören; aber wir werden uns das mächtige Hilfsmittel der Forschung nicht

[1] Im allgemeinen werden wir die positive x-Axe nach rechts, die positive y-Axe vom Leser abgewendet annehmen; jedenfalls aber denken wir uns die positiven Axenrichtungen so gewählt, daß sie durch bloße Drehung in der Ebene, ohne Umklappung derselben, in die eben angegebene Lage gebracht werden können. Ob man diese oder die entgegengesetzte Festsetzung trifft, ist an und für sich natürlich vollkommen gleichgültig; doch ist es häufig bequem für die Ausdrucksweise, daß man eine bestimmte Festsetzung trifft, und gelegentlich für Vorzeichenbestimmungen von Bedeutung, daß man an der einmal getroffenen festhält.

entgehen lassen, das in der Ausnutzung bekannter geometrischer Sätze für unsere funktionentheoretischen Zwecke besteht. Dieses Verfahren ist auch vom Standpunkt der Stringenz unangreifbar, sobald nur einerseits die umkehrbare Eindeutigkeit der gegenseitigen Beziehung zwischen dem analytischen Objekt und dem geometrischen Bild sichergestellt, andererseits eben nur bewiesene geometrische Sätze übertragen werden.

Insbesondere entsprechen den reellen Zahlen (§ 3, VI) die Punkte der x-Axe, die daher *Axe der reellen Zahlen* genannt wird, den rein imaginären Zahlen (§ 3, VII) die Punkte der y-Axe (*Axe der rein imaginären Zahlen*)[1].

Aus den rechtwinkligen Koordinaten eines Punktes ergeben sich bekanntlich seine Polarkoordinaten, Radius Vector r und Polarwinkel φ, durch die Gleichungen (vgl. Fig. 1):

1)
$$\begin{aligned} x &= r\cos\varphi, \\ y &= r\sin\varphi, \end{aligned}$$

deren Auflösung lautet:

2)
$$r = \sqrt{x^2 + y^2}, \quad \varphi = \operatorname{arc\,tg}\frac{y}{x}\cdot$$

Die Formeln (1) sind auch dem Vorzeichen nach richtig, wenn der positive Drehsinn für die Winkel so gewählt ist, daß die Halbaxe der positiven y mit der der positiven x einen Winkel $+\frac{\pi}{2}$ einschliesst[2], und wenn r stets positiv genommen wird. Die Begründung dieser Behauptungen durch die Theorie der trigonometrischen Funktionen eines reellen Winkels setzen wir hier als bekannt voraus.

II. *Auf Grund der Gleichungen (1) kann jede complexe Zahl auf die Form gebracht werden:*

3)
$$z = x + iy = r(\cos\varphi + i\sin\varphi).$$

III. *Dabei ist r der positive Wert der Wurzel:*

$$\sqrt{x^2 + y^2};$$

man nennt ihn den ***absoluten Betrag***[3] *der complexen Zahl* $z = x + iy$ und bezeichnet ihn mit:

$$|z|.$$

Das Quadrat des absoluten Betrags wird ***Norm*** *genannt.*

[1] Man sagt auch wohl „reelle Axe“, „imaginäre Axe“.

[2] Also bei der getroffenen Festsetzung über die positiven Richtungen der Axen: „gegen den Sinn des Uhrzeigers“.

[3] Auch wohl „*Modul*“; dieses Wort hat aber noch verschiedene andere Bedeutungen.

IV. Über einen bestimmten Namen für den Winkel φ hat man sich nicht geeinigt; man findet ihn als Argument, Amplitude, Abweichung, Anomalie, *Arcus* bezeichnet. Wir wollen die letztgenannte Bezeichnung annehmen.

V. *Der Faktor*

$$\cos\varphi + i\sin\varphi$$

(Richtungsfaktor der complexen Zahl) *hat die Eigenschaft, daß sein absoluter Betrag = 1 ist.*

VI. *Die Bildpunkte der Zahlen vom absoluten Betrag 1 liegen auf dem Einheitskreis, d. h. auf dem Kreis, dessen Mittelpunkt der Nullpunkt und dessen Radius gleich der Längeneinheit ist.*

Eine sehr wesentliche Frage ist hier, ob es nur auf eine Art möglich ist, eine complexe Zahl auf die Form (3) zu bringen, oder auf mehrere Arten. Darauf ist zu sagen:

VII. *Der absolute Betrag r ist eindeutig bestimmt; aber es giebt* (wie die Trigonometrie lehrt) *unendlich viele Werte von φ, die den Bedingungen genügen: sie gehen alle aus irgend einem von ihnen durch Addition und Subtraktion beliebiger ganzzahliger Vielfacher von 2π hervor.* Man muß diese unendliche Vieldeutigkeit des Arcus beständig beachten, wenn man mit der Form (3) der complexen Zahlen operiert; übrigens werden wir in § 54 ausführlich auf sie zurückkommen müssen.

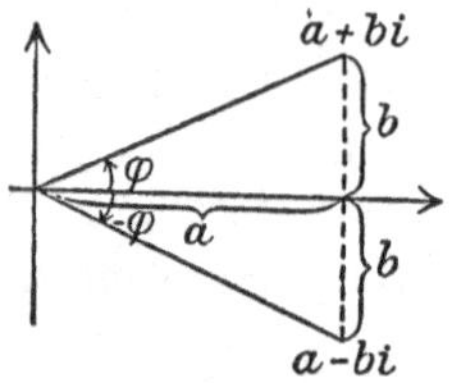

Fig. 2.

VIII. *Die Zahl:*

$$4)\quad a - ib = r(\cos(-\varphi) + i\sin(-\varphi))$$
$$= r(\cos\varphi - i\sin\varphi)$$

heißt die zu $a + ib$ konjugiert complexe Zahl. Ihr geometrisches Bild ist (vgl. Fig. 2) das *Spiegelbild* des Punktes $a + ib$ in Bezug auf die Axe der reellen Zahlen. — Die zur konjugierten konjugierte Zahl ist wieder die ursprüngliche.

§ 5. Geometrische Darstellung der Addition complexer Zahlen.

Aus den Punkten, welche die beiden complexen Zahlen $a + bi$ und $c + di$ geometrisch repräsentieren, lässt sich der ihre Summe darstellende Punkt nach folgender Vorschrift konstruieren:

I. *Man verbinde die beiden gegebenen Punkte mit dem Nullpunkt durch gerade Linien und vollende das dadurch bestimmte Parallelogramm; seine vierte Ecke ist der gesuchte Punkt.*

Der Beweis ergiebt sich aus Fig. 3, in der die erforderlichen Hilfslinien gezogen sind. — Daß er auch giltig bleibt, wenn die gegebenen Punkte nicht beide im ersten Quadranten liegen, folgt aus den in § 4 getroffenen Bestimmungen über die Vorzeichen.

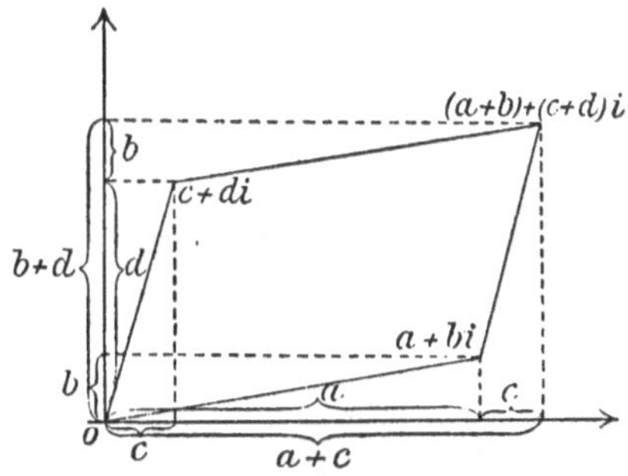

Fig. 3.

Eine andere Form derselben Vorschrift ist die folgende:

II. *Man nehme $a + bi$ zum Anfangspunkt einer Strecke, welche mit der von 0 nach $c + di$ parallel, gleichgerichtet und gleichlang ist; ihr Endpunkt ist dann $(a + bi) + (c + di)$.*

Von den in § 2 behandelten Eigenschaften der Addition folgt die Kommutativität aus der I., die Associativität aus der II. Form dieser Vorschrift. Darüber hinaus erhalten wir gleich ein erstes Beispiel für die Nutzbarmachung geometrischer Sätze zu analytischen Zwecken. Es gilt nämlich der elementargeometrische Satz: in jedem Dreieck ist jede Seite nicht grösser[1] als die Summe (und nicht kleiner als die Differenz) der beiden andern Seiten. Aus ihm folgt auf Grund der Definition (3) von § 4 der folgende wichtige, namentlich bei Konvergenzbeweisen immer wieder zur Anwendung kommende Satz:[2]

[1] Die gewählte Ausdrucksweise berücksichtigt einen Grenzfall, der hier nicht ausgeschlossen werden darf: daß nämlich das Dreieck in eine gerade Linie ausartet.

[2] Ein algebraischer Beweis würde folgendermaßen zu führen sein:

$$|a + bi| = \sqrt{a^2 + b^2}, \quad |c + di| = \sqrt{c^2 + d^2},$$
$$|a + bi + c + di|^2 = (a + c)^2 + (b + d)^2$$

also:

$$\left(|a + bi| + |c + di|\right)^2 - |a + bi + c + di|^2$$
$$= 2\sqrt{(a^2 + b^2)(c^2 + d^2)} - 2\,ac - 2\,bd$$
$$= 2\left[\sqrt{a^2c^2 + b^2c^2 + a^2d^2 + b^2d^2} - \sqrt{a^2c^2 + 2\,abcd + b^2d^2}\right]$$

Aber

$$(ad - bc)^2 \geqq 0,$$

daher auch

$$a^2d^2 + b^2c^2 \geqq 2\,abcd;$$

folglich ist der Ausdruck in [ ] nicht negativ, da die erste Wurzel positiv zu nehmen ist (mag die zweite Wurzel positiv oder negativ zu nehmen sein). Also ist auch

$$|a + bi| + |c + di| \geqq |a + bi + c + di|$$

w. z. b. w.

III. *Der absolute Betrag der Summe zweier complexen Zahlen ist nicht größer als die Summe (und nicht kleiner als die Differenz) der absoluten Beträge der Summanden.*

Wiederholte Anwendung der ersten Hälfte des Satzes III giebt den allgemeineren:

IV. *Der absolute Betrag der Summe beliebig vieler complexer Zahlen ist nicht größer als die Summe ihrer absoluten Beträge.*

§ 6. Geometrische Darstellung der Multiplikation complexer Zahlen.

Die in § 3, Glchg. 11 gegebene Definition des Produkts zweier complexen Zahlen lässt sich auf Grund der Entwicklungen von § 4 auf eine Form bringen, aus der sich die geometrische Konstruktion des Produkts sofort wird ablesen lassen. Sei nämlich:

$$a + bi = r_1 (\cos \varphi_1 + i \sin \varphi_1),$$
$$c + di = r_2 (\cos \varphi_2 + i \sin \varphi_2),$$

so folgt zunächst:

$$(a + bi)(c + di) = r_1 r_2 [(\cos \varphi_1 \cos \varphi_2 - \sin \varphi_1 \sin \varphi_2) + i(\sin \varphi_1 \cos \varphi_2 + \cos \varphi_1 \sin \varphi_2)].$$

Das ist aber nach den Additionstheoremen der trigonometrischen Funktionen nichts anderes als:

1) $$= r_1 r_2 [\cos(\varphi_1 + \varphi_2) + i \sin(\varphi_1 + \varphi_2)];$$

wir haben somit den Satz gewonnen:

I. *Der absolute Betrag eines Produkts ist gleich dem Produkt der absoluten Beträge der Faktoren, der Arcus des Produkts gleich der Summe ihrer Arcus.*

Ein bemerkenswerter Specialfall wird für $r_2 = r_1$, $\varphi_2 = -\varphi_1$ erhalten, nämlich:

2) $$(a + bi)(a - bi) = a^2 + b^2,$$

m. W.:

II. *Das Produkt zweier konjugiert complexen Zahlen ist reell, nämlich gleich ihrer gemeinsamen Norm.*

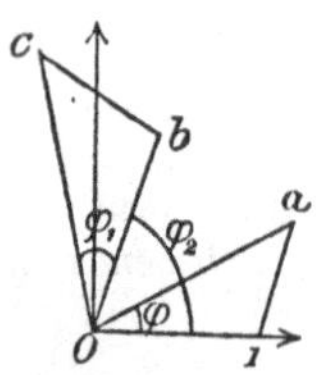

Fig. 4.

Die Gleichung (1) lässt die Associativität und Kommutativität des Produkts unmittelbar erkennen; sie führt ferner zur geometrischen Konstruktion desselben. In Fig. 4 sei c der Punkt, der das Produkt ab geometrisch darstellt; es ist dann

$$\sphericalangle 10a = \varphi_1, \quad \sphericalangle 10b = \varphi_2, \quad \overline{0a} = r_1, \quad \overline{0b} = r_2$$

und zufolge der Gleichung (1):

$$\sphericalangle 10c = \varphi_1 + \varphi_2, \quad \overline{0c} = r_1 r_2,$$

also:

$$\sphericalangle b\,0\,c = \varphi_1 = \sphericalangle 1\,0\,a, \quad \overline{01} : \overline{0a} = \overline{0b} : \overline{0c}.$$

Demnach sind die Dreiecke $01a$ und $0bc$ einander gleichstimmig ähnlich und die gesuchte Konstruktion ist folgende:

III. *Sind a, b die Punkte, welche die zu multiplizierenden Zahlen geometrisch darstellen, so konstruiere man das zu $01a$ gleichstimmig ähnliche Dreieck $0bc$; die dritte Ecke c desselben stellt das Produkt ab dar.*

Diese Konstruktion benutzt außer dem Nullpunkt auch den Einheitspunkt, was bei der Konstruktion der Summe in Fig. 3 nicht der Fall war.

§ 7. Division complexer Zahlen.

I. *Den Quotienten zweier complexen Zahlen $a:b$ definieren wir als diejenige complexe Zahl c, die mit b multipliziert a ergiebt.*

Die in § 6, I gegebene Darstellung des Produkts gestattet sofort die Lösung der durch diese Definition gestellten Aufgabe; man findet:

$$1) \qquad \frac{a}{b} = \frac{r_1}{r_2}[\cos(\varphi_1 - \varphi_2) + i\sin(\varphi_1 - \varphi_2)],$$

m. W.:

II. *Der absolute Betrag des Quotienten zweier complexen Zahlen ist gleich dem Quotienten ihrer absoluten Beträge, sein Arcus gleich der Differenz ihrer Arcus* (gleich dem Winkel $a\,0\,b$).

Die Vieldeutigkeit der Arcus hat auf das Resultat keinen Einfluß. Denn vermehren wir den zuerst gewählten Arcus des Dividenden oder des Divisors um 2π, so vermehrt, bezw. vermindert sich der nach der gegebenen Regel zu bildende Arcus des Quotienten um 2π; weder das eine noch das andere ändert den Wert desselben. Wir können also sagen:

III. *Auch die Division zweier complexen Zahlen ist eine stets ausführbare, eindeutig bestimmte Operation; allein den Fall ausgenommen, daß der Divisor gleich Null ist.*

Geht man von der trigonometrischen Darstellung der complexen Zahlen wieder zu der ursprünglichen zurück, so findet man:

$$2) \qquad \frac{\alpha + \beta i}{\gamma + \delta i} = \frac{(\alpha\gamma + \beta\delta) + (-\alpha\delta + \beta\gamma)i}{\gamma^2 + \delta^2}.$$

Als speziellen Fall beachte man $r_1 = r_2$, $\varphi_2 = -\varphi_1$; man findet:

IV. *Der Quotient zweier konjugiert complexen Zahlen ist eine Zahl vom absoluten Betrage 1.*

V. *Der Quotient von 1 durch eine complexe Zahl a heißt* (wie bei reellen Zahlen) *ihr reciproker Wert.* Ist:

$$a = \alpha + i\beta = r(\cos\varphi + i\sin\varphi),$$

so ist:

$$\frac{1}{a} = \frac{\alpha - i\beta}{\alpha^2 + \beta^2} = \frac{1}{r}(\cos\varphi - i\sin\varphi). \tag{3}$$

Vergleichung der Formeln zeigt, daß wie bei reellen Zahlen der Satz gilt:

VI. *Eine complexe Zahl wird durch eine andere dividiert, indem man sie mit dem reciproken Wert der letzteren multipliziert.*

Daraus folgt dann weiter, dass auch für die Division complexer Zahlen alle Regeln des Rechnens mit reellen Zahlen gelten. Indem wir dieses Resultat mit den Resultaten der vorhergehenden Paragraphen in einen Satz zusammenfassen, können wir sagen:

VII. *Im Gebiete der vier Grundrechnungsarten darf man mit complexen Zahlen rechnen wie mit reellen.*

Es ist von Wichtigkeit, daß man sich den Inhalt dieser Aussage vollständig klar macht. Sie enthält einmal den *Lehrsatz*, daß es Verknüpfungen von Zahlen*paaren giebt*, welche denselben Regeln gehorchen, wie die mit den Namen Addition, Subtraktion u. s. w. bezeichneten Verknüpfungen einzelner reeller Zahlen; sie enthält ferner die *konventionelle Festsetzung*, dass man für jene Verknüpfungen dieselben Namen und Zeichen beibehalten will, die für diese im Gebrauch sind.

Für Zahlentripel, Zahlenquadrupel u. s. w. gilt *kein* entsprechender Satz. Man kann zwar Verknüpfungen derselben angeben — und zwar noch in mannigfaltiger Weise — welche *fast* allen Regeln des Rechnens mit reellen Zahlen gehorchen; aber man muß dabei doch immer entweder die eine oder die andere dieser Regeln preisgeben. Der Beweis dieses Satzes würde uns hier zu weit führen [1]; ebensowenig können wir auf die Frage eingehen, ob es nicht trotzdem für bestimmte Zwecke vorteilhaft ist, solche „höhere complexen Zahlen" einzuführen, und auf welche von den Regeln der gemeinen Arithmetik man noch am ehesten verzichten kann [2].

Wollten wir uns an den Entwicklungsgang der elementaren Algebra anschließen, so hätten wir uns nunmehr zu den sogen.

---

[1] Vgl. etwa O. Stolz, Allgemeine Arithmetik, Bd. II. (Lpz. 1886), I. Abschnitt; neuerdings D. Hilbert, Gött. Nachr. 1896.

[2] Vgl. etwa H. Hankel, Theorie der complexen Zahlensysteme (Lpz. 1867), sowie S. Lie, Continuierliche Gruppen, hsg. von G. Scheffers (Lpz. 1893), Kap. 21.

Operationen dritter Stufe, dem Potenzieren, Wurzelziehen und Logarithmieren, zu wenden; wir verschieben das jedoch auf später (§§ 18, 56, 63), bleiben zuerst bei den vier elementaren Operationen und sehen zu, was uns dieses Gebiet für neue Resultate liefert, wenn wir zu den Begriffen der Algebra noch die der Analysis angehörigen Begriffe der veränderlichen Größe und der Funktion hinzunehmen.

ZWEITER ABSCHNITT.

Die rationalen Funktionen einer complexen Veränderlichen und die durch sie vermittelten konformen Abbildungen.

§ 8. Allgemeine Vorbemerkungen; die Funktion $z + a$ und die Parallelverschiebung.

Wir wollen in diesem und in den folgenden Paragraphen unser Augenmerk auf den Fall richten, daß von den beiden durch eine unserer Elementaroperationen zu verbindenden complexen Zahlen die eine als fest gegeben *(konstant)* angesehen wird, die andere als *variabel*; d. h. als ein Symbol, unter welchem im Laufe der Untersuchung immer andere und andere (complexe) Werte verstanden werden sollen. Wir präcisieren das näher dahin, dass wir diese Zahl als *unbeschränkt veränderlich* ansehen wollen, d. h. als ein Symbol, unter welchem *jede beliebige* complexe Größe verstanden werden darf. Wir wollen diesen Unterschied auch in der Bezeichnung zum Ausdruck bringen, indem wir, wie üblich, constante Größen durch die ersten, variable durch die letzten Buchstaben des Alphabets bezeichnen.

Diese Unterscheidung zwischen konstanten und variabeln Größen bekommt ihre Bedeutung eigentlich erst, wenn wir zwei verschiedene Variable zu einander in Beziehung bringen. Setzen wir etwa, um gleich an das einfachste Beispiel anzuknüpfen:

1) $$z' = z + a,$$

so wird zugleich mit z auch z' eine veränderliche Größe sein. Ihre Veränderung ist aber durch die Gleichung (1) in bestimmter Weise an die Veränderung von z gebunden; wir nennen sie deshalb eine Funktion [1] von z, und zwar eine rationale. Wir definieren nämlich:

I. *Eine complexe Variable z' heißt rationale Funktion einer andern z, wenn ihr Wert aus dem von z und aus Konstanten durch eine endliche Anzahl von Additionen, Subtraktionen, Multiplikationen und Divisionen abgeleitet werden kann.*

II. *Wird von Divisionen kein Gebrauch gemacht* [2], *so heißt die Funktion eine rationale ganze.*

Stellen wir z und z' in zwei verschiedenen Ebenen geometrisch dar, so stellt eine Gleichung:

$$z' = f(z) \tag{2}$$

eine *Abbildung* der z-Ebene auf die z'-Ebene dar, bei der jedem Punkt z der ersteren ein Punkt z' der letzteren entspricht. Deuten wir aber z und z' in derselben Ebene und unter Zugrundelegung desselben Axensystems, so wird durch eine solche Gleichung jedem Punkt z der Ebene ein bestimmter anderer Punkt z' derselben zugeordnet; sie stellt, wie man sich ausdrückt, eine *Transformation der Ebene in sich* dar.

Was insbesondere die Gleichung (1) angeht, so zeigt die in Fig. 3 gegebene Konstruktion, daß ihr zufolge jeder Punkt z' aus seinem entsprechenden z erhalten wird, wenn man die ganze Ebene parallel mit sich selbst in der Richtung und um die Länge der Strecke $\overline{0a}$ verschiebt:

III. *Die durch Gleichung (1) dargestellte Transformation der Ebene in sich ist eine Parallelverschiebung (Translation) in der Richtung und um die Länge der Strecke $\overline{0a}$.*

Insbesondere beachte man:

IV. *Wird der Zusammenhang zwischen z' und z durch Gleichung (1) dargestellt, so ist jede aus Punkten z' gebildete Figur zu der aus den entsprechenden Punkten z gebildeten kongruent.*

---

[1] Wir werden später (§§ 33, 67) das Wort „Funktion einer complexen Veränderlichen" in einem engeren als dem hier angedeuteten Sinne definieren; es wird sich übrigens dann zeigen, daß die in diesem Abschnitt zu behandelnden rationalen Funktionen auch in jenem engeren Sinne „Funktionen" ihres Arguments sind. Aus diesem Grunde mag es gestattet sein, hier „rationale Funktion von z" zu definieren, ohne vorher förmlich definiert zu haben, was „Funktion von z" überhaupt ist.

[2] Nur solche Divisionen sind hier auszuschliessen, bei welchen der Nenner von z abhängt; Division mit einer Konstanten ist Multiplikation mit ihrem reciproken Wert, also auch mit einer Konstanten.

§ 9. Die Funktion az.

Die nächst einfache rationale Funktion von z ist das Produkt:

1) $$z' = a z$$

aus z und einer Konstanten a; wir fragen, was für Transformationen der Ebene in sich, bezw. was für Abbildungen der z-Ebene auf die z'-Ebene durch diese Gleichung je nach dem Werte von a dargestellt sein mögen. Dabei müssen wir vor allem den Fall

$$a = 0$$

ausscheiden; in diesem wird $z' = 0$, was auch z sein mag, und wir haben es folglich gar nicht mit einer eigentlichen Transformation zu thun. Dann betrachten wir zunächst zwei wichtige Specialfälle.

Sei *erstens* a eine Zahl vom absoluten Betrage 1, also (§ 4, VI):

2) $$a = \cos\alpha + i\sin\alpha,$$

wo α ein reeller Winkel ist. Die in § 6, Fig. 4 gegebene Konstruktion des Produkts zeigt dann, daß die Strecke $\overline{0z'}$ mit der Strecke $\overline{0z}$ gleich lang ist, aber einen um die Konstante α größeren Winkel mit der x-Axe einschließt. Es wird also jeder Punkt z' aus seinem entsprechenden z erhalten, wenn man die ganze Ebene um den Nullpunkt durch den Winkel α dreht, m. a. W.:

I. *Die durch:*

3) $$z' = (\cos\alpha + i\sin\alpha)z$$

(α reell) dargestellte Transformation der Ebene in sich ist eine Drehung um den Nullpunkt durch den Winkel α.

(Insbesondere stellt $z' = iz$ eine Drehung um einen rechten Winkel, $z' = -z$ eine Drehung um zwei Rechte dar.)

Wir fügen hinzu:

II. *Auch in diesem Fall (wie in dem § 8 behandelten) ist jede aus Punkten z' gebildete Figur zu der aus den entsprechenden Punkten z gebildeten kongruent.*

Sei *zweitens* a eine reelle positive Zahl r. Dann liegen (vergl. wieder Fig. 4) je ein Punkt z und sein entsprechender z' auf einer Geraden durch den Nullpunkt und stehen in der Beziehung zu einander, daß die Länge der Strecke $\overline{0z'}$ zu der von $\overline{0z}$ ein konstantes Verhältnis hat. Wir sagen:

III. *Die durch:*

$$z' = r z$$

(r reell positiv) dargestellte Transformation der Ebene in sich ist eine Streckung vom Nullpunkt aus.

(Ist $r < 1$, so werden die vom Nullpunkt ausgehenden Strecken nicht verlängert, sondern verkürzt; das Wort „Streckung" soll beide Möglichkeiten umfassen.)

IV. *Bei dieser Transformation ist jede aus Punkten z' gebildete Figur zu der aus den entsprechenden Punkten z gebildeten zwar nicht kongruent, aber doch noch ähnlich.*

Nach Erledigung dieser beiden Specialfälle gehen wir zum allgemeinen Fall der Transformation (1) über. Die Multiplikation mit:

$$a = r(\cos\alpha + i\sin\alpha)$$

kann vermöge der Associativität der Produktbildung (§ 3, Glch. 12) dadurch geschehen, daß man erst mit r und dann mit $\cos\alpha + i\sin\alpha$ multipliziert. Daraus folgt:

V. *Die allgemeine Transformation (1) setzt sich aus einer Drehung um den Nullpunkt durch den Arcus von a und einer Streckung von ihm aus im Verhältnis $|a|:1$ zusammen; sie ist eine Ähnlichkeitstransformation mit dem Nullpunkt als Ähnlichkeitszentrum.*

Die Kommutativität der Multiplikation giebt noch den Satz, daß die Reihenfolge, in der Streckung und Drehung vorgenommen werden, für das Resultat gleichgültig ist. Man pflegt das so auszudrücken:

VI. *Streckung von einem Punkte aus und Drehung um denselben sind vertauschbare Transformationen.*

§ 10. Die lineare ganze Funktion und die allgemeine Ähnlichkeitstransformation.

I. *Ist eine complexe Veränderliche z' an eine andere z durch eine Gleichung der Form gebunden:*

1) $$z' = az + b,$$

in welcher a, b beliebige complexe Konstante bedeuten können, so sagen wir: z' ist eine lineare ganze Funktion von z.

Den Fall $a = 0$ dürfen wir wie in § 9 bei Seite lassen; denn in diesem Fall stellt Glchg. (1) überhaupt keine eigentliche Transformation der Ebene in sich dar, es entspricht vielmehr einem beliebigen Punkte z der feste Punkt $z' = b$. Ist aber:

2) $$a \neq 0,$$

so können wir die Transformation (1) in verschiedener Weise aus den uns bereits bekannten einfacheren Transformationen zusammensetzen. Wir können z. B. eine Hilfsvariable z'' durch die Gleichung:

3) $$z'' = az$$

einführen; dann drückt sich z' durch dieses z'' folgendermaßen aus:

4) $$z' = z'' + b.$$

II. *Die durch (1) verlangte Transformation kann also dadurch erhalten werden, daß man zunächst (Glchg. 3) eine Streckung vom Anfangspunkte aus samt einer Drehung um denselben vornimmt und darauf (Glchg. 4) noch eine Parallelverschiebung folgen läßt.*

Man kann auch (immer unter Voraussetzung der Ungleichung 2) erst eine Hilfsvariable z''' durch:

5) $$z''' = z + \frac{b}{a}$$

einführen; dann wird:

6) $$z' = az'''.$$

III. *Die allgemeine Transformation (1) kann also auch dadurch erhalten werden, daß man die Ebene erst parallel mit sich verschiebt und dann streckt und dreht.*

Dabei ist zu beachten, daß zwar der Koefficient der Streckung und Drehung in (6) derselbe ist, wie in (3), daß aber die Koefficienten der Parallelverschiebung in (4) und (5) nur für $a = 1$ übereinstimmen, d. h. wenn überhaupt keine Streckung und Drehung daneben in Frage kommt. Wir heben das im Gegensatz zu § 9, VI ausdrücklich durch den Satz hervor:

IV. *Parallelverschiebung einerseits, Drehung mit Streckung andererseits sind nicht vertauschbare Operationen.*

Auf eine dritte bemerkenswerte Darstellung der durch (1) gegebenen Transformation der Ebene in sich werden wir geführt, wenn wir die Frage aufwerfen, ob bei ihr bestimmte Punkte fest bleiben, d. h. analytisch ausgedrückt, ob es Werte z giebt, welche mit den ihnen vermöge (1) entsprechenden Werten z' zusammenfallen. Für jeden solchen Wert muß:

7) $$z = az + b$$

sein; diese Gleichung hat, wenn $a \neq 1$ ist, eine und nur eine Wurzel. Bezeichnen wir sie mit ζ, so erhalten wir:

8) $$\zeta = \frac{b}{1 - a}.$$

Führen wir diese Größe an Stelle von b in die Gleichung (1) ein, so können wir diese schreiben:

9) $$z' - \zeta = a(z - \zeta).$$

Die Transformation (1) kann also auch dadurch bewerkstelligt werden, daß man nacheinander die 3 einfacheren Transformationen:

$$z'' = z - \zeta, \quad z''' = a z'', \quad z' = z''' + \zeta$$

ausführt, m. a. W. daß man erst die Ebene so parallel mit sich selbst verschiebt, daß der frühere Punkt $z = \zeta$ in den Nullpunkt zu liegen kommt; daß man dann eine Streckung von diesem Punkt aus und eine Drehung um ihn vornimmt; daß man endlich diesen Punkt wieder in seine frühere Lage $z = \zeta$ zurückführt. Dabei erhält man aber, wie man geometrisch einsieht, dasselbe Resultat, wie wenn man einfach vom Punkte $z = \zeta$ aus gestreckt und um ihn gedreht hätte; man kann demnach den Satz aussprechen:

V. *Ist $a \neq 1$, so kann die durch (1) geforderte Transformation der Ebene in sich auch dadurch geschehen, daß man sie um dem Punkt:*

$$z = \frac{b}{1 - a}$$

durch den Arcus von a dreht und im Verhältnis $|a|:1$ von diesem Punkt aus streckt; also wird bei ihr jede Figur in eine zu ihr ähnliche übergeführt.

Man kann zu demselben Resultat auch noch auf einem etwas andern Wege gelangen. Man kann eine Gleichung der Form:

10) $$Z = f(z)$$

auch noch anders deuten, als wir es seit § 8 zu thun gewohnt sind. Statt nämlich Z und z als complexe Zahlen zu betrachten, die zwei *verschiedenen Punkten* der Ebene in Bezug auf *dasselbe Koordinatensystem* zugehören, können wir die Gleichung auch so auffassen, dass durch sie dem Punkte, der für ein bestimmtes Koordinatensystem die complexe Zahl z repräsentiert, noch eine andere complexe Zahl Z zugeordnet wird. Hat die Glchg. (10) insbesondere die Form:

11) $$Z = z - \zeta,$$

so ist diese Zahl Z keine andere als diejenige, die der Punkt z nach § 4 erhält, wenn man den Punkt, der im alten Koordinatensysteme ζ hieß, zum Nullpunkt eines neuen Koordinatensystems macht, dessen Axen zu denen des alten parallel sind, und dessen Längeneinheit der des alten gleich ist. Der Punkt, der in Bezug auf das alte Koordinatensystem z' hieß, erhält dann im neuen die Zahl:

12) $$Z' = z' - \zeta$$

zugeordnet. Die Beziehung zwischen den Punkten z und z', die im alten Koordinatensystem durch die Glchg. (1) ausgedrückt war, drückt sich im neuen durch die Gleichung:

13) $$Z' = a Z$$

aus, d. h. sie ist eine Ähnlichkeitstransformation, deren Ähnlichkeitszentrum im neuen System 0, also im alten ζ heißt. Damit ist Satz V von neuem abgeleitet.

Wir können aber auch die Umkehrung dieses Satzes beweisen. Denn eine Ähnlichkeitstransformation der Ebene ist bestimmt, sobald zu zwei verschiedenen Punkten z_1, z_2 die entsprechenden z_1', z_2' gegeben sind; zu jedem dritten Punkte z_3 ist nämlich dann der entsprechende z_3' dadurch eindeutig festgelegt, daß die Dreiecke $z_1 z_2 z_3$ und $z_1' z_2' z_3'$ einander gleichstimmig ähnlich sein müssen. Man kann aber immer eine Transformation der Gestalt (1) angeben, welche z_1, z_2 bezw. in z_1', z_2' überführt. Denn dazu ist nur nötig, dass a und b die Gleichungen erfüllen:

14) $$z_1' = az_1 + b, \quad z_2' = az_2 + b;$$

die aus diesen Gleichungen sich ergebenden Werte:

15) $$a = \frac{z_2' - z_1'}{z_2 - z_1}, \quad b = \frac{z_1' z_2 - z_2' z_1}{z_2 - z_1}$$

sind aber unter der getroffenen Voraussetzung $z_2 \neq z_1$ endlich und bestimmt; wir können sagen:

VI. *Jede Transformation der Ebene in sich, welche jede Figur der Ebene in eine zu ihr ähnliche überführt, lässt sich in der Form (1) ausdrücken* [1].

Zum Zwecke späterer Verwendung wollen wir noch die Bedingung für die Ähnlichkeit zweier Dreiecke durch die ihre Ecken darstellenden complexen Zahlen ausdrücken. Sollen die Dreiecke $z_1 z_2 z_3$ und $z_1' z_2' z_3'$ ähnlich sein, so müssen die in (13) gefundenen Werte von a und b auch noch die Gleichung

$$z_3' = a z_3 + b$$

erfüllen; das ist dann und nur dann der Fall, wenn:

16) $$\frac{z_3' - z_1'}{z_3 - z_1} = \frac{z_2' - z_1'}{z_2 - z_1}$$

ist. Hier können wir die gestrichenen Buchstaben auf die eine, die ungestrichenen auf die andere Seite des Gleichheitszeichens bringen und den Satz so formulieren:

[1] Als Beispiel dafür, wie sich geometrische Sätze durch die Rechnung mit complexen Zahlen ergeben, mag angeführt werden, daß aus VI und V der Satz folgt:

Jede Ähnlichkeitstransformation der Ebene, die nicht eine bloße Parallelverschiebung ist, kann aufgefaßt werden als Drehung um den einzigen bei ihr festbleibenden Punkt, verbunden mit einer Streckung von diesem Punkte aus.

VII. *Die notwendige und hinreichende Bedingung für die Ähnlichkeit zweier Dreiecke* $z_1 z_2 z_3$ und $z_1' z_2' z_3'$ *ist die, daß der Quotient:*

17) $$\frac{z_3 - z_1}{z_2 - z_1} = \frac{z_3' - z_1'}{z_2' - z_1'}, \text{ d. h.}$$

gleich ist dem entsprechenden aus den gestrichenen Buchstaben gebildeten Quotienten.

(Der absolute Betrag dieses Quotienten ist gleich dem Verhältnis der Längen zweier Seiten des Dreiecks $z_1 z_2 z_3$, sein Arcus gleich dem von ihnen eingeschlossenen Winkel.)

Gelegentlich werden wir die Gleichung (17) in der Determinantenform:

18) $$\begin{vmatrix} z_1' & z_1 & 1 \\ z_2' & z_2 & 1 \\ z_3' & z_3 & 1 \end{vmatrix} = 0$$

benutzen.

§ 11. Die Funktion $\frac{1}{z}$ und die Transformation durch reciproke Radien.

Die Untersuchung des Quotienten als einer Funktion des Dividenden führt wegen des Satzes V von § 7 auf die im § 9 erledigte Untersuchung des Produkts; seine Untersuchung als einer Funktion des Divisors läßt sich wegen desselben Satzes auf den Fall zurückführen, daß der Zähler = 1 ist. Es bleibt die Frage: welche Transformation der Ebene in sich wird durch die Funktion:

1) $$z' = \frac{1}{z}$$

vermittelt?

Setzen wir, um das zu untersuchen:

$$z = x + iy = r(\cos\varphi + i\sin\varphi)$$
$$z' = x' + iy' = r'(\cos\varphi' + i\sin\varphi'),$$

so ergiebt sich aus § 7 Glchg. (3):

2) $$x' = \frac{x}{x^2 + y^2}, \quad y' = \frac{-y}{x^2 + y^2},$$

3) $$r' = \frac{1}{r}, \quad \varphi' = -\varphi.$$

Die durch diese Gleichungen dargestellte Transformation läßt sich aus zwei geometrisch einfacheren zusammensetzen, die einzeln für sich betrachtet nicht durch rationale Funktionen einer complexen Variabeln vermittelt werden. Führen wir nämlich erst die Hilfstransformation:

4) $$\bar{r} = r, \quad \bar{\varphi} = -\varphi$$

oder:

5) $$\bar{x} = x, \quad \bar{y} = -y$$

aus, so müssen wir nachher noch:

6) $$r' = \frac{1}{\bar{r}}, \quad \varphi' = \bar{\varphi}$$

oder

7) $$x' = \frac{\bar{x}}{\bar{x}^2 + \bar{y}^2}, \quad y' = \frac{\bar{y}}{\bar{x}^2 + \bar{y}^2}$$

ausführen, um die Transformation (1) zu erhalten.

I. *Die Gleichungen (4) resp. (5) stellen* (vgl. § 4, VI) *den Übergang von jeder complexen Größe zu ihrer konjugierten dar, geometrisch die Spiegelung an der Axe der reellen Zahlen.*

II. *Die durch die Gleichungen (6) dargestellte Transformation heißt* (wegen der ersten derselben) *Transformation durch reciproke Radien in Bezug auf den Einheitskreis* oder auch *Spiegelung*[1] *am Einheitskreis.* Wir müssen vor allem ihre wesentlichsten Eigenschaften entwickeln:

III. *Die Transformation (6) ist involutorisch, d. h. je zwei Punkte entsprechen sich bei ihr gegenseitig.* Die Gleichungen (6) gehen nämlich in sich über, wenn man r' mit $\bar{r}$ und φ' mit $\bar{\varphi}$ vertauscht; den Gleichungen (7) sieht man diese Eigenschaft zwar nicht unmittelbar an, kann sie aber durch eine kleine Rechnung bestätigen.

IV. *Liegt der Punkt $\bar{r}$, $\bar{\varphi}$ außerhalb des Einheitskreises, so wird der Punkt r', φ' konstruiert, indem man von ($\bar{r}$, $\bar{\varphi}$) an den Einheitskreis die Tangenten legt und die Verbindungslinie ihrer Berührungspunkte mit dem nach ($\bar{r}$, $\bar{\varphi}$) gehenden Radius zum Schnitt bringt.* (Fig. 5). Zu einem innerhalb des Einheitskreises gelegenen Punkt wird der entsprechende (wegen III) durch Umkehrung dieser Konstruktion erhalten. Jeder Punkt des Einheitskreises entspricht sich selbst.

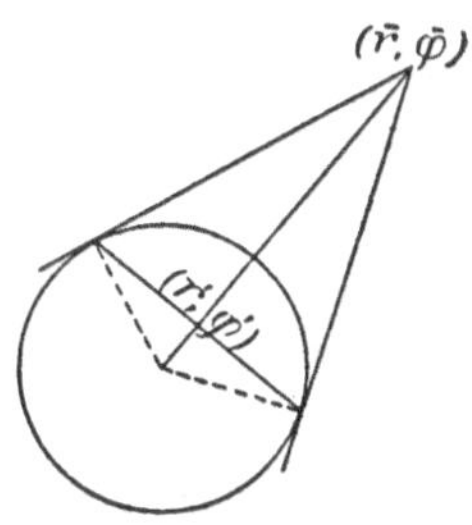

Fig. 5.

Eine weitere wesentliche Eigenschaft unserer Transformation ist, daß sie Kreise in Kreise überführt, d. h. daß bei ihr den sämtlichen Punkten eines beliebigen Kreises Punkte entsprechen, die wieder auf einem Kreise liegen. Denn wenn die Koordinaten eines Punktes $\bar{x}$, $\bar{y}$ der Gleichung:

8) $$a(\bar{x}^2 + \bar{y}^2) + b\,\bar{x} + c\,\bar{y} + d = 0$$

[1] In übertragenem Sinne; das Spiegelungsgesetz der Optik ist ein anderes. Dagegen ist die hier behandelte Transformation für die Elektrostatik von Wichtigkeit; sie heißt dort „Prinzip der Thomson'schen Bilder“.

genügt, die bei geeigneter Wahl der Koefficienten jeden beliebigen Kreis darzustellen imstande ist, so genügen (nach (7)) x', y' der Gleichung:

9) $$d(x'^2 + y'^2) + bx' + cy' + a = 0,$$

die ebenfalls im allgemeinen einen Kreis, nur für $d = 0$ eine gerade Linie darstellt. Der ausgesprochene Satz ist also richtig, wenn eine gerade Linie als Specialfall eines Kreises angesehen wird; genau präcisiert würde er folgendermaßen auszusprechen sein:

V. *Einem Kreise, der nicht durch den Nullpunkt geht* ($a \neq 0, d \neq 0$), *entspricht wieder ein Kreis, der nicht durch den Nullpunkt geht; einem Kreise durch den Nullpunkt* ($a \neq 0$, $d = 0$) *eine Gerade, die nicht durch den Nullpunkt geht; eine Gerade durch den Nullpunkt* ($a = 0$, $d = 0$) *sich selbst.*

Wir fügen noch bei:

Va. *Parallelen Geraden entsprechen Kreise mit gemeinsamer Tangente im Nullpunkt.*

Ferner hat die Transformation durch reciproke Radien die Eigenschaft, daß die Winkel bei ihr erhalten bleiben, d. h. daß der Winkel, unter dem sich irgend zwei Kurven schneiden, gleich ist dem Winkel, unter dem sich die beiden entsprechenden Kurven schneiden. Man erschließt die allgemeine Richtigkeit dieses Satzes am einfachsten, indem man zuerst den Specialfall behandelt, daß eine der beiden Linien eine Gerade durch den Nullpunkt ist. Sind nämlich PP' und QQ' zwei Paare einander entsprechender Punkte (Fig. 6), so ist n. Glchg. (6):

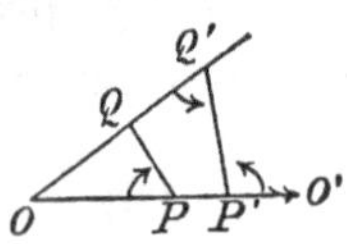

Fig. 6.

$$\overline{OP}.\overline{OP'} = \overline{OQ}.\overline{OQ'} = 1$$

also:

$$\triangle OPQ \sim \triangle OQ'P'$$

und insbesondere:

10) $$\sphericalangle OPQ = \sphericalangle OQ'P'.$$

Lässt man nun den Punkt Q dem Punkte P auf einer bestimmten Kurve sich nähern, so nähert sich auch der Punkt Q' dem Punkte P' auf der entsprechenden Kurve; PQ, PQ' werden die Tangentenrichtungen der beiden Kurven, $\sphericalangle OQ'P'$ wird in der Grenze gleich $\sphericalangle O'P'Q'$, und es folgt:

11) $$\sphericalangle OPQ = \sphericalangle O'P'Q',$$

w. z. b. w. Zu beachten ist dabei nur noch, daß das Gleichheitszeichen hier nur von der *absoluten* Größe der Winkel zu verstehen ist; der *Sinn* der beiden einander entsprechenden Winkel ist der entgegengesetzte, und der abgeleitete Satz ist daher vollständig folgendermaßen zu formulieren:

Je zwei einander entsprechende Kurven bilden mit irgend einer sich selbst entsprechenden Geraden gleiche Winkel entgegengesetzten Sinnes.

Da nun der Winkel irgend zweier Linien gleich ist der Summe resp. Differenz der beiden Winkel, welche die beiden Linien mit einer dritten einschließen, so folgt:

VI. *Der Winkel, unter welchem sich irgend zwei Kurven schneiden, ist entgegengesetzt gleich dem Winkel, unter welchem sich die beiden Kurven schneiden, die den ersteren bei der Transformation durch reciproke Radien entsprechen.*

Da uns Transformationen dieser Art öfter begegnen werden, wollen wir hier gleich einen Namen für sie einführen. Wir definieren:

VII. *Eine Transformation, bei welcher der Winkel zwischen irgend zwei Kurven gleich ist dem Winkel zwischen den entsprechenden Kurven, heißt eine konforme* (auch wohl isogonale, winkeltreue oder „in den kleinsten Teilen ähnliche“) *Abbildung.*

Je nachdem dabei auch der Sinn der Winkel erhalten bleibt oder geändert wird, spricht man von einer konformen Abbildung *„ohne“* oder *„mit Umlegung der Winkel“.* Satz VI würde mit Benutzung dieser Terminologie so zu formulieren sein:

VIII. *Die Transformation durch reciproke Radien ist eine konforme Abbildung mit Umlegung der Winkel.*

Die durch die Glchgen. (4) oder (5) dargestellte Spiegelung an der x-Axe ist eine Abbildung derselben Art. Setzen wir, um zu der ursprünglich vorgelegten Transformation (1) zu gelangen, die beiden Transformationen (4) und (6) zusammen, so heben sich die beiden Änderungen des Sinnes der Winkel gegenseitig auf; wir können also sagen — und das ist das wichtigste Resultat dieses Paragraphen —:

IX. *Die Transformation* $z' = z^{-1}$ *ist eine konforme Abbildung ohne Umlegung der Winkel.*

§ 12. Die Division durch Null; der Wert Unendlich einer complexen Variabeln.

Während Addition, Subtraktion und Multiplikation auch im Gebiete der complexen Zahlen, wie wir gesehen haben, ausnahmslos ausführbare Operationen sind, ist das mit der Division nicht der Fall; es giebt unter den bisher von uns eingeführten Zahlen keine, die mit 0 multipliziert eine gegebene von 0 verschiedene Zahl a lieferte, die also als Resultat der durch

$$\frac{a}{0}$$

geforderten Division gemäß der Definition dieser Operation in § 7 angesehen werden könnte. Infolgedessen ist auch die im vorigen Paragraphen behandelte Funktion $z' = \frac{1}{z}$ für $z = 0$ nicht definiert; anders ausgedrückt: wenn die z-Ebene vermittelst dieser Funktion konform auf die z'-Ebene abgebildet wird, ist der Nullpunkt der z-Ebene ein Ausnahmepunkt der Abbildung, indem ihm kein Punkt der z'-Ebene entspricht.

Nun ist man in der Mathematik gewohnt, solche Ausnahmen durch neue konventionelle Festsetzungen aus der Ausdrucksweise der Sätze zu entfernen. Wollen wir das hier thun, so müssen wir definieren:

I. *Außer den bereits eingeführten complexen Zahlen und ihren Symbolen führen wir noch eine neue „unendlich“ mit dem Symbol* ∞ *ein, welche als Resultat der Division* $\frac{1}{0}$ *angesehen werden soll.*

Dieser analytischen Definition geht dann die folgende geometrische parallel:

II. *Außer den in angebbarer Entfernung befindlichen Punkten der Ebene schreiben wir ihr noch einen unendlich entfernten Punkt zu, der als Bild des Nullpunkts bei Transformation durch reciproke Radien angesehen werden soll.*

Wir müssen dann vor allem festsetzen, wie mit diesen Worten und Zeichen operiert werden soll. Nach der analytischen Seite dienen dazu die Festsetzungen:

1) III. $a + \infty = \infty + a = \infty$

2) IV. $a \cdot \infty = \infty \cdot a = \infty, \quad (a \neq 0),$

von denen man zeigen kann, daß sie die in § 2 und 3 besprochenen Grundgesetze der Addition und Multiplikation befriedigen; aus ihnen folgen für die inversen Operationen die Definitionen:

3) $\infty - a = \infty,$

4) $a - \infty = \infty,$

5) $\frac{a}{\infty} = 0,$

6) $\frac{\infty}{a} = \infty$

$$\left.\begin{array}{l}\frac{a}{\infty} = 0,\\ \frac{\infty}{a} = \infty\end{array}\right\}(a \neq \infty).$$

Die Zeichen:

$$\infty \pm \infty, \quad 0 . \infty, \quad \frac{0}{0}, \quad \frac{\infty}{\infty}$$

bleiben dagegen auch jetzt noch vollständig unbestimmt, insofern jede Zahl der durch sie geforderten Operation genügt.

Nach der geometrischen Seite können wir uns für den Augenblick begnügen, darauf hinzuweisen, daß der Ausdruck: „Kreis durch zwei endliche Punkte und den unendlich fernen Punkt“ soviel bedeutet als: „Gerade durch jene zwei Punkte“, sodaß der Satz V des § 11 einfach folgende Fassung erhält: *dem Kreis durch 3 Punkte entspricht der Kreis durch die 3 entsprechenden Punkte;* im übrigen können wir auf den nächsten Paragraphen verweisen.

Daß derartige konventionelle Festsetzungen, nach welchen gewissen Worten und Zeichen gegen vorher eine erweiterte Bedeutung beigelegt wird, zulässig sind, haben wir im ersten Abschnitt wiederholt erörtert; ebenso daß über ihre Zweckmäßigkeit allein der Erfolg entscheiden kann. Man darf sich auch nicht daran stoßen, daß in einem andern Gebiete der ebenen Geometrie, der projektiven, eine andere Festsetzung (unendlich viele unendlich ferne Punkte, die eine unendlich ferne Gerade erfüllen) sich als zweckmäßig erwiesen hat: man kann nicht verlangen, daß eine und dieselbe Festsetzung für alle Zwecke ausreicht.

§ 13. Übergang von der Ebene zur Kugel durch stereographische Projektion.

Wir haben bisher unsere complexen Zahlen durch Punkte der Ebene dargestellt, aber schon bei Einführung dieser Darstellung (in § 4) erwähnt, daß irgend eine Fläche dazu dienlich ist. Insbesondere bietet sich die *Kugel* dar, und wir wollen die bereits eingeführte Darstellung der complexen Zahlen durch die Punkte der Ebene von dieser auf die Kugel übertragen. Wir verfahren dazu folgendermaßen:

I. *Wir legen eine Kugel vom Durchmesser 1 so auf unsere* (horizontal gedachte) *xy-Ebene, daß sie diese im Nullpunkt O berührt. Den diesem letzteren Punkt diametral gegenüberliegenden* (höchsten) *Punkt der Kugel nennen wir O'; von ihm aus projizieren wir die Punkte der Ebene durch geradlinige Projektionsstrahlen auf die Kugel.*

Diese Projektionsart wird unter dem Namen der *stereographischen Projektion* seit alter Zeit in der Kartographie benutzt; ihre wichtigsten Eigenschaften sind die folgenden:

II. *Jedem Punkte der Ebene entspricht ein und nur ein Punkt der Kugel;* denn jeder Projektionsstrahl schneidet die Kugel außer in O' nur noch in einem weiteren Punkte.

III. *Umgekehrt entspricht jedem Kugelpunkt ein Punkt der Ebene.* Dabei würde der Punkt O' zunächst auszunehmen sein; aber wir können diese Ausnahme beseitigen, indem wir wie im vorigen Paragraphen der Ebene einen unendlich fernen Punkt zuschreiben und diesen dem Punkt O' zuordnen.

IV. *Jeder Geraden der Ebene entspricht ein durch O' gehender Kreis der Kugel, und umgekehrt.*

V. *Zwei solche Kreise der Kugel schneiden sich unter demselben Winkel, wie die entsprechenden Geraden der Ebene.*

Um diesen Satz zu beweisen, legen wir die Zeichnungsebene der Fig. 7 durch die Scheitel P, Π beider Winkel. Der Winkel an P bestimmt mit $O'P$ einen Keil; dieser wird von den Tangentialebenen der Kugel in O und in Π in zwei Winkeln geschnitten, von denen der erste der Winkel zwischen den Geraden der Ebene ist, der zweite aber gleich dem Winkel zwischen den entsprechenden Kreisen der Kugel; denn seine Schenkel sind Tangenten dieser Kreise. Diese beiden Ebenen stehen aber zu der Ebene der Zeichnung normal, und ihre Spuren ΠT, PT schließen mit ΠP entgegengesetzt gleiche Winkel ein. (Es ist nämlich $\sphericalangle \Pi P O = \sphericalangle \Pi O O'$, weil jeder dieser Winkel den Winkel $\Pi O' O$ zu einem rechten ergänzt, und $\sphericalangle P \Pi T = \sphericalangle O' O \Pi$, als Peripheriewinkel über demselben Bogen $O' \Pi$.) Also sind die beiden Tangentialebenen in Bezug auf die Kante des Keils antiparallel und schneiden ihn folglich unter gleichen Winkeln. Also sind auch die beiden zu vergleichenden Winkel gleich; w. z. b. w.

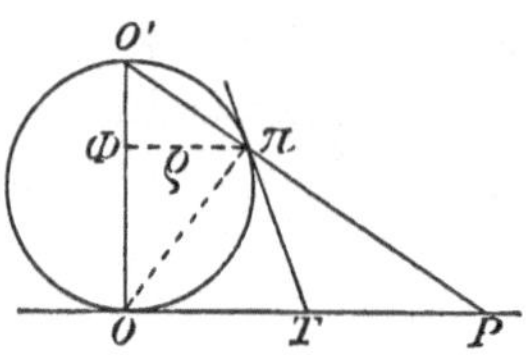

Fig. 7.

Nun werden durch die Projektion unendlich benachbarte Punkte der Ebene in unendlich benachbarte Punkte der Kugel, also auch einander berührende Kurven der Ebene in einander berührende Kurven der Kugel übergeführt. Infolgedessen kann aus Satz V sofort die folgende Verallgemeinerung desselben erschlossen werden.

VI. *Irgend zwei Kurven der Kugel schneiden sich in jedem einzelnen ihrer Schnittpunkte je unter demselben Winkel, wie die entsprechenden Kurven der Ebene in dem entsprechenden Schnittpunkte.*

Weitere Sätze wollen wir mit Hilfe analytischer Geometrie ableiten. Wir führen ein rechtwinkliges Raumkoordinatensystem der

ξ, η, ζ ein, dessen ξ- und η-Axe bezw. mit der x- und y-Axe unserer $(x + iy)$-Ebene zusammenfallen, während die positive Richtung der ζ-Axe in OO' fällt; in Bezug auf dieses Koordinatensystem lautet die Gleichung der Kugel:

$$1)\qquad \xi^2 + \eta^2 = \zeta(1 - \zeta).$$

Einem Punkte der Ebene mit den Koordinaten x, y und dem Radiusvektor $r = \sqrt{x^2 + y^2}$ entspricht dann ein Kugelpunkt (ξ, η, ζ), für dessen ζ-Koordinate und Abstand ϱ von der ζ-Axe die ähnlichen Dreiecke $O'\Phi\Pi$, $\Pi\Phi O$, $O'OP$ der Fig. 7 die Doppelproportion liefern:

$$(1 - \zeta) : \varrho = \varrho : \zeta = 1 : r.$$

Aus ihr ergiebt sich:

$$2)\qquad r = \frac{\zeta}{\varrho} = \frac{\varrho}{1 - \zeta}$$

und hieraus weiter:

$$3)\qquad r^2 = \frac{\zeta}{1 - \zeta}, \quad 1 + r^2 = \frac{1}{1 - \zeta},$$

sowie umgekehrt:

$$4)\qquad \zeta = \frac{r^2}{1 + r^2}, \quad \varrho = \frac{r}{1 + r^2}.$$

Ferner ist nach Konstruktion:

$$x : y : r = \xi : \eta : \varrho;$$

also findet man:

VII. *Die Koordinaten eines Kugelpunktes drücken sich, wie folgt, durch die Koordinaten des entsprechenden Punktes der Ebene aus:*

$$5)\qquad \xi = \frac{x}{1 + r^2}, \quad \eta = \frac{y}{1 + r^2}, \quad \zeta = \frac{r^2}{1 + r^2}.$$

VIII. *Umgekehrt drücken sich Koordinaten und Radiusvektor eines Punktes der Ebene, wie folgt, durch die Koordinaten des entsprechenden Kugelpunktes aus:*

$$6)\qquad x = \frac{\xi}{1 - \zeta}, \quad y = \frac{\eta}{1 - \zeta}, \quad r^2 = \frac{\zeta}{1 - \zeta}.$$

Aus diesen Formeln können wir sofort den Satz ableiten:

IX. *Jedem Kreise der Ebene entspricht ein Kreis der Kugel, und umgekehrt.*

Denn den Punkten der Ebene, die der Kreisgleichung:

$$7)\qquad a r^2 + bx + cy + d = 0$$

genügen, entsprechen die Kugelpunkte, deren Koordinaten durch die Gleichung verbunden sind:

$$8)\qquad a\zeta + b\xi + c\eta + d(1 - \zeta) = 0;$$

das ist aber die Gleichung einer Ebene, und diese schneidet die Kugel in einem Kreise. — Die Umkehrung setzt übrigens voraus, daß das Wort „Kreis“ (der Ebene) wie am Schluß des vorigen Paragraphen im erweiterten Sinne genommen wird, sodaß es die Gerade mit einschließt.

Wir übertragen nunmehr unsere geometrische Darstellung der complexen Zahlen von der Ebene auf die Kugel:

X. *Wir weisen jedem Kugelpunkt diejenige complexe Zahl* $z = x + iy$ *zu, die bisher seiner stereographischen Projektion auf die Ebene zugeordnet war.*

Dabei entsprechen also z. B. den reellen, bezw. rein imaginären Zahlen auf der Kugel die Punkte der „Meridiane“ $\eta = 0$, bezw. $\xi = 0$; den Zahlen vom absoluten Betrage 1 die Punkte des „Äquators“ $\zeta = \frac{1}{2}$. Entgegengesetzten complexen Zahlen (§ 2, IV) entsprechen Kugelpunkte, die zur ζ-Axe symmetrisch liegen; konjugiert complexen (§ 4, VI) solche, die zur $\xi\zeta$-Ebene symmetrisch liegen. Der in § 12 eingeführten Zahl ∞ entspricht auf der Kugel ebenso wie jeder andern complexen Zahl ein und nur ein Punkt, nämlich O'.

Mit Hilfe dieser Deutung der complexen Zahlen auf der Kugel können wir nun auch fragen, welche Transformationen der Kugel (statt der Ebene) in sich die früher untersuchten Funktionen darstellen. Die in § 8—10 besprochenen Funktionen liefern für die Kugel nichts einfacheres, als für die Ebene; anders ist es mit der Funktion von § 11. Seien zunächst (x, y) und (x', y') zwei Punkte der Ebene, die bei Transformation durch reciproke Radien in Bezug auf den Einheitskreis einander entsprechen; $(\xi\,\eta\,\zeta)$ und $(\xi'\,\eta'\,\zeta')$ seien bezw. ihre stereographischen Projektionen auf die Kugel. Setzen wir dann in die Gleichungen (6) und (7) des § 11 beiderseits aus den Gleichungen (6) des jetzigen und aus den entsprechenden in accentuierten Buchstaben geschriebenen Gleichungen die Werte ein, so gehen jene Gleichungen über in:

$$\frac{\xi'}{1-\zeta'} = \frac{\xi}{\zeta}, \quad \frac{\eta'}{1-\zeta'} = \frac{\eta}{\zeta}, \quad \frac{\zeta'}{1-\zeta'} = \frac{1-\zeta}{\zeta};$$

aus ihnen folgt:

9) $$\xi' = \xi, \quad \eta' = \eta, \quad \zeta' - \tfrac{1}{2} = -(\zeta - \tfrac{1}{2}).$$

d. h.:

XI. *Der Transformation durch reciproke Radien in Bezug auf den Einheitskreis in der Ebene entspricht vermöge stereographischer Projektion auf der Kugel die Spiegelung an der Äquatorebene* $\zeta - \frac{1}{2} = 0$.

Die durch $z' = z^{-1}$ vermittelte Transformation der Ebene in sich setzte sich zusammen aus der Transformation durch reciproke Radien in Bezug auf den Einheitskreis und aus der Spiegelung an der Axe der reellen Zahlen. Die entsprechende Transformation der Kugel in sich setzt sich also zusammen aus den beiden Spiegelungen an der Äquatorebene und an der Meridianebene $\eta = 0$. Nun setzen sich zwei Spiegelungen an zwei zu einander senkrechten Ebenen zusammen zu der „Spiegelung an ihrer Schnittlinie" d. h. zu der Transformation, welche jedem Punkt den zu ihm bezüglich dieser Schnittlinie symmetrischen zuordnet; diese Transformation kann auch bewirkt werden, indem man die Kugel um diese Schnittlinie als Axe durch 180^0 dreht. Also können wir schließlich den Satz aussprechen:

XII. *Die Transformation $z' = z^{-1}$ stellt eine Drehung der Kugel durch 180^0 um den durch die Punkte $z = 1$ und $z = -1$ gehenden Durchmesser vor.*

In der Ebene war der Nullpunkt der Transformation $z' = z^{-1}$ gegenüber insofern ausgezeichnet, als ihm kein eigentlicher Punkt entsprach. Auf der Kugel ist das, wie wir sehen, anders, dort entspricht ihm sein Gegenpol O'. Wir sagen:

XIII. *Die Transformation $z' = z^{-1}$ ist für alle Punkte der Kugel ausnahmslos umkehrbar eindeutig; jedem Punkt z entspricht ein und nur ein Punkt z', und umgekehrt.*

Wir folgern ferner aus der in XII enthaltenen geometrischen Darstellung:

XIV. *Bei der Transformation $z' = z^{-1}$ fallen zwei und nur zwei Punkte z mit ihren entsprechenden z' zusammen, nämlich $z = 1$ und $z = -1$.*

Wir können jetzt auch auf die im vorigen Paragraphen hinausgeschobene Frage zurückkommen, wie die Sätze der ebenen Geometrie sich gestalten, wenn man die dort eingeführte konventionelle Festsetzung trifft: man sieht, daß diese Konvention darauf hinauskommt, die Ebene als unendlich große Kugel zu betrachten und die Sätze der gewöhnlichen sphärischen Geometrie auf die Ebene zu übertragen. Auf weitere Einzelheiten wollen wir auch hier nicht eingehen; nur das sei noch bemerkt: die den größten Kreisen der Kugel entsprechenden Kreise der Ebene können dadurch charakterisiert werden, daß sie den Einheitskreis je in Endpunkten eines Durchmessers schneiden.

Anhangsweise sei noch beigefügt: Verbinden wir mit der Transformation (XII) noch die Spiegelung an der zu jenem

Durchmesser senkrechten $\eta\zeta$-Ebene, welche $x + iy$ in $-x + iy$ überführt, so finden wir:

XV. *Die Transformation, welche jeden Kugelpunkt durch den ihm diametral gegenüberliegenden ersetzt, drückt sich analytisch aus durch die Gleichung:*

10) $$x' + iy' = -\frac{1}{x - iy}$$

oder:

$$x' = \frac{-x}{x^2 + y^2}, \quad y' = \frac{-y}{x^2 + y^2}.$$

Zwei complexe Größen, welche in der durch (10) gegebenen Beziehung zu einander stehen, nennt man deshalb wohl *diametral.*

§ 14. Die allgemeine lineare gebrochene Funktion und die Kreisverwandtschaft.

Indem wir in der Untersuchung der rationalen Funktionen einer Veränderlichen von einfacheren zu komplizierteren fortschreiten, gelangen wir zunächst zu der *allgemeinen gebrochenen linearen Funktion:*

1) $$z' = \frac{az + b}{cz + d}.$$

Wir untersuchen vorweg den Fall:

2) $$ad - bc = 0$$

oder

$$a : b = c : d.$$

In diesem Fall wird die Transformation:

3) $$z' = \frac{a\left(z + \frac{b}{a}\right)}{c\left(z + \frac{b}{a}\right)};$$

allen Punkten z, mit Ausnahme von $z = -\frac{b}{a}$, entspricht also der eine Punkt $z' = \frac{a}{c}$, und allen Punkten z', ausgenommen diesen einen, der eine Punkt $z = -\frac{b}{a}$; wir haben es mit einer ausgearteten Transformation zu thun und können diesen Fall im folgenden ausschließen. Dann unterscheiden wir noch zwei Fälle:

I. *Im Falle*

$$c = 0$$

reduziert sich z' auf die lineare ganze Funktion:

4) $$z' = \frac{a}{d}z + \frac{b}{d};$$

deren Untersuchung ist in § 10 bereits erledigt, wir dürfen diesen Fall daher hier ausschließen.

II. *Im Falle:*

5) $$c \neq 0$$

können wir die Transformation (1) aus den folgenden drei einfacheren zusammensetzen: wir setzen erst:

6) $$z'' = z + \frac{d}{c},$$

hierauf:

7) $$z''' = \frac{1}{z''},$$

endlich:

8) $$z' = \frac{a}{c} + \frac{b\,c - a\,d}{c^2}\,z'''.$$

Von diesen ist die zweite die in § 11 behandelte, die erste und dritte sind Ähnlichkeitstransformationen (§ 10). Alle drei haben demnach die Eigenschaft, daß sie Kreise in Kreise überführen; dieselbe Eigenschaft muß folglich auch der aus ihnen zusammengesetzten Transformation (1) zukommen. Definieren wir also:

III. *Zwei Punkt für Punkt auf einander bezogene Ebenen heißen kreisverwandt, wenn jedem Kreise der einen Ebene ein Kreis der andern entspricht —*

so können wir den Satz aussprechen:

IV. *Durch die lineare gebrochene Funktion (1) wird die z-Ebene auf die z'-Ebene kreisverwandt abgebildet.*

Da jede der drei Transformationen (6)—(8) die Winkel unverändert läßt, gilt dasselbe auch von dem Resultat ihrer Zusammensetzung; wir können also hinzufügen:

V. *Die Abbildung ist eine konforme ohne Umlegung der Winkel.*

Die Gesamtheit der Transformationen (1) besitzt eine wichtige Eigenschaft, die wir nicht unerwähnt lassen dürfen. Setzen wir neben (1) noch:

9) $$z'' = \frac{a' z' + b'}{c' z' + d'},$$

so folgt durch elementare Rechnung:

10) $$z'' = \frac{a'' z + b''}{c'' z + d''},$$

wo die zweigestrichenen Koeffizienten sich folgendermaßen aus den ungestrichenen und eingestrichenen zusammensetzen:

11) $$\begin{array}{ll} a'' = a\,a' + c\,b' & b'' = b\,a' + d\,b' \\ c'' = a\,c' + c\,d' & d'' = b\,c' + d\,d'. \end{array}$$

Wir können also zunächst einfach sagen:

VI. *Eine lineare Funktion von einer linearen Funktion ist selbst eine lineare Funktion;*

wir wollen aber diesen Satz mit Benutzung eines wichtigen allgemeinen Begriffs noch anders formulieren. Man definiert nämlich:

VII. *Eine Gesamtheit von Transformationen heißt eine Gruppe, wenn die Aufeinanderfolge zweier beliebig aus der Gesamtheit herausgegriffenen Transformationen stets wieder eine Transformation ergiebt, die selbst in der Gesamtheit enthalten ist.*

Damit lautet Satz VI so:

VIII. *Die Gesamtheit der linearen Transformationen bildet eine Gruppe.*

(Auch die speciellen in den §§ 8, 9, 10 behandelten Gesamtheiten linearer Transformationen bilden jede für sich eine Gruppe; alle diese Gruppen sind als „*Untergruppen*" in der Gruppe aller linearen Transformationen enthalten.)

Wir können übrigens die Transformation (1) noch auf mannigfache andere Arten aus einfacheren Transformationen zusammensetzen (man vergleiche immer die entsprechenden Entwicklungen von § 10). Fragen wir, indem wir die Ebenen von z und von z' zusammenfallen lassen, nach den *Fixpunkten der Transformation (1)*, d. h. nach denjenigen Punkten, die bei ihr in sich übergehen, so haben wir zu deren Bestimmung $z = z'$ zu setzen; wir erhalten so die Gleichung zweiten Grades[1]:

12) $$c z^2 + (d - a) z - b = 0\,.$$

Sind die beiden Wurzeln dieser Gleichung, ζ_1, ζ_2, von einander verschieden, so bilden wir die lineare Funktion von z'

13) $$Z = \frac{z' - \zeta_1}{z' - \zeta_2}\,.$$

Diese ist nach VI eine lineare Funktion von z, die wir ausrechnen könnten; kürzer gelangen wir durch folgende Überlegung zum Ziele: Für $z = \zeta_1$ wird auch $z' = \zeta_1$, also $Z = 0$; für $z = \zeta_2$ wird auch $z' = \zeta_2$, also $Z = \infty$. Eine lineare Funktion von z aber, die für $z = \zeta_1$ Null und für $z = \zeta_2$ unendlich wird, muß von der Form sein:

$$\varkappa \frac{z - \zeta_1}{z - \zeta_2}\,,$$

[1] Wir setzen hier die elementare Theorie der Gleichungen zweiten Grades als bekannt voraus; übrigens werden wir auf sie zurückzukommen haben (§ 58).

wo $\varkappa$ ein noch zu bestimmender Faktor ist. Dieser bestimmt sich hier etwa daraus, daß für $z = 0$, $z' = \frac{b}{d}$ werden muß[1]; es muß also:

$$\frac{b - d\zeta_1}{b - d\zeta_2} = \varkappa \frac{\zeta_1}{\zeta_2}$$

sein, woraus:

14) $$\varkappa = \frac{\zeta_2}{\zeta_1} \cdot \frac{b - d\zeta_1}{b - d\zeta_2} = \frac{a - c\zeta_1}{a - c\zeta_2}$$

folgt (die letzte Umformung ergiebt sich daraus, daß ζ_1 und ζ_2 beide der Gleichung (12) genügen). Somit haben wir gefunden:

IX. *Sind die Wurzeln der Gleichung (12) von einander verschieden, so läßt sich die Beziehung (1) zwischen z' und z auf die Form bringen:*

15) $$\frac{z' - \zeta_1}{z' - \zeta_2} = \frac{a - c\zeta_1}{a - c\zeta_2} \cdot \frac{z - \zeta_1}{z - \zeta_2}.$$

Sind aber die beiden Wurzeln der Gleichung (12) einander gleich, beide $= \zeta$, so setzen wir:

16) $$Z = \frac{1}{z' - \zeta}.$$

Das ist dann eine lineare Funktion von z, die für $z = \zeta\ \infty$ wird, also von der Form:

$$\frac{\alpha z + \beta}{z - \zeta}$$

sein muß. Zur Bestimmung der Koeffizienten α, β ziehen wir hier zunächst die Überlegung heran, daß die aus

$$\frac{1}{z - \zeta} = \frac{\alpha z + \beta}{z - \zeta}$$

hervorgehende Gleichung:

$$(\alpha z + \beta - 1)(z - \zeta) = 0$$

mit der Gleichung (12) identisch sein, also ebenfalls ζ zur Doppelwurzel haben muß; es muß folglich:

$$\alpha\zeta + \beta - 1 = 0$$

sein, sodaß Z die Form erhalten kann:

$$\frac{1}{z - \zeta} + \alpha.$$

α bestimmt sich wieder aus irgend zwei zusammengehörigen Werten von z und z', am einfachsten $z = \infty$, $z' = \frac{a}{c}$; man findet:

---

[1] Irgend ein anderes Paar zusammengehöriger Werte von z und z' muß natürlich dasselbe Resultat geben; man prüfe etwa $z = -\frac{d}{c}$, $z' = \infty$.

$$\alpha = \frac{c}{a - c\zeta}$$

oder, da in unserem Fall $\zeta = \frac{a-d}{2c}$ ist,

17) $$\alpha = \frac{2c}{a+d}.$$

Somit haben wir:

X. *Sind die Wurzeln der Gleichung (12) einander gleich, beide* $=\zeta$, *so läßt sich die Beziehung (1) zwischen* z' *und* z *auf die Form bringen:*

18) $$\frac{1}{z'-\zeta} = \frac{1}{z-\zeta} + \frac{2c}{a+d}.$$

Die beiden Gleichungsformen (15) und (18) gestatten nun eine einfache geometrische Deutung. Setzen wir, um zunächst Glchg. (15) zu interpretieren:

$$\frac{z-\zeta_1}{z-\zeta_2} = \varrho(\cos\varphi + i\sin\varphi),$$

$$\frac{z'-\zeta_1}{z'-\zeta_2} = \varrho'(\cos\varphi' + i\sin\varphi'),$$

$$\varkappa = m(\cos\psi + i\sin\psi),$$

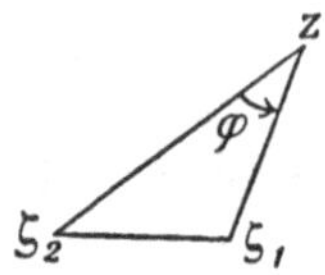

Fig. 8.

so können wir jene Gleichung in die beiden folgenden zerlegen:

19) $$\varrho' = m\varrho, \quad \varphi' = \varphi + \psi.$$

Nun ist (vgl. § 7, II) ϱ das Verhältnis der beiden Längen $\overline{z\zeta_1}$ und $\overline{z\zeta_2}$, φ der Winkel $\zeta_2 z \zeta_1$. Nach elementargeometrischen Sätzen ist also der geometrische Ort der Punkte, für welche:

20) $$\varrho = \text{const.}$$

ist, ein Kreis, dessen Mittelpunkt auf der Verbindungslinie $\zeta_1\zeta_2$ liegt und der die Eigenschaft hat, daß ζ_1 und ζ_2 vermöge Transformation durch reciproke Radien in Bezug auf ihn auseinander hervorgehen; der geometrische Ort der Punkte, für welche

21) $$\varphi = \text{const.}$$

ist, ein Kreis durch ζ_1 und ζ_2. Wir können also sagen:

XI. *Die Transformation (15) führt jedes der beiden Kreissysteme (20) und (21) in sich über; alle Punkte eines Kreises* $\varrho = a$ *(bezw.* $\varphi = \alpha$*) werden in Punkte des demselben System angehörenden Kreises* $\varrho' = ma$ *(bezw.* $\varphi' = \alpha + \psi$*) übergeführt.*

Wir beachten noch einen Augenblick die beiden Specialfälle $m = 1$ (d. h. $|\varkappa| = 1$) und $\psi = 0$ oder $= \pi$ (d. h. $\varkappa$ reell):

XII. *Im ersten dieser Specialfälle wird jeder Kreis des ersten Systems, im zweiten jeder Kreis des zweiten Systems in sich transformiert.*

Eine wichtige Eigenschaft der beiden Kreissysteme (20), (21) ist:

XIII. *Jeder Kreis des einen Systems schneidet jeden Kreis des andern Systems rechtwinklig.*

Man kann das entweder aus elementargeometrischen Sätzen ableiten oder durch folgende Überlegung:

Die beiden genannten Systeme werden durch die lineare Transformation:

$$Z = \frac{z - \zeta_1}{z - \zeta_2}$$

übergeführt einerseits in das System $|Z| = \text{const.}$, d. h. das System koncentrischer Kreise um den Nullpunkt, andererseits in das System $\operatorname{arc} Z = \text{const.}$, d. h. das System der Geraden durch den Nullpunkt. Diese beiden Systeme aber sind zu einander orthogonal; und da eine lineare Transformation nach (V) die Winkel nicht verändert, so sind auch die beiden erstgenannten Systeme zu einander orthogonal.

Der Specialfall (X) kann aus dem allgemeinen Fall (IX) durch einen geeigneten Grenzübergang abgeleitet werden. Lassen wir nämlich den Punkt ζ_1 in bestimmter Richtung an den Punkt ζ_2 heranrücken, so geht das System der Kreise durch ζ_1 und ζ_2 über in das System derjenigen Kreise, die durch ζ_2 gehen und in diesem Punkte die genannte Richtung zur Tangentenrichtung haben; das System der Kreise, die ihren Mittelpunkt auf $\overline{\zeta_1 \zeta_2}$ haben und die Strecke $\overline{\zeta_1 \zeta_2}$ harmonisch teilen, geht über in das System derjenigen Kreise, die durch ζ_2 hindurch gehen und deren Mittelpunkt auf der gemeinsamen Tangente der Kreise des ersten Systems liegt, die also in ζ_2 ebenfalls eine gemeinsame Tangentenrichtung senkrecht zur ersten haben.

Analytisch ist dieser Grenzübergang folgendermaßen zu vollziehen: man setze:

$$\zeta_2 = \zeta, \quad \zeta_1 = \zeta - \delta, \quad \frac{c}{a - c\zeta} = \alpha,$$

dann nimmt Glchg. (15) die Gestalt an:

$$1 + \frac{\delta}{z' - \zeta} = (1 + \alpha\delta)\left(1 + \frac{\delta}{z - \zeta}\right). \tag{22}$$

Multipliziert man aus, hebt 1 beiderseits weg, dividiert mit δ und setzt nach der Division $\delta = 0$, so erhält man Glchg. (18). In diese Rechnung tritt die Richtung, in welcher ζ_1 dem ζ_2 sich nähert, gar nicht ein; wir müssen also (was aus unserer ersten geometrischen Überlegung nicht unmittelbar hervorging) jedesmal dieselbe specielle Transformation (18) aus der allgemeinen (15) erhalten, in welcher Richtung wir auch ζ_1 an ζ_2 heranrücken lassen.

Bei jedem solchen Grenzübergang finden wir zwei Kreissysteme, die bei (18) in sich übergeführt werden, aber jedesmal andere; wir müssen also schließen, daß die Transformation (18) überhaupt *jedes* System von Kreisen durch ζ mit gemeinsamer Tangente in sich überführt.

Um das an den Formeln zu zeigen, setzen wir wieder

$$\frac{1}{z-\zeta} = Z = X + iY,$$

$$\frac{1}{z'-\zeta} = Z' = X' + iY',$$

$$\alpha = \beta + i\gamma,$$

sodaß Gleichung (18) in die beiden folgenden zerfällt:

23) $$X' = X + \beta, \quad Y' = Y + \gamma;$$

aus ihnen folgt:

24) $$(\lambda X' + \mu Y') = (\lambda X + \mu Y) + (\lambda\beta + \mu\gamma),$$

d. h. bei der Transformation (18) wird jedes Liniensystem:

25) $$\lambda X + \mu Y = \text{const.}$$

in sich übergeführt. Diese Gleichung (25) stellt in der Z-Ebene ein System von parallelen Geraden vor; durch die Transformation:

$$z - \zeta = \frac{1}{Z}$$

werden dieselben nach § 11, Va übergeführt in Kreise mit gemeinsamer Tangente im Punkte ζ. Alle Systeme der letzteren Art gehen also bei der Transformation (18) in sich über; wir können sagen:

XIV. *Es giebt unendlich viele Systeme von Kreisen, von denen jedes bei der speciellen Transformation (18) in sich übergeführt wird: nämlich jedes System von Kreisen durch ζ mit gemeinsamer Tangente hat diese Eigenschaft.*

Wir müssen aber beifügen:

XV. *Unter diesen Systemen ist eines dadurch ausgezeichnet, daß jeder Kreis desselben einzeln in sich übergeführt wird.*

Man erhält dieses System, wenn man in (24) λ und μ so wählt, daß:

$$\lambda\beta + \mu\gamma = 0$$

wird.

§ 15. Das Doppelverhältnis als Invariante gegenüber linearer Transformation.

In § 10 haben wir gesehen, daß zwei gegebene Punkte z durch eine Ähnlichkeitstransformation $z' = az + b$ in zwei gegebene Punkte

z' übergeführt werden können; die zwei zur Verfügung stehenden Konstanten a, b ließen sich den Bedingungen der Aufgabe gemäß bestimmen.

Der allgemeinere Typus der linearen gebrochenen Transformationen (§ 14, 1) scheint auf den ersten Blick vier disponible Konstante zu enthalten; aber von diesen ist eine überzählig. Wir können nämlich sagen:

I. *Multiplizieren wir die vier Koeffizienten a, b, c, d mit einem und demselben Faktor m, so hat das auf die lineare Transformation gar keinen Einfluß; dieselbe hängt also nicht von vier, sondern in Wirklichkeit nur von drei von einander unabhängigen willkürlichen Konstanten ab.*

(Man könnte im allgemeinen die Formel so umgestalten, daß nur drei Konstante in ihr auftreten, indem man m gleich dem reciproken Werte eines der Koeffizienten setzte, sodaß an Stelle dieses Koeffizienten eine 1 erschiene; aber dadurch würde man diejenigen Transformationen ausschließen, in welchen dieser Koeffizient $= 0$ ist.)

Man wird also die Koeffizienten einer linearen Transformation stets so bestimmen können, daß drei Bedingungen genügt wird; natürlich bedarf es im einzelnen Fall der Untersuchung, ob die Bedingungen einander nicht widersprechen. Wird z. B. verlangt, eine lineare Transformation anzugeben, welche drei gegebene Punkte z_1, z_2, z_3 in drei andere gegebene Punkte überführt, so hat man die drei Gleichungen anzusetzen:

$$1)\qquad z_i' = \frac{a z_i + b}{c z_i + d} \quad (i = 1, 2, 3)$$

oder:

$$c z_i z_i' + d z_i' - a z_i - b = 0 \quad (i = 1, 2, 3).$$

Das sind drei lineare Gleichungen zur Bestimmung der drei Verhältnisse der vier Koeffizienten. Wie die Determinantentheorie zeigt, ist es stets möglich, diese Verhältnisse den Gleichungen (1) gemäß zu bestimmen, und zwar nur auf eine Weise, sofern nicht etwa alle vier Determinanten der Matrix:

$$\left\| \begin{matrix} z_1 z_1' & z_1' & z_1 & 1 \\ z_2 z_2' & z_2' & z_2 & 1 \\ z_3 z_3' & z_3' & z_3 & 1 \end{matrix} \right\|$$

Null sind. Aber:

$$\left| \begin{matrix} z_1' & z_1 & 1 \\ z_2' & z_2 & 1 \\ z_3' & z_2 & 1 \end{matrix} \right| = 0$$

sagt nach § 10, Glchg. (16) aus, daß die Dreiecke $(z_1\, z_2\, z_3)$ und $(z_1'\, z_2'\, z_3')$ einander ähnlich sind;

$$\begin{vmatrix} z_1 z_1' & z_1 & 1 \\ z_2 z_2' & z_2 & 1 \\ z_3 z_3' & z_3 & 1 \end{vmatrix} = 0 \quad \text{oder:} \quad \begin{vmatrix} z_1' & 1 & \frac{1}{z_1} \\ z_2' & 1 & \frac{1}{z_2} \\ z_3' & 1 & \frac{1}{z_3} \end{vmatrix} = 0$$

sagt aus, daß $\triangle\,(z_1'\, z_2'\, z_3') \sim \triangle \left(\frac{1}{z_1}\;\frac{1}{z_2}\;\frac{1}{z_3}\right)$. Wäre beides der Fall, so wäre auch $\triangle \left(\frac{1}{z_1}\;\frac{1}{z_2}\;\frac{1}{z_3}\right) \sim \triangle\,(z_1\; z_2\; z_3)$, also:

$$\begin{vmatrix} \frac{1}{z_1} & z_1 & 1 \\ \frac{1}{z_2} & z_2 & 1 \\ \frac{1}{z_3} & z_3 & 1 \end{vmatrix} = 0 \quad \text{oder} \quad \begin{vmatrix} 1 & z_1^2 & z_1 \\ 1 & z_2^2 & z_2 \\ 1 & z_3^2 & z_3 \end{vmatrix} = 0,$$

d. h.:

$$(z_1 - z_2)\,(z_2 - z_3)\,(z_3 - z_1) = 0,$$

m. a. W. es müßten zwei der Punkte z zusammenfallen.[1] Wir können also, wenn wir diesen Fall bei Seite lassen, den Satz aussprechen:

II. *Es giebt stets eine und nur eine lineare Transformation, welche drei gegebene von einander verschiedene Punkte z in drei gegebene Punkte z' überführt.*

Natürlich müssen auch die drei Punkte z' von einander verschieden sein, wenn die Transformation nicht ausarten soll (§ 14, 2).

Als *Beispiel zu Satz II* wollen wir die Aufgabe behandeln, das Innere des Einheitskreises der z-Ebene konform auf diejenige Halbebene der z'-Ebene abzubilden, deren Punkte complexe Grössen mit positivem Faktor von i darstellen. Zu diesem Zwecke können wir drei beliebigen Punkten des Einheitskreises der z-Ebene drei beliebige reelle Werte von z' zuordnen; nur muß, wenn der durch die Reihenfolge $z_1\, z_2\, z_3$ festgelegte Durchlaufungssinn auf dem Einheitskreis die Fläche desselben zur Linken läßt, auch der entsprechende Durchlaufungssinn $z_1'\, z_2'\, z_3'$ auf der Axe der reellen Zahlen die

[1] In dieser Rechnung sind z_1, z_2, z_3 als von 0 verschieden vorausgesetzt. Den Fall, daß eine dieser Größen $= 0$ sein sollte, kann man durch eine Hilfstransformation — etwa durch eine solche der einfachen Form $z' = z + f$ — auf den allgemeinen Fall zurückführen.

genannte Halbebene (wir nennen sie kurz die „positive Halbebene") zur Linken lassen. Das ist z. B. der Fall, wenn wir den Punkten

$$z_1 = 1, \qquad z_2 = i, \qquad z_3 = -1$$

bezw. die Punkte

$$z_1' = 0, \qquad z_2' = 1, \qquad z_3' = \infty$$

zuordnen. Man erhält die Gleichungen:

$$2) \qquad \frac{a+b}{c+d} = 0, \quad \frac{ai+b}{ci+d} = 1, \quad \frac{a-b}{c-d} = \infty$$

oder: $\quad a + b = 0, \quad b - d = i(c - a), \quad c - d = 0;$

wird also, was zulässig, $d = 1$ gesetzt, so folgt $a = -i$, $b = i$, $c = 1$, d. h. man erhält:

$$3) \qquad z' = i\frac{1-z}{1+z} \text{ und daraus umgekehrt: } z = \frac{i-z'}{i+z'}.$$

Wir verfolgen die durch diese Formeln vermittelte Abbildung der z-Ebene auf die z'-Ebene noch etwas weiter. Den Werten:

$$z = 0 \quad 1 \quad i \quad -1 \quad -i \quad \infty$$

entsprechen

$$z' = i \quad 0 \quad 1 \quad \infty \quad -1 \quad -i.$$

Der Axe der reellen Zahlen z entspricht die Axe der rein imaginären Zahlen z', der Axe der rein imaginären Zahlen z der Einheitskreis der z'-Ebene (vgl. § 7, IV). Durch die genannnten Linien zerfallen die beiden Ebenen in je acht Gebiete (denen auf der Kugel Oktanten entsprechen); diese sind einander so zugeordnet wie in Fig. 9 angegeben.

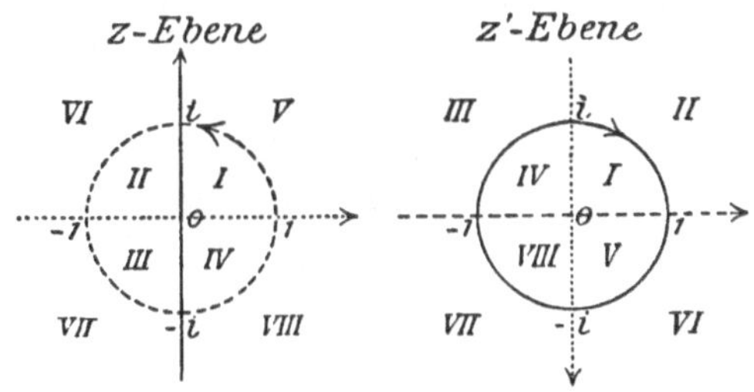

Fig. 9.

Sollen nicht nur drei, sondern *vier* Punkte z durch eine lineare Transformation in vier Punkte z' übergeführt werden, so muß eine Bedingung erfüllt sein; wir finden diese Bedingung am kürzesten durch folgende Überlegung: Die in § 10, Glchg. 15 bereits betrachtete Funktion von drei Punkten $(z_1 - z_2)/(z_3 - z_2)$ geht durch die lineare Transformation (1) über in:

$$\frac{z_1' - z_2'}{z_3' - z_2'} = \frac{cz_3 + d}{cz_1 + d} \cdot \frac{z_1 - z_2}{z_3 - z_2},$$

d. h. in ihren ursprünglichen Wert, multipliziert mit einem Faktor, der z_2 nicht mehr enthält. Bilden wir also den Quotienten aus dieser Funktion und einer entsprechenden, in der nur z_2 durch z_4 ersetzt ist, so fällt jener Faktor weg; wir finden:

$$4)\qquad \frac{z'_1 - z'_2}{z'_3 - z'_2} : \frac{z'_1 - z'_4}{z'_3 - z'_4} = \frac{z_1 - z_2}{z_3 - z_2} : \frac{z_1 - z_4}{z_3 - z_4}.$$

Um dieses Resultat bequem aussprechen zu können, definieren wir:

III. *Unter dem Doppelverhältnis der vier Punkte* $(z_1 z_2 z_3 z_4)$ — *in dieser Reihenfolge — verstehen wir den Quotienten:*

$$5)\qquad \frac{z_1 - z_2}{z_3 - z_2} : \frac{z_1 - z_4}{z_3 - z_4} = (z_1 z_2 z_3 z_4);$$

dann können wir sagen:

IV. *Soll es eine lineare Transformation geben, welche vier gegebene Punkte z in vier gegebene Punkte z' überführt, so muß das Doppelverhältnis der Punkte z gleich sein dem Doppelverhältnis der in entsprechender Reihenfolge genommenen Punkte z'.*

Wir fügen sogleich hinzu:

V. *Diese Bedingung ist nicht nur notwendig, sondern auch hinreichend, sofern die vier gegebenen Punkte alle von einander verschieden sind.*

Denn bestimmt man nach I diejenige lineare Transformation, welche die Punkte z_1, z_2, z_3 bezw. in z'_1, z'_2, z'_3 überführt, so hat sie die Eigenschaft, den Punkt z_4 in einen Punkt z'_4 überzuführen, für welchen $(z'_1 z'_2 z'_3 z'_4) = (z_1 z_2 z_3 z_4)$. Es giebt aber nur einen solchen Punkt; denn die Gleichung (4) ist vom ersten Grade in z'_4. Also muß es der gegebene sein; w. z. b. w.

Das Doppelverhältnis von vier complexen Punkten ist natürlich im allgemeinen complex; wir können aber genau angeben:

VI. *Das Doppelverhältnis von vier Punkten ist dann und nur dann reell, wenn die vier Punkte auf einem Kreise liegen.*

Der Arcus von $(z_1 - z_2)/(z_3 - z_2)$ ist nämlich der Winkel $z_3 z_2 z_1$, der Arcus von $(z_1 - z_4)/(z_3 - z_4)$ der Winkel $z_3 z_4 z_1$. Ist das Viereck $z_1 z_2 z_3 z_4$ ein Kreisviereck, so sind diese beiden Winkel Peripheriewinkel über demselben oder über einander zur vollen Peripherie ergänzenden Bogen, und zwar haben sie im ersten Fall gleichen, im zweiten Fall entgegengesetzten Sinn. Im ersten Fall ist also $z_3 z_4 z_1 = \sphericalangle z_3 z_2 z_1$, im zweiten Fall $= \sphericalangle z_3 z_2 z_1 - \pi$; der Arcus des Doppelverhältnisses ist im ersten Fall 0, im zweiten π, das Doppelverhältnis in beiden Fällen reell. Liegen aber die vier Punkte nicht auf einem Kreise, so ist $\sphericalangle z_3 z_4 z_1$ von $z_3 z_2 z_1$

und von $z_3 z_2 z_1 - \pi$ verschieden, also das Doppelverhältnis nicht reell.[1]

Setzen wir speciell $z_2 = 0$, $z_3 = 1$, $z_4 = \infty$, so finden wir:

$$(z_1\, 0\, 1\, \infty) = z_1,$$

d. h.:

VII. *Das Doppelverhältnis eines beliebigen Punktes z_1 mit den drei Punkten 0, 1, ∞ ist gleich z_1 selbst.*

Wie schon oben bemerkt, hängt das Doppelverhältnis von vier Punkten auch von ihrer Reihenfolge ab. Wir können aber vier Punkte auf 24 verschiedene Arten anordnen. Von diesen geben je vier — z. B.:

$$(z_1\, z_2\, z_3\, z_4),\ (z_2\, z_1\, z_4\, z_3),\ (z_3\, z_4\, z_1\, z_2),\ (z_4\, z_3\, z_2\, z_1) \text{ —}$$

dasselbe Doppelverhältnis, wie ein Blick auf Formel (5) zeigt; wir können also aus denselben vier Punkten im ganzen nur sechs verschiedene Doppelverhältnisse bilden. Zwischen diesen sechs Werten bestehen aber einfache Beziehungen. Wird nämlich

$$\text{6)} \qquad (z_1\, z_2\, z_3\, z_4) = \lambda$$

gesetzt, so findet man sofort, daß:

$$\text{7)} \qquad (z_1\, z_4\, z_3\, z_2) = \frac{1}{\lambda}$$

ist. Ferner bestätigt eine einfache Rechnung, daß:

$$\text{8)} \qquad (z_1\, z_3\, z_2\, z_4) = 1 - \lambda$$

ist; und durch Verbindung beider Resultate findet man:

$$\text{9)} \qquad (z_1\, z_3\, z_4\, z_2) = 1 - (z_1\, z_4\, z_3\, z_2) = 1 - \frac{1}{\lambda} = \frac{\lambda - 1}{\lambda},$$

$$\text{10)} \qquad (z_1\, z_2\, z_4\, z_3) = \frac{1}{(z_1\, z_3\, z_4\, z_2)} = \frac{\lambda}{\lambda - 1},$$

$$\text{11)} \qquad (z_1\, z_4\, z_2\, z_3) = 1 - (z_1\, z_2\, z_4\, z_3) = \frac{1}{1 - \lambda}.$$

Wir können also sagen:

VIII. *Von den sechs Doppelverhältnissen, die man aus vier Punkten bilden kann, ist jedes eine lineare Funktion von jedem andern.*

---

[1] Für mit projektiver Geometrie vertraute Leser sei ohne Beweis bemerkt: das hier definierte Doppelverhältnis von vier Punkten eines Kreises ist genau gleich dem von der projektiven Geometrie definierten Doppelverhältnis von vier solchen Punkten; das hier definierte complexe Doppelverhältnis von vier beliebigen Punkten der Ebene gleich ihrem Doppelverhältnis auf demjenigen imaginären Kegelschnitt, der durch sie und einen der „Kreispunkte" bestimmt ist.

Die sechs Werte (6)—(11) sind im allgemeinen alle von einander verschieden; nur für besondere Werte von λ können zwei oder mehrere derselben einander gleich werden. Nähere Untersuchung zeigt, daß alle verschiedenen hier möglichen Fälle sich durch Änderung der Bezeichnung auf die beiden folgenden zurückführen lassen:

$$12)\qquad \lambda = \frac{1}{\lambda} = -1,\ \frac{1}{1-\lambda} = \frac{\lambda}{\lambda-1} = \tfrac{1}{2},\ 1-\lambda = \frac{\lambda-1}{\lambda} = 2$$

und:

$$13)\qquad \begin{cases} \lambda = \dfrac{1}{1-\lambda} = \dfrac{\lambda-1}{\lambda} = \dfrac{1+i\sqrt{3}}{2}, \\ \dfrac{1}{\lambda} = 1-\lambda = \dfrac{\lambda}{\lambda-1} = \dfrac{1-i\sqrt{3}}{2}. \end{cases}$$

IX. *Im Falle (12) nennt man die vier Punkte „harmonisch", im Falle (13) wohl „äquianharmonisch".*

Vier harmonische Punkte sind z. B. $(-1, 0, 1, \infty)$, ferner die vier Ecken eines Quadrates; vier äquianharmonische die drei Ecken eines gleichseitigen Dreiecks und der Mittelpunkt des ihm umbeschriebenen Kreises (oder auf der Kugel, die Ecken eines regulären Tetraeders).

Kehren wir noch einmal zu Glchg. (4) zurück, um ihren Inhalt unter Benutzung eines auch sonst wichtigen Terminus auszusprechen. Zu diesem Zwecke definieren wir:

X. *Eine Funktion eines oder mehrerer Punkte, welche ungeändert bleibt, wenn man alle diese Punkte einer und derselben willkürlichen Transformation einer bestimmten Gruppe unterwirft, heißt eine Invariante der Gruppe.*

Dann sagt Glchg. (4) aus:

XI. *Das Doppelverhältnis von vier Punkten ist eine Invariante der Gruppe der linearen Transformationen.*

Wir können noch mehr sagen: wir können behaupten, daß es die *einzige* Invariante dieser Gruppe ist. Das ist so zu verstehen: wie wir gesehen haben, ist die Gleichheit der Doppelverhältnisse zweier Aggregate von je vier Punkten schon hinreichende Bedingung für die Existenz einer linearen Transformation, welche das eine Aggregat in das andere überführt. Jede andere bei linearer Transformation invariante Funktion von vier Punkten muß also für alle Aggregate von demselben Doppelverhältnis denselben Wert haben. Sie muß sich also durch das Doppelverhältnis allein ausdrücken lassen und wird insofern nicht als neue Invariante gezählt. Aber auch mehr als vier Punkte geben keine neue Invariante; jede invariante Funktion von $n (> 4)$ Punkten läßt sich ausdrücken durch $n - 3$ geeignet ausgewählte Doppelverhältnisse, etwa durch diejenigen, welche 3 von den Punkten mit je einem der $n - 3$ übrigen bilden. — Weniger als vier Punkte dagegen können der Gruppe linearer Transformationen gegenüber keine Invariante haben, wegen Satz II.

§ 16. Deutung der linearen Transformationen auf der Kugel; zugehörige Kollineationen des Raumes.

Wir wollen noch die Resultate von § 14 stereographisch auf die Kugel übertragen. Den Kreisen der Ebene, die durch die Punkte ζ_1, ζ_2 hindurchgehen, entsprechen auf der Kugel Kreise durch die entsprechenden Punkte, anders ausgedrückt: die Schnittkurven der Ebenen eines Ebenenbüschels, dessen Axe die Kugel in zwei Punkten schneidet. Aber auch dem ersten, durch Glchg. (20) des § 14 dargestellten Kreissystem entsprechen auf der Kugel Kreise, die von einem Ebenenbüschel ausgeschnitten werden (der Unterschied ist nur, daß in diesem Falle die Axe des Büschels die Kugel nicht trifft). Das sieht man folgendermaßen ein:

Legt man in allen Punkten eines Kreises der Kugel Tangentialebenen an sie, so umhüllen diese einen geraden Kreiskegel; die Spitze dieses Kegels heißt Pol der Ebene des Kreises in Bezug auf die Kugel. Jede Kante dieses Kegels ist rechtwinklig zu der Tangente des Kreises in ihrem Schnittpunkt mit ihm, fällt also zusammen mit der Tangente der Kreise, die den ersten in diesem Punkt rechtwinklig schneiden. Also muß die Ebene jedes solchen Kreises diese Kante und somit auch die Kegelspitze, den Pol des ersten Kreises, enthalten. Die Ebene jedes Kreises, der zwei gegebene Kreise rechtwinklig trifft, enthält demzufolge die Pole der Ebenen beider Kreise, also auch ihre Verbindungslinie. Mit Rücksicht auf § 14, XIII folgt daraus, was zu beweisen war. Wir können also sagen:

I. *Jede lineare Transformation mit getrennten Fundamentalpunkten führt, auf der Kugel gedeutet, zwei Kreissysteme in sich über, deren jedes durch ein Ebenenbüschel aus der Kugel ausgeschnitten wird.*

Wir können uns nun mit jeder solchen Transformation der Kugel in sich eine bestimmte Transformation des Raumes in sich verbunden denken, bei der jede Ebene, die die Kugel schneidet (natürlich in einem Kreise), übergeführt wird in diejenige andere

Ebene, die die Kugel in dem zum ersten entsprechenden Kreise schneidet. Da allen Kreisen durch zwei Punkte z_1, z_2 Kreise durch die entsprechenden Punkte z'_1, z'_2 entsprechen, so folgt: allen Ebenen, die sich in einer die Kugel treffenden Geraden schneiden, entsprechen Ebenen eines zweiten solchen Büschels. Da ferner (wegen § 14, V) allen Kreisen, die zwei bestimmte Kreise rechtwinklig schneiden, Kreise entsprechen, die die entsprechenden beiden Kreise rechtwinklig schneiden, so folgt nach dem vorhin Bewiesenen: auch allen Ebenen eines Büschels, dessen Axe die Kugel nicht trifft, entsprechen Ebenen eines zweiten solchen Büschels. Dadurch sind also auch alle Geraden des Raumes einander paarweise zugeordnet. Da ferner der Satz gilt: wenn mehrere Gerade je paarweise, aber nicht alle zusammen in einer Ebene liegen, so gehen sie alle durch einen Punkt — so folgt, daß allen Geraden durch einen Punkt wieder Gerade durch einen Punkt entsprechen. Bei unserer Transformation der Ebenen des Raumes werden also auch seine Punkte einander wechselweise eindeutig zugeordnet. Eine Transformation dieser Art nennt man eine Kollineation; wir können daher sagen:

II. *Zu jeder linearen Transformation der complexen Variabeln z auf der Kugel gehört eine Kollineation des Raumes, welche die Punkte der Kugel genau ebenso transformiert.*

Nach Satz I gehört diese Kollineation im allgemeinen Fall zu derjenigen besonderen Art, bei welcher zwei reelle Gerade, zwei reelle Punkte der einen (ihre Schnittpunkte mit der Kugel) und zwei reelle Ebenen durch die andere (die von ihr an die Kugel gehenden Tangentialebenen) in sich transformiert werden. Im speciellen Fall (§ 14, XIV, XV) wird ein reeller Punkt der Kugel, jede Tangente in ihm und jede Ebene durch eine bestimmte solche Tangente in sich übergeführt.

Es würde auf Grund der Formeln der §§ 13 und 14 nicht schwierig (wenn auch umständlich) sein, diese Überlegungen analytisch zu verfolgen und so zu jeder linearen Transformation von z die Gleichungen der zugehörigen Kollineation zu finden; wir wollen das nur für diejenige Transformation thun, die einer Schiebung parallel der x-Axe in der Ebene entspricht. Für diese ist:

$$z' = z + \alpha \ (\alpha \text{ reell}), \text{ d. h. } x' = x + \alpha, \ y' = y;$$

dann geben die Formeln (6) von § 13 und diejenigen, welche aus (5) das. durch Accentuirung aller Buchstaben hervorgehen:

$$1)\quad \begin{cases} \xi' = \dfrac{x'}{1+r'^2} = \dfrac{x+\alpha}{1+r^2+2\alpha x+\alpha^2} = \dfrac{\xi+\alpha(1-\zeta)}{2\alpha\xi+(1+\alpha^2)(1-\zeta)+\zeta}, \\ \eta' = \dfrac{y'}{1+r'^2} = \dfrac{y}{1+r^2+2\alpha x+\alpha^2} = \dfrac{\eta}{2\alpha\xi+(1+\alpha^2)(1-\zeta)+\zeta}, \\ \zeta' = \dfrac{r'^2}{1+r'^2} = \dfrac{r^2+2\alpha x+\alpha^2}{1+r^2+2\alpha x+\alpha^2} = \dfrac{2\alpha\xi+\alpha^2(1-\zeta)+\zeta}{2\alpha\xi+(1+\alpha^2)(1-\zeta)+\zeta}. \end{cases}$$

(Es giebt natürlich unendlich viele Transformationen des Raumes, welche die Punkte der Kugel so, wie verlangt, transformieren. Die Rechnung zeigt, daß wir gerade die Kollineation erhalten, wenn wir die Kugelgleichung nicht weiter explicite benutzen, sondern jene Formeln von § 13 gerade so, wie sie dort stehen, heranziehen.)

Einen besondern Fall der Kollineationen bilden die *„Bewegungen des Raumes“*, d. h. diejenigen Transformationen, welche jede Figur in eine zu ihr kongruente überführen. Setzen wir als bekannt voraus, daß jede Bewegung einer Kugel in sich eine Drehung um eine durch ihren Mittelpunkt gehende Axe ist, so können wir leicht alle solchen Bewegungen und die ihnen entsprechenden linearen Transformationen angeben. Dazu gehen wir auf die Gleichung (15) von § 14 zurück. Soll diese eine Drehung der Kugel um eine durch ihren Mittelpunkt gehende Axe vorstellen, so müssen erstens ζ_1 und ζ_2 *diametrale* Punkte (§ 13, XV) sein; zweitens muß jeder der in § 14, Glchg. (20) mit $\varrho =$ const. bezeichneten Kreise, die in unserem Falle Parallelkreise sind, in sich übergeführt werden, es muß also $m = 1$, d. h. $\varkappa$ eine Größe vom absoluten Betrage 1 sein. Verstehen wir also unter α und λ Größen vom absoluten Betrage 1, unter r eine positive reelle Zahl, so können wir:

$$\zeta_1 = r\alpha, \quad \zeta_2 = -r^{-1}\alpha, \quad \varkappa = \lambda^2$$

setzen; die Auflösung der Gleichung (15) von § 14 nach z' nimmt dann die Form an:

$$z' = \frac{z(r\alpha + r^{-1}\alpha\lambda^2) + \alpha^2(1-\lambda^2)}{z(1-\lambda^2) + (r^{-1}\alpha + r\alpha\lambda^2)},$$

oder wenn wir im Zähler und Nenner mit $\alpha^{-1}\lambda^{-1}$ multiplizieren:

$$= \frac{z(r\lambda^{-1} + r^{-1}\lambda) + \alpha(\lambda^{-1}-\lambda)}{z\alpha^{-1}(\lambda^{-1}-\lambda) + (r^{-1}\lambda^{-1} + r\lambda)}.$$

Hier sind nun die Koeffizienten, abgesehen vom Vorzeichen des einen, einander paarweise konjugiert (denn λ^{-1} ist konjugiert zu λ und α^{-1} zu α); verstehen wir also unter A, B, C, D reelle Zahlen, so können wir schreiben:

$$2)\qquad z' = \frac{(A+iB)z - C + iD}{(C+iD)z + A - iB}.$$

III. *Auf diese allgemeine Form (2) kann also eine lineare Transformation von z immer gebracht werden, wenn sie eine Drehung der Kugel um ihren Mittelpunkt vorstellt.*[1]

---

[1] Von der Gleichung (2) des Textes aus gelangt man zur EULER'schen Darstellung der Rotationen um einen festen Punkt, wenn man durch die Formeln (5) und (6) von § 13 die Raumkoordinaten ξ, η, ζ und ξ', η', ζ' einführt. Man erhält zunächst:

$$x' + iy' = \frac{(Ax - By - C) + i(Bx + Ay + D)}{(Cx - Dy + A) + i(Dx + Cy - B)},$$

$$\alpha)\quad r'^2 = \frac{(A^2 + B^2)r^2 + 2(-AC + BD)x + 2(BC + AD)y + C^2 + D^2}{(C^2 + D^2)r^2 + 2(\ \ AC - BD)x - 2(AD + BC)y + A^2 + B^2},$$

$$1 + r'^2 = \frac{(A^2 + B^2 + C^2 + D^2)(1 + r^2)}{(C^2 + D^2)r^2 + 2(AC - BD)x - 2(AD + BC)y + A^2 + B^2}.$$

Setzt man also zur Abkürzung

$$\beta)\qquad A^2 + B^2 + C^2 + D^2 = N,$$

so folgt:

$$\frac{x' + iy'}{1 + r'^2} = \frac{[(Ax - By - C) + i(Bx + Ay + D)][(Cx - Dy + A) + i(-Dx - Cy + B)]}{N(1 + r^2)}.$$

Der Zähler rechts ist:

$$\begin{aligned}&[(AC + BD) + i(BC - AD)]r^2 + [(A^2 - B^2 - C^2 + D^2) + 2i(AB + CD)]x\\ &\quad + [2(-AB + CD) + i(A^2 - B^2 + C^2 - D^2)]y\\ &\quad + [-AC - BD + i(-BC + AD)];\end{aligned}$$

führen wir also die ξ, η, ζ ein, so folgt:

$$\begin{aligned}N(\xi' + i\eta') = {}&[(AC + BD) + i(BC - AD)](2\zeta - 1)\\ &+ [(A^2 - B^2 - C^2 + D^2) + 2i(AB + CD)]\xi\\ &+ [2(-AB + CD) + i(A^2 - B^2 + C^2 - D^2)]\eta\end{aligned}$$

und, wenn wir Reelles und Imaginäres trennen:

$$\gamma)\quad N\xi' = (A^2 - B^2 - C^2 + D^2)\xi + 2(-AB + CD)\eta + 2(AC + BD)(\zeta - \tfrac{1}{2}),$$

$$\delta)\quad N\eta' = 2(AB + CD)\xi + (A^2 - B^2 + C^2 - D^2)\eta + 2(BC - AD)(\zeta - \tfrac{1}{2}).$$

Dazu folgt aus α):

$$\frac{1 - r'^2}{1 + r'^2} = \frac{(A^2 + B^2 - C^2 - D^2)(1 - r^2) + 4(AC - BD)x - 4(AD + BC)y}{N(1 + r^2)},$$

also:

$$\varepsilon)\quad N(\zeta' - \tfrac{1}{2}) = 2(AC - BD)\xi - 2(AD + BC)\eta + (A^2 + B^2 - C^2 - D^2)(\zeta - \tfrac{1}{2}).$$

Die Formeln (β)—(ε) sind eben die EULER'schen.

Ohne Beweis sei erwähnt, daß jede lineare Transformation von $x + iy$ als eine Bewegung des Raumes gedeutet werden kann, wenn man sich nicht der Euklidischen Geometrie bedient, sondern derjenigen Nichteuklidischen, für welche die Kugel Fundamentalfläche ist.

§ 17. Die Funktion z^2.

Nach der in den letzten Paragraphen ausführlich vorgenommenen Untersuchung der linearen Funktionen von z wenden wir uns nunmehr zu der Funktion:

1) $$w = z \cdot z = z^2.$$

Drücken wir w und z einmal durch rechtwinklige, dann durch Polarkoordinaten aus, indem wir setzen:

2) $$z = x + iy = r(\cos\varphi + i\sin\varphi),$$

3) $$w = u + iv = \varrho(\cos\psi + i\sin\psi),$$

so erhalten wir das einemal aus § 3, 11:

4) $$u = x^2 - y^2, \quad v = 2xy,$$

das anderemal aus § 6, 1:

5) $$\varrho = r^2, \quad \psi = 2\varphi.$$

Die Formeln (4) liefern zu jedem reellen Wertepaar (x, y) ein und nur ein reelles Wertepaar (u, v); wir sagen:

I. *Die Funktion $w = z^2$ ist in der ganzen Ebene eindeutig definiert.*

Die Konstruktion des einem bestimmten Punkte z entsprechenden Punktes w knüpft man am bequemsten an die Formeln (5): der Radiusvektor von w verhält sich zu dem von z wie dieser zur Einheit, der Arcus von w ist doppelt so groß als der von z.

Jedem Kreis um den Nullpunkt der z-Ebene ($r = \text{const.}$) entspricht ein Kreis um den Nullpunkt der w-Ebene ($\varrho = \text{const.}$). Lassen wir den Radius des ersteren kontinuierlich von 0 bis ∞ wachsen, so durchläuft auch der des letzteren kontinuierlich wachsend alle Werte von 0 bis ∞ (wie von der reellen Funktion r^2 der reellen Variablen r bekannt ist). Jeder Geraden $\varphi = \text{const.}$ durch den Nullpunkt der z-Ebene entspricht eine Gerade $\psi = \text{const.}$ durch den Nullpunkt der w-Ebene; der Arcus der letzteren durchläuft aber (wegen der zweiten Glchg. (5)) bereits kontinuierlich alle Werte von 0 bis 2π, wenn der der ersteren nur alle Werte von 0 bis π durchläuft. Beide Resultate zusammen geben den Satz:

II. *Durch die Funktion $w = z^2$ wird die positive Halbebene der z-Ebene (d. h. diejenige, in welcher die Punkte $z = x + iy$ mit positivem y liegen) eindeutig und stetig auf die w-Ebene abgebildet.*

Auch umgekehrt ist diese Abbildung eindeutig. Denn $\varrho = r^2$ und $\psi = 2\varphi$ nehmen jedes vorgeschriebene Wertepaar ϱ zwischen 0 und $+\infty$, ψ zwischen 0 und 2π *nur* einmal an, wenn r von

4*

0 bis $+\infty$, φ von 0 bis π wächst. Dagegen ist die Stetigkeit der Umkehrung längs der Halbaxe der positiv reellen Zahlen der w-Ebene unterbrochen, indem den beiden Seiten derselben in der positiven Hälfte der z-Ebene die beiden Teile der Axe der reellen Zahlen so entsprechen, wie es in Fig. 10 angedeutet ist.

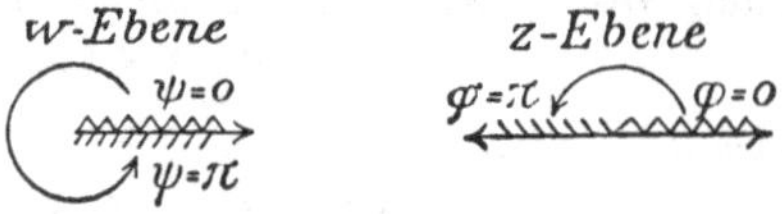

Fig. 10.

Lassen wir dann φ weiter von π bis 2π wachsen, so durchläuft ψ die Werte von 2π bis 4π; d. h. die Halbgerade $\psi = \text{const.}$ überstreicht noch einmal die ganze Ebene, sodaß auch die negative Halbebene der z-Ebene eindeutig und stetig auf die w-Ebene abgebildet wird. Wir schließen daraus:

III. *Die Funktion $w = z^2$ nimmt jeden von 0 und ∞ verschiedenen complexen Wert w in zwei und nur zwei Punkten der z-Ebene an.*

Wenn man nicht ohnedies sähe, daß zwei solche Punkte durch die Relation $z_2 = -z_1$ verbunden sind, könnte man es daraus ableiten, daß die linke Seite der Gleichung $z_2^{\,2} - z_1^{\,2} = 0$ außer durch $z_2 - z_1 = 0$ auch noch durch $z_2 + z_1 = 0$ teilbar ist. An dieser Relation interessiert uns besonders, daß sie *linear* ist; wir definieren:

IV. *Eine Funktion $w = f(z)$, welche die Eigenschaft hat, sich nicht zu ändern, wenn man statt z eine bestimmte lineare Funktion von z in sie einführt, heißt eine Funktion mit einer linearen Transformation in sich oder eine automorphe Funktion.*

Damit können wir die eine Hälfte des Satzes (III) noch genauer so aussprechen:

V. *Die Funktion $w = z^2$ ist eine automorphe Funktion; sie gestattet die lineare Transformation in sich:*

$$6)\qquad z' = -z.$$

Wir führen weiter bei dieser Gelegenheit die Definition ein:

VI. *Einen Bereich, in dem eine eindeutige Funktion w von z bereits alle ihre Werte und jeden einmal annimmt, nennt man einen Fundamentalbereich dieser Funktion.*

Aus den Definitionen der automorphen Funktion und des Fundamentalbereichs folgt dann:

VII. *Ist ein Fundamentalbereich einer automorphen Funktion bekannt und wird derselbe durch eine der Transformationen der Funktionen in sich auf einen zweiten Bereich abgebildet, so kann dieser zweite Bereich den ersten nirgends überdecken; er ist ebenfalls ein Fundamentalbereich der automorphen Funktion.*

So sind in unserem Falle die beiden durch die Axe der reellen Zahlen getrennten Halbebenen Fundamentalbereiche der Funktion z^2.

Wir verfolgen die durch die Funktion $w = z^2$ vermittelte Abbildung der z-Ebene auf die w-Ebene noch weiter ins einzelne, indem wir zunächst fragen, welcherlei Linien der w-Ebene den Parallelen zu den Axen in der z-Ebene entsprechen. Setzen wir $y = c$, so geben die Gleichungen (4) u und v ausgedrückt durch eine Hilfsvariable x; die Elimination der letzteren ergiebt:

$$7)\qquad u + c^2 = \left(\frac{v}{2c}\right)^2.$$

Das ist für jedes bestimmte c die Gleichung einer Parabel, die die u-Axe zur Hauptaxe und die Gerade $u = -c^2$ zur Scheiteltangente hat. Bringt man sie auf die Form:

$$8)\qquad u^2 + v^2 = (u + 2c^2)^2,$$

so sieht man, daß der Nullpunkt Brennpunkt, die Gerade $u + 2c^2 = 0$ Direktrix ist. Da c wesentlich reell, c^2 also positiv ist, liegt die Direktrix auf Seite der negativen u, die Parabel erstreckt sich nach rechts ins Unendliche. — Brennpunkt und Hauptaxe sind von c unabhängig. Parabeln mit demselben Brennpunkt und derselben Hauptaxe nennt man konfokal; wir können demnach unser Resultat folgendermaßen aussprechen.

VIII. *Durch die Funktion $w = z^2$ werden die zur x-Axe parallelen Geraden der z-Ebene abgebildet auf eine Schar konfokaler Parabeln, die den Nullpunkt zum Brennpunkt und die u-Axe zur Hauptaxe haben und sich nach der Richtung der positiven u hin öffnen.*

Setzen wir dagegen in den Gleichungen (4) $x = c$ und eliminieren y, so erhalten wir

$$9)\qquad c^2 - u = \left(\frac{v}{2c}\right)^2$$

oder:

$$10)\qquad u^2 + v^2 = (u - 2c^2)^2,$$

d. h.:

IX. *Die Parallelen zur y-Axe werden abgebildet auf diejenigen Parabeln derselben Schar, die sich nach der Richtung der negativen u hin öffnen.*

Überhaupt wird, wie die Rechnung zeigt, jede Gerade der z-Ebene, die nicht durch den Nullpunkt geht, abgebildet auf eine Parabel der w-Ebene, die den Nullpunkt zum Brennpunkt hat.

Die umgekehrte Frage: *welche Linien der z-Ebene auf die Geraden der w-Ebene abgebildet werden* — beantwortet sich folgendermaßen: Sei die Gleichung einer solchen Geraden:

$$11)\qquad a u + b v + c = 0;$$

ersetzen wir in ihr u und v durch ihre Werte aus (4), so erhalten wir:

$$12)\qquad a(x^2 - y^2) + 2bxy + c = 0.$$

X. *Das ist die Gleichung eines Kegelschnitts, und zwar* (da die Koeffizienten von x^2 und y^2 einander entgegengesetzt gleich sind) *einer gleichseitigen Hyperbel, die ihren Mittelpunkt* (da die Glieder mit x^1 und y^1 fehlen) *im Nullpunkt hat.* Parallelen Geraden (deren Gleichungen sich nur durch den Wert von c unterscheiden) entsprechen dabei Hyperbeln mit denselben Asymptoten; den Parallelen zur u-Axe (bezw. v-Axe) Hyperbeln, die zu den Koordinatenaxen (bezw. zu den Halbierungslinien der Winkel der Koordinatenaxen) asymptotisch verlaufen.

Von Wichtigkeit ist auch noch, daß die durch die Funktion $w = z^2$ vermittelte Abbildung eine konforme (§ 11, VII) ist. Um das zu beweisen, bedienen wir uns am einfachsten der Gleichungen (5). Ist nämlich die Gleichung einer Kurve der z-Ebene in Polarkoordinaten gegeben:

$$\varphi = f(r),$$

so ist die Tangente des Winkels zwischen Kurve und Radiusvektor bekanntlich:

$$r\frac{d\varphi}{dr}.$$

Für die entsprechende Kurve der w-Ebene erhalten wir aus (5):

$$13)\qquad \varrho\cdot\frac{d\psi}{d\varrho} = r\cdot\frac{2\,d\varphi}{2\,r\,dr} = r\frac{d\varphi}{d\,r}.$$

Die beiden Winkel sind also einander gleich; daraus schließen wir wie § 11, VI, daß auch die Winkel zwischen irgend zwei einander entsprechenden Linien einander gleich sind. Wir sagen:

XI. *Wie die in den §§ 8—10 untersuchten linearen Funktionen, so vermittelt auch die Funktion $w = z^2$ eine konforme Abbildung ohne Umlegung der Winkel.*

Wir haben dabei allerdings eine Ausnahme zu machen. Die Gleichung (13) beweist nichts für die einander entsprechenden Nullpunkte beider Ebenen, da dort die Ausdrücke ihre Bedeutung verlieren. In der That haben wir schon zu Beginn dieses Paragraphen gesehen, daß die Winkel im Nullpunkt verdoppelt werden. Wir müssen daher Satz XI durch den Zusatz ergänzen:

XII. *Die Konformität der Abbildung erleidet in den Nullpunkten eine Unterbrechung, indem jedem Winkel, der seinen Scheitel im Nullpunkt der z-Ebene hat, ein doppelt so großer Winkel am Nullpunkt der w-Ebene entspricht.*

§ 18. Die Potenz mit positivem ganzzahligen Exponenten.

Nach der ausführlichen Untersuchung der Funktion z^2 wird uns die Untersuchung der Potenz mit beliebigem ganzzahligen Exponenten keine neuen Schwierigkeiten bieten. Wir verstehen nämlich unter einer solchen:

1) $$w = z^n$$

wie in der elementaren Algebra *das Produkt aus n einander gleichen Faktoren z.* Einführung rechtwinkliger Koordinaten von w und z liefert nur für die kleinsten Werte von n handliche Formeln. Doch können wir, ohne sie wirklich aufzustellen, aus ihrer Bildungsweise schließen:

I. *Die Funktion $w = z^n$ ist in der ganzen Ebene eindeutig definiert.*

In Polarkoordinaten erhalten wir, wenn wir die Bezeichnungen von § 17 beibehalten, durch wiederholte Anwendung von § 6, 1:

2) $$\varrho = r^n, \quad \psi = n\varphi.$$

Jedem Kreis um den Nullpunkt der z-Ebene (r = const.) entspricht ein Kreis um den Nullpunkt der w-Ebene (ϱ = const.); lassen wir den Radius des ersteren kontinuierlich von 0 bis ∞ wachsen, so durchläuft auch der des letzteren kontinuierlich wachsend alle Werte von 0 bis ∞. Jeder Geraden φ = const. durch den Nullpunkt der z-Ebene entspricht eine Gerade ψ = const. durch den Nullpunkt der w-Ebene; der Arcus der ersteren durchläuft aber bereits kontinuierlich alle Werte von 0 bis 2π, wenn der der ersteren nur alle Werte von 0 bis $\frac{2\pi}{n}$ durchläuft. Es folgt also:

II. *Durch die Funktion $w = z^n$ wird der von den Strahlen $\varphi = 0$ und $\varphi = \frac{2\pi}{n}$ begrenzte Sektor der z-Ebene eindeutig und stetig auf die w-Ebene abgebildet.*

Auch umgekehrt ist diese Abbildung eindeutig; aber die Stetigkeit der Umkehrung ist längs der Halbaxe der positiv reellen Zahlen der w-Ebene unterbrochen, indem ihren beiden Seiten die beiden Begrenzungslinien des Sektors entsprechen (Fig. 11).

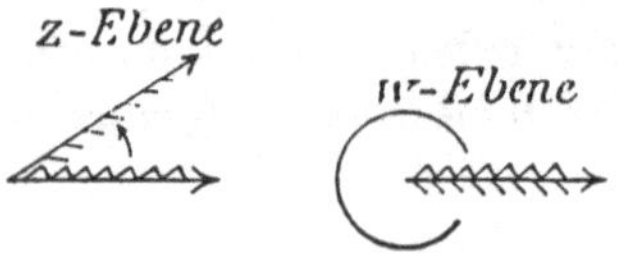

Fig. 11.

Lassen wir φ weiter von $\frac{2\pi}{n}$ bis $\frac{4\pi}{n}$, von $\frac{4\pi}{n}$ bis $\frac{6\pi}{n}$ ... endlich von $\frac{(2n-2)\pi}{n}$ bis 2π wachsen, so überstreicht die entsprechende Halbgerade $\psi = \text{const.}$ die Ebene zum zweiten, dritten ... nten Mal. Die z-Ebene kann also in Sektoren zerlegt werden, von denen jeder eindeutig und stetig auf die ganze w-Ebene abgebildet wird. Daraus folgt:

III. *Die Funktion $w = z^n$ nimmt jeden complexen Wert w in gerade n Punkten der z-Ebene an.*

Ausnahmen bilden nur die Werte $w = 0$ und $w = \infty$; diese werden nur in je einem Punkte $z = 0$, bezw. $z = \infty$ angenommen. In diesen beiden Punkten stoßen alle jene Sektoren der z-Ebene zusammen.

Zwischen den verschiedenen Punkten z, die denselben Wert w liefern, besteht ein einfacher Zusammenhang. Um ihn darzustellen, bezeichnen wir mit ε die (bestimmte) complexe Größe

3) $$\varepsilon = \cos\frac{2\pi}{n} + i\sin\frac{2\pi}{n},$$

welche die Eigenschaft hat, daß

4) $$\varepsilon^n = 1$$

ist, während die niedrigeren Potenzen $\varepsilon, \varepsilon^2, \varepsilon^3 \dots \varepsilon^{n-1}$ alle von einander und von 1 verschieden sind. Dann folgt aus der Kommutativität der Multiplikation, daß:

5) $$(\varepsilon^k z)^n = z^n$$

ist für $k = 1, 2 \dots n-1$. Auf Grund der Definition IV von § 17 sprechen wir das so aus:

IV. *Die Funktion $w = z^n$ ist eine automorphe Funktion; sie gestattet die $n-1$ linearen Transformationen in sich:*

6) $$z' = \varepsilon^k z, \quad k = 1, 2 \dots n-1.$$

Zwischen diesen $n-1$ Transformationen bestehen Beziehungen; es gilt nämlich ganz allgemein der unmittelbar aus der Definition automorpher Funktionen sich ergebende Satz:

V. *Gestattet eine automorphe Funktion $f(z)$ zwei lineare Transformationen in sich, $z' = \varphi_1(z)$, $z' = \varphi_2(z)$, so gestattet sie auch die aus ihnen zusammengesetzten linearen Transformationen $z' = \varphi_1[\varphi_2(z)]$* und $z' = \varphi_2[\varphi_1(z)]$.

Auf Grund der Definition einer Gruppe von Transformationen (§ 14, VIII) können wir diesen Satz auch so aussprechen:

VI. *Die linearen Transformationen in sich, welche eine automorphe Funktion gestattet, bilden stets eine Gruppe.*

An unserem Beispiel bestätigt sich das einfach: setzen wir $z' = \varepsilon^k z$, $z'' = \varepsilon^l z'$, so folgt $z'' = \varepsilon^{k+l} z$, was wegen (4) ebenfalls unter (6) vorkommt. Wir können übrigens über die Struktur dieser Gruppe noch eine nähere Angabe machen: man sieht, daß alle jene linearen Transformationen durch Wiederholung der ersten unter ihnen zu stande kommen. Definieren wir also:

VII. *Eine Gruppe, deren sämtliche Operationen durch Wiederholung einer bestimmten unter ihnen entstehen, heißt cyklisch* —
so haben wir den Satz:

VIII. *Die Funktion $w = z^n$ gestattet eine cyklische Gruppe linearer Transformationen.*

Satz II kann auch so ausgesprochen werden:

IX. *Der von den Halbstrahlen $\varphi = 0$ und $\varphi = \frac{2\pi}{n}$ begrenzte Sektor der w-Ebene ist ein Fundamentalbereich der w-Ebene.*

Wir wollen daran anknüpfend die im vorigen Paragraphen noch bei Seite gelassene Frage behandeln, wie weit ein solcher Fundamentalbereich denn eigentlich willkürlich ist. Offenbar können wir an einem seiner Ränder ein beliebiges Stück wegnehmen, wenn wir nur an dem andern Rande das entsprechende Stück zufügen. Der Nullpunkt muß immer auf dem Rande bleiben, da er bei den Transformationen der Gruppe in sich übergeführt wird, also in ihm stets alle n Fundamentalbereiche zusammenstoßen müssen, wie auch der erste gewählt werden mag; ebenso muß sich der Fundamentalbereich stets ins Unendliche erstrecken. Aber wir können ihn einerseits durch eine beliebige vom Nullpunkt ins Unendliche laufende Linie begrenzen, wenn wir nur dafür sorgen, daß diese Linie von derjenigen nicht getroffen wird, die vermöge einer Drehung um den Nullpunkt durch den Winkel $\frac{2\pi}{n}$ aus ihr hervorgeht. (Vgl. Fig. 12). Welche von allen solchen Linien werden wir nun zweckmäßigerweise zur Begrenzung des Fundamentalbereichs wählen?

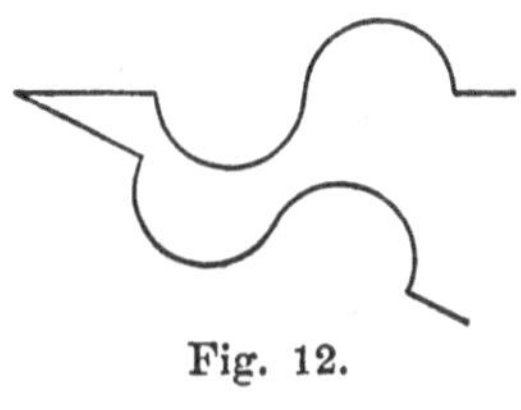

Fig. 12.

Auf diese Frage giebt es zwar keine allgemeine, für alle automorphen Funktionen gültige Antwort; unsere Funktion $w = z^n$ gehört aber zu einer speciellen Klasse solcher Funktionen, für welche diese Frage bestimmt beantwortet werden kann. Sie hat nämlich die Eigenschaft, daß *zu je zwei konjugiert complexen Werten ihres Arguments konjugiert complexe Funktionswerte gehören, insbesondere zu reellen Argumentwerten reelle Funktionswerte.* Wenn wir also in der z-Ebene einen Bereich abgrenzen, der durch die Funktion $w = z^n$ auf die Halbebene der w mit positivem imaginären Bestandteil oder „die positive Halbebene" w abgebildet wird, so wird ein zu jenem Bereich symmetrischer auf „die negative Halbebene w" abgebildet. Wir können also einen Fundamentalbereich folgendermaßen konstruieren: wir bestimmen zunächst alle diejenigen Linien, denen Teile der Axe der reellen Zahlen z entsprechen; in unserem Falle sind das die $2n$ Halbstrahlen $\varphi = \frac{k\pi}{n}$, $(k = 0, 1, 2 \ldots 2n - 1)$; diese Linien teilen die z-Ebene in eine gewisse Anzahl von Bereichen. In jedem solchen Bereiche hat der imaginäre Teil von w ein konstantes Vorzeichen; denn er kann wegen der Stetigkeit[1] sein Vorzeichen nur ändern, wenn er durch 0 hindurch geht, und das ist n. V. nur auf der Grenze der Bereiche der Fall. Andererseits muß jeder solche Bereich, in dem z. B. w positiv imaginären Bestandteil hat, auf die ganze positive w-Halbebene abgebildet werden; denn würde er nur auf einen Teil von ihr abgebildet, so müßte wegen der Stetigkeit seine Begrenzung auf die Begrenzung dieses Teils abgebildet werden, was ebenfalls gegen die Voraussetzung ist. Die z-Ebene zerfällt also in $2n$ Halbbereiche; diese sind in unserem Falle abwechselnd kongruent und symmetrisch, in allgemeineren Fällen tritt an Stelle der Kongruenz resp. Symmetrie direkte, resp. inverse Kreisverwandtschaft. Irgend zwei aneinanderstoßende dieser Bereiche geben einen zweckmäßigen Fundamentalbereich. Dem entsprechend sagen wir:

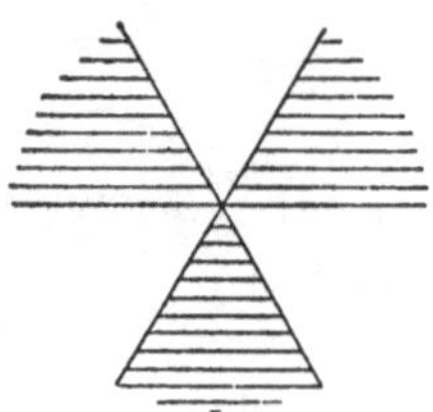

Fig. 13.

X. *Eine automorphe Funktion, welche in konjugierten Punkten konjugierte Funktionswerte annimmt, soll eine symmetrische automorphe Funktion heißen.*

[1] Auf die Frage der Stetigkeit kommen wir in § 31 noch einmal ausführlich zurück.

XI. *Zu einer symmetrischen automorphen Funktion gehört eine Einteilung der z-Ebene in abwechselnd direkt und invers kreisverwandte Bereiche, von denen irgend zwei aneinanderstoßende zusammen einen Fundamentalbereich der Funktion $f(z)$ bilden.*

XII. *Im Falle der Funktion $w = z^n$ sind diese Halbbereiche geradlinig begrenzte Sektoren von der Winkelöffnung* $\frac{\pi}{n}$.

§ 19. Rationale ganze Funktionen.

Bereits zu Beginn dieses Abschnitts (§ 8, II) haben wir allgemein definiert, was unter einer rationalen ganzen Funktion einer complexen Variabeln zu verstehen ist. Indem wir in dem allgemeinsten Ausdruck einer solchen die vorkommenden Multiplikationen von Summen oder Differenzen nach dem Distributionsgesetz (§ 3, Glchg. 2) ausführen und schließlich alle Glieder, die eine und dieselbe Potenz von z mit Konstanten multipliziert enthalten, in je eines zusammenziehen, gelangen wir zu dem Satze:

I. *Jede rationale ganze Funktion von z läßt sich auf die Form bringen:*

1) $$f_n(z) = a_0 z^n + a_1 z^{n-1} + a_2 z^{n-2} + \ldots + a_{n-1} z + a_n .$$

Die ganze Zahl n heißt Grad der Funktion.

Von solchen rationalen ganzen Funktionen beweist man durch Anwendung der elementaren Rechnungsregeln den Satz:

II. *Ist z_1 ein Nullpunkt der Funktion $f_n(z)$, oder eine Wurzel der Gleichung:*

2) $$f_n(z) = 0,$$

so ist $f_n(z)$ durch $z - z_1$ teilbar, d. h. es existiert eine rationale ganze Funktion $(n-1)$ten Grades $f_{n-1}(z)$ von der Beschaffenheit, daß identisch:

3) $$f_n(z) = (z - z_1)\, f_{n-1}(z)$$

ist.

III. *Ist $f_n(z)$ gerade durch $(z - z_1)^\nu$ teilbar, d. h. existiert eine rationale ganze Funktion $(n-\nu)$ten Grades $f_{n-\nu}(z)$, sodaß:*

$$f_n(z) = (z - z_1)^\nu f_{n-\nu}(z),$$

ist, aber keine rationale ganze Funktion $(n-\nu-1)$ten Grades, für welche:

$$f(z) = (z - z_1)^{\nu+1} f_{n-\nu-1}(z)$$

wäre, so heißt z_1 eine ν-fache Wurzel der Gleichung $f(z) = 0$ oder ein Nullpunkt νter Ordnung der Funktion $f(z)$.

Aus Satz X von § 3, dessen Wichtigkeit bei dieser Gelegenheit zu Tage tritt, folgt dann:

IV. *Eine Gleichung $n$ten Grades hat nie mehr als n Wurzeln — es sei denn, daß sie identisch besteht, d. h. daß alle Koeffizienten einzeln Null sind. Eine ν-fache Wurzel zählt in diesem Satze für ν einfache.*

Der positive Satz dagegen, daß jede Gleichung $n$ten Grades im Gebiete unserer complexen Zahlen n Wurzeln hat, läßt sich nicht mit so einfachen Hilfsmitteln beweisen; wir werden ihn später (§ 44, VII) auf anderem Wege erhalten.

Übrigens kann man Grenzen angeben, zwischen denen die Nullpunkte von $f(z)$ jedenfalls eingeschlossen sind. Sei nämlich einerseits M eine Zahl, für welche:

4) $$\left|\frac{a_m}{a_0}\right| \leqq M \text{ für } m = 1, 2, \ldots n;$$

dann folgt:

$$\left|\frac{f(z) - a_0 z^n}{a_0}\right| \leqq M\{|z|^{n-1} + |z|^{n-2} \ldots + |z|^2 + |z| + 1\},$$

d. i. $$\leqq M \frac{|z|^n - 1}{|z| \quad - 1}.$$

Für alle Werte von z, deren absoluter Betrag $\geqq M + 1$ ist, ist dieser letzte Bruch $\leqq |z|^n - 1 < |z|^n$, also folgt, daß für alle solchen z:

5) $$|f(z) - a_0 z^n| < |a_0 z^n|$$

ist. M. a. W. es gilt der Satz:

V. *Für alle z, deren absoluter Betrag um mindestens 1 größer ist als die durch die Ungleichungen (4) bestimmte Zahl M, übersteigt der absolute Betrag des höchsten Gliedes in der rationalen ganzen Funktion $f(z)$ den absoluten Betrag der Summe aller übrigen Glieder.*

Insbesondere folgt daraus:

VI. *Außerhalb des mit dem Radius $M + 1$ um den Nullpunkt beschriebenen Kreises kann keine Wurzel der Gleichung $f(z) = 0$ liegen.*

Ist andererseits $a_{n-\nu} z^\nu$ das niedrigste Glied der rationalen ganzen Funktion $f(z)$, das einen von 0 verschiedenen Koeffizienten hat, so kann:

6) $$f(z) = z^n \varphi\left(\frac{1}{z}\right)$$

gesetzt werden, wo

7) $$\varphi\left(\frac{1}{z}\right) = a_{n-\nu}\left(\frac{1}{z}\right)^{n-\nu} + a_{n-\nu-1}\left(\frac{1}{z}\right)^{n-\nu-1} + \ldots + a_0$$

eine rationale ganze Funktion $(n - \nu)$ten Grades von $\frac{1}{z}$ ist. Wollen wir Satz V auf diese anwenden, so müssen wir eine Zahl m durch die Ungleichungen:

$$\left|\frac{a_k}{a_{n-\nu}}\right| < m \text{ für } k = 0, 1, 2 \ldots n - \nu - 1$$

definieren; führen wir dann wieder z und f ein, so folgt:

VII. *Für alle von 0 verschiedenen*[1] *z, deren absoluter Betrag kleiner ist als $(1 + m)^{-1}$, übersteigt der absolute Betrag des niedrigsten Gliedes in der rationalen ganzen Funktion $f(z)$ den absoluten Betrag der Summe aller übrigen Glieder.*

Wie VI aus V folgt hieraus:

VIII. *Innerhalb des mit dem Radius $(1 + m)^{-1}$ um den Nullpunkt beschriebenen Kreises kann keine Wurzel der Gleichung $f(z) = 0$ liegen, außer etwa $z = 0$.*

§ 20. Rationale gebrochene Funktionen.

Werden alle Glieder einer gebrochenen rationalen Funktion (§ 8, I) auf gemeinsamen Nenner gebracht, so erhält man den Satz:

I. *Jede rationale gebrochene Funktion von z kann als Quotient zweier rationalen ganzen Funktionen dargestellt werden:*

$$1)\qquad r(z) = \frac{g(z)}{h(z)} = \frac{a_0 z^n + a_1 z^{n-1} + \ldots + a_{n-1} z + a_n}{b_0 z^m + b_1 z^{m-1} + \ldots + b_{m-1} z + b_m}$$

II. *Die größere der beiden Gradzahlen m, n, bezw. ihren gemeinschaftlichen Wert, wenn sie einander gleich sind, nennt man den Grad der rationalen Funktion $r(z)$.*

In einem Punkte z_1, in welchem $g(z)$ und $h(z)$ von Null verschieden sind, hat $r(z)$ einen bestimmten endlichen von Null verschiedenen Wert. In einem Punkte z_1, in welchem $h(z)$ von Null verschieden, $g(z) = 0$ ist, ist auch $r(z) = 0$; und wenn z_1 in diesem Falle ν-facher Nullpunkt von $g(z)$ ist, so sagen wir auch, z_1 sei ν-facher Nullpunkt von $r(z)$. In einem Punkte, in welchem $g(z)$ von 0 verschieden, $h(z) = 0$ ist, ist $r(z) = \infty$ im Sinne des § 12. Hier definieren wir:

III. *Ein Punkt z_1, welcher ν-facher Nullpunkt von $h(z)$ und nicht zugleich Nullpunkt von $g(z)$ ist, heißt ν-facher Unendlichkeitspunkt (ν-facher Pol) von $r_1(z)$.*

[1] Dieser Zusatz ist erforderlich, weil beim Übergang von φ zu f (Glchg. 6) mit z^n zu multiplizieren ist.

Zuweilen ist es bequem, statt der in (II) und (III) definierten Ausdrucksweisen die folgende zu gebrauchen:

IV. *Wenn $r(z)$ auf die Form gebracht werden kann:*

2) $$r(z) = (z - z_1)^{\nu}\, r_1(z),$$

in welcher r_1 eine Funktion bedeutet, die für $z = z_1$ endlich und von Null verschieden ist, so heißt ν die Ordnungszahl von $r(z)$ im Punkte z_1.

In einem Pole ist demnach die Ordnungszahl negativ, in einem Nullpunkte positiv; ist die Funktion in einem Punkt endlich und von Null verschieden, so ist ihre Ordnungszahl in diesem Punkte 0.

Endlich haben wir noch einen Fall zu berücksichtigen: es kann nach Vornahme der durch Satz I geforderten Reductionen sehr wohl eintreten, daß $g(z)$ und $h(z)$ noch gemeinschaftliche Nullpunkte besitzen. *In einem solchen Punkte ist der Wert der rationalen Funktion an und für sich vollständig unbestimmt* (§ 12). Wir können aber (durch rationale Operationen, zu welchen wir die Nullpunkte von g und h nicht zu kennen brauchen) den größten gemeinsamen Teiler $k(z)$ von $g(z)$ und $h(z)$ bestimmen und damit $r(z)$ auf die Form bringen:

3) $$r(z) = \frac{k(z)\, g_1(z)}{k(z)\, h_1(z)}$$

in welcher g_1, h_1 rationale ganze Funktionen bedeuten, die keinen gemeinsamen Teiler, also (in Folge von § 19, II) auch keinen gemeinsamen Nullpunkt mehr haben. Setzen wir dann:

4) $$\frac{g_1(z)}{h_1(z)} = r_1(z),$$

so besteht für alle von den Nullpunkten von $k(z)$ verschiedenen Punkte die Gleichung:

5) $$r(z) = r_1(z).$$

Nun hindert uns nichts, durch Definition festzusetzen:

V. *Auch in den Nullpunkten von $k(z)$ soll der Funktion $r(z)$ der Wert von $r_1(z)$ zugeschrieben werden (der ev. auch 0 oder ∞ sein kann).*

Trifft man diese Festsetzung, so gilt der Satz:

VI. *Die Ordnungszahl (IV) einer rationalen ganzen Funktion ist in jedem Punkt gleich der Differenz der Ordnungszahlen von Zähler und Nenner in diesem Punkt.*

Aus § 19, IV folgt noch:

VII. *Eine rationale gebrochene Funktion nimmt keinen Wert öfter an, als ihr Grad angiebt.*

§ 21. Verhalten rationaler Funktionen im Unendlichen.

Neben die Auffassung der Gleichung $z' = f(z)$ als einer Beziehung zwischen zwei verschiedenen Punkten derselben oder verschiedener Ebenen haben wir bereits in § 10, p. 22 die andere gestellt, nach der durch eine solche Gleichung demselben Punkt eine andere complexe Größe zugeordnet ist.

Von dieser letzteren Auffassung machen wir insbesondere dann Gebrauch, wenn es sich darum handelt, das *Verhalten irgend einer vorgelegten Funktion im Unendlichen* zu untersuchen. Wir setzen dann:

1) $$z' = \frac{1}{z}, \text{ also } z = \frac{1}{z'},$$

sodaß dem Punkte der Kugel, dem bisher die in § 12 eingeführte complexe Größe $z = \infty$ zugeordnet war, jetzt die neue complexe Größe $z' = 0$ entspricht. Ist dann durch eine Funktion $f(z)$ jedem Kugelpunkt ein bestimmter Funktionswert zugeordnet, so können wir diese Werte auch als Funktion von z', sagen wir $\varphi(z')$, auffassen. Ist $f(z)$ durch einen rationalen Ausdruck gegeben, so brauchen wir nur in diesem z vermöge (1) durch seinen Wert als Funktion von z' zu ersetzen. Wir erhalten so eine rationale Funktion von z':

2) $$f\left(\frac{1}{z'}\right) = \varphi(z');$$

diese können wir nach § 20, I als Quotienten zweier rationalen ganzen Funktionen darstellen. Die dazu erforderliche Multiplikation mit einer Potenz von z' im Zähler und Nenner setzt allerdings $z' \neq 0$ voraus; da aber $f(z)$ für $z = \infty$ an und für sich in der unbestimmten Form ∞ / ∞ erscheint, so hindert uns nichts (vgl. § 20, V), durch *Definition* festzusetzen:

I. *Unter dem Wert einer rationalen Funktion $f(z)$ für $z = \infty$ soll der Wert der Funktion $f(1/z') = \varphi(z')$ für $z' = 0$ verstanden werden.*

Thun wir das, so erhalten wir folgende Resultate:

Ist der Zähler einer rationalen Funktion:

3) $$f(z) = \frac{a_0 z^n + \ldots + a_n}{b_0 z^m + \ldots + b_m}$$

von höherem Grade als der Nenner, so wird:

4) $$\varphi(z') = \frac{a_n z'^n + \ldots + a_0}{b_m z'^n + \ldots + b_0 z'^{n-m}};$$

$z' = 0$ ist ein $(n - m)$-facher Pol von $\varphi(z')$; es wird also n.Def. I $f(\infty) = \infty$, und wir sagen, $z = \infty$ sei ein $(n - m)$-facher Pol von $f(z)$.

Ist $m = n$, so wird:

5) $$\varphi(z') = \frac{a_n z'^n + \ldots + a_0}{b_n z'^n + \ldots + b_0},$$

also $f(\infty) = \varphi(0) = a_0/b_0$ endlich und von 0 verschieden.

Ist endlich $m > n$, so wird:

6) $$\varphi(z') = \frac{a_n z'^m + \ldots + a_0 z'^{m-n}}{b_m z'^m + \ldots + b_0},$$

also $f(\infty) = \varphi(0) = 0$; und da hier $z' = 0$ $(m - n)$-facher Nullpunkt von $\varphi(z')$ ist, so sagen wir auch, $z = \infty$ sei $(m - n)$-facher Nullpunkt von $f(z)$.

Indem wir die Definition der Ordnungszahl einer Funktion (§ 20, IV) auf $z = \infty$ ausdehnen, finden wir in allen drei Fällen:

II. *Die rationale Funktion (3) hat in $z = \infty$ die Ordnungszahl $m - n$.*

§ 22. Beispiel einer automorphen rationalen Funktion.

Was unter einer automorphen Funktion zu verstehen ist, haben wir bereits § 17, IV definiert. Soll sie zugleich eine *rationale* sein, so darf die Gruppe ihrer Transformationen in sich (§ 18, VI) nur aus einer endlichen Anzahl von Transformationen bestehen (wegen § 20, VII).

Wir definieren zunächst:

I. *Eine Gruppe, die nur aus einer endlichen Anzahl von Transformationen besteht, nennt man eine endliche diskrete*[1] *Gruppe.*

Sei $z' = \lambda(z)$ eine der Transformationen einer solchen Gruppe; dann gehören nach § 18, V auch die durch Wiederholung dieser Transformation entstehenden Transformationen

1) $$\lambda^2(z) = \lambda[\lambda(z)],\ \lambda^3(z) = \lambda[\lambda^2(z)] \ldots .$$

zu der Gruppe. Soll diese eine endliche diskrete sein, so können die Transformationen (1) nicht alle von einander verschieden sein; sei etwa:

[1] Der Zusatz „diskrete“ ist erforderlich, weil man auch von „endlichen kontinuierlichen“ Gruppen spricht, wo dann das „endlich“ sich nicht auf die Anzahl der Transformationen bezieht.

$$\lambda^{n+k}(z) = \lambda^k(z),$$

so folgt daraus:

$$\lambda^n(z) = z$$

oder

$$\lambda^{n-1}[\lambda(z)] = z,$$

d. h.:

II. *In einer endlichen diskreten Gruppe ist zu jeder ihrer Transformationen* $z' = \lambda(z)$ *eine andere* $z'' = \mu(z)$ *von der Eigenschaft enthalten, daß:*

2) $$\mu[\lambda(z)] = z$$

ist oder anders ausgedrückt, daß die Gleichung $z = \mu(z')$ *die Auflösung von* $z' = \lambda(z)$ *nach* z *ist. Man nennt* μ *die zu* λ *inverse Transformation und bezeichnet sie mit* λ^{-1}.

Seien nun:

3) $$\lambda_0(z) = z,\ \lambda_1(z),\ \lambda_2(z)\ \ldots\ \lambda_{N-1}(z)$$

die N linearen Transformationen einer endlichen diskreten Gruppe. Ist dann $\lambda_k(z)$ irgend eine von ihnen, so sind die N Werte

4) $$\lambda_0[\lambda_k(z)],\ \lambda_1[\lambda_k(z)]\ \ldots\ \lambda_{N-1}[\lambda_k(z)]$$

eben wegen der Gruppeneigenschaft von den N Werten (3) nur durch die Reihenfolge verschieden. Infolge dessen gilt der Satz:

III. *Jede symmetrische Funktion der* N *Werte (3), z. B. das Produkt:*

$$\prod_{k=0}^{N-1} \lambda_k(z)$$

ist eine zu der Gruppe (3) gehörende automorphe Funktion, sofern sie sich nicht auf eine Konstante reduziert. Letzteres kann zwar sehr wohl bei gewissen symmetrischen Funktionen eintreten, aber nicht gleichzeitig bei allen (da sonst die Werte (3) selbst konstant sein müßten). *Es gehören also zu jeder endlichen diskreten Gruppe linearer Transformationen wirklich automorphe rationale Funktionen.*

Sei nun z_0 ein Fixpunkt einer oder mehrerer (k) der Transformationen (3), sei also etwa:

5) $$z_0 = \lambda_1(z_0) = \lambda_2(z_0) = \ldots = \lambda_{k-1}(z_0);$$

dann folgt:

6) $$\lambda_r(z_0) = \lambda_r[\lambda_1(z_0)] = \ldots = \lambda_r[\lambda_{k-1}(z_0)].$$

Da $\lambda_r,\ \lambda_r\lambda_1 \ldots \lambda_r\lambda_{k-1}$ selbst zu den Transformationen der Gruppe gehören, so sagen diese Gleichungen aus: die Punkte, in die z_0 durch die Transformationen der Gruppe übergeführt wird, fallen zu *je* k zusammen (woraus nebenbei hervorgeht, daß k ein Teiler von

N sein muß). Ist nun $\varphi(z)$ eine lineare Funktion von z, die z_0 zum Nullpunkt hat, so hat $\varphi[\lambda_r(z)]$ den Punkt $\lambda_r^{-1}(z_0)$ zum Nullpunkt; da nach (II) die Gesamtheit der zu den Transformationen unserer Gruppe inversen Transformationen mit dieser Gruppe selbst identisch ist, so folgt: die Nullpunkte von:

$$\prod_{r=0}^{N-1} \varphi[\lambda_r(z)]$$

fallen zu je k zusammen, der Zähler dieser Funktion ist die $k$te Potenz einer ganzen Funktion vom Grade n/k.[1] Bestimmen wir $\varphi(z)$ auch noch so, daß auch sein Pol in einen (von z_0 und seinen Transformierten verschiedenen) Fixpunkt einer der Substitutionen (1) hineinfällt, so wird auch der Nenner des Produkts eine Potenz einer ganzen Funktion.

Wenden wir dies nun auf den speciellen Fall der Gruppe von 6 Transformationen an, welche einen Wert des Doppelverhältnisses von 4 Punkten in die 5 andern überführt. Die Substitution $z' = \frac{1}{z}$ hat einen Fixpunkt in $z_0 = -1$, die Substitution $z' = 1 - z$ einen im Unendlichen. Eine lineare Funktion, die den ersteren zum Nullpunkt, den letzteren zum Pol hat, ist $z + 1$; sie wird durch die Substitutionen der Gruppe übergeführt in:

$$6) \qquad \frac{z+1}{z};\; 2 - z;\; \frac{2z-1}{z};\; \frac{2z-1}{z-1};\; \frac{2-z}{z-1}.$$

Das Produkt aller 6 Werte:

$$\left(\frac{2z^3 - 3z^2 - 3z + 2}{z(z-1)}\right)^2$$

ist demnach *eine Funktion des Doppelverhältnisses z von 4 Punkten, welche ungeändert bleibt, wenn man die 4 Punkte irgend wie vertauscht.*

Wollen wir nun für diese Funktion einen *Fundamentalbereich* konstruieren, so können wir davon ausgehen, daß sie eine *symmetrische* automorphe Funktion ist; wir verfahren deshalb, analog wie § 18, XI so, daß wir zunächst die Linien aufsuchen, längs welcher $F(z)$ *reell* ist. Zu diesen gehört vor allem die Axe der reellen z selbst; außerdem aber noch diejenigen Linien, längs welcher zwei und folglich je zwei der Faktoren (6) zu einander konjugiert complex sind. Nun ist $z + 1$ konjugiert zu $2 - z$ längs der Linie $x = \frac{1}{2}$;

[1] Wir lassen den Fall zunächst bei Seite, daß einer der Punkte $\lambda_r(z_0)$ ins Unendliche fällt; es würde dann Graderniedrigung eintreten. Vgl. das folgende Beispiel.

zu $\frac{z+1}{z}$ längs des Einheitskreises;

zu $\frac{2z-1}{z+1}$ längs des Kreises vom Mittelpunkt 1 und Radius 1; zu jedem der beiden noch übrigen Faktoren dagegen nur in einzelnen Punkten. Aber die 3 genannten Linien zusammen mit der Axe der reellen z teilen die z-Ebene gerade schon in 12 Bereiche; je zwei aneinanderstoßende solcher Bereiche geben zusammen ein Bild der w-Ebene, und da die Funktion w keinen Wert öfter als sechs Mal annehmen kann, so brauchen wir nicht nach weiteren Teilungslinien zu suchen, sondern haben in der Fig. 14 bereits die vollständige Einteilung der z-Ebene in Fundamentalbereiche der automorphen Funktion w vor uns. In jedem solchen Bereich nimmt w jeden complexen Wert einmal und nur einmal an.

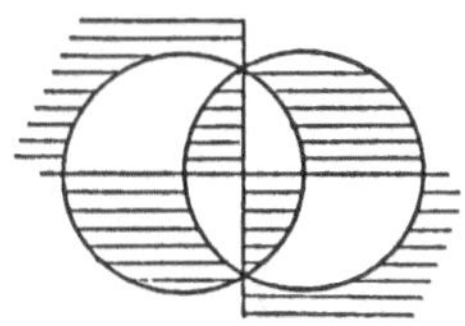

Fig. 14.

Weiter eindringende Untersuchungen über die endlichen diskreten Gruppen linearer Substitutionen würden den Rahmen dieses Buches überschreiten.[1] Wir brechen vielmehr die Untersuchung rationaler Funktionen einer complexen Veränderlichen hier ab, um zu transcendenten Funktionen überzugehen. Wie wir nämlich im ersten Abschnitt die elementaren Rechnungsoperationen von reellen auf complexe Größen übertragen haben, so können wir auch die Frage aufwerfen, ob es nicht Funktionen einer complexen Variabeln giebt, welche die fundamentalen Eigenschaften der elementaren transcendenten Funktionen einer reellen Variabeln teilen. Der folgende Abschnitt dient als Vorbereitung zur Beantwortung dieser Frage.

DRITTER ABSCHNITT.

Definitionen und Sätze aus der Theorie der reellen Veränderlichen und ihrer Funktionen.

Wir werden im folgenden eine Reihe von Begriffen und Sätzen aus der Theorie der reellen Veränderlichen und ihrer Funktionen brauchen und wollen dieselben daher hier zusammenstellen, ohne eingehendere Begründung, für die auf die Werke von A. Genocchi

[1] Eine ausführliche Darstellung dieser Theorien giebt F. Klein, Vorl. über das Ikosaeder, Lpz. 1884.

(Calcolo differenziale e principii di calcolo integrale, pubbl. da G. Peano, Torino 1884), O. Stolz (Allgemeine Arithmetik, Lpz. 1885, 86) und P. Tannery (Indroduction à la théorie des fonctions d'une variable, Paris 1886) verwiesen sei.

§ 23. Irrationale Zahlen.

I. Eine Scheidung der rationalen Zahlen in zwei Klassen definiert eine irrationale Zahl α, wenn:

jede rationale Zahl einer der beiden Klassen angehört;

jede Zahl A der einen Klasse größer ist als jede Zahl a der andern Klasse;

unter den a keine größte und unter den A keine kleinste sich befindet.

II. Von dieser Zahl α sagt man, sie sei kleiner als jedes der A und größer als jedes der a.

III. Von zwei verschiedenen irrationalen Zahlen α (a, A) und β (b, B) heißt α kleiner als β $(\alpha < \beta)$ und β größer als α $(\beta > \alpha)$, wenn jedes a kleiner ist als jedes B.

IV. Ist eine unbegrenzte Folge rationaler oder irrationaler Zahlen gegeben:

$$a_0, a_1, a_2 \ldots a_n, a_{n+1}, \ldots \text{ in inf.},$$

von denen jede folgende größer als die vorhergehende ist, die aber alle kleiner sind als eine angebbare Zahl G, so ist dadurch eine Scheidung aller rationalen Zahlen in zwei Klassen festgelegt: A die größer sind als jedes der a_n, a die übrigen. Diese Scheidung hat die beiden ersten unter I genannten Eigenschaften. Hat sie auch die dritte, so definiert sie eine irrationale Zahl α; wir nennen dann α den Grenzwert der a_n und schreiben:

$$\lim_{n=\infty} a_n = \alpha.$$

Ist aber unter den A eine kleinste A_0, so drücken wir das aus durch die Gleichung:

$$\lim_{n=\infty} a_n = A_0.$$

Der dritte noch denkbare Fall, daß unter den a eine größte wäre, ist gegen die Voraussetzung.

V. Umgekehrt kann jede der unter I definierten irrationalen Zahlen als Grenzwert einer Folge rationaler Zahlen der unter IV besprochenen Art dargestellt werden.

VI. Ist eine unbegrenzte Folge (rationaler oder irrationaler) Zahlen

$$a_0, a_1, a_2 \ldots a_n, a_{n+1} \ldots$$

gegeben und läßt sich zu jeder (noch so kleinen) positiven Zahl ε eine ganze Zahl n von der Beschaffenheit angeben, daß: $|a_{n+k} - a_n| < \varepsilon$ ist für alle positiven ganzen Zahlen k, so existiert eine und nur eine rationale oder irrationale Zahl α, welche folgende Eigenschaft hat:

Zu jeder (noch so kleinen) positiven Zahl η läßt sich eine ganze Zahl n von der Eigenschaft angeben, daß: $|a_{n+k} - \alpha| < \eta$ für alle positiven ganzen Zahlen k. Hat die Folge die unter IV vorausgesetzten Eigenschaften, so ist diese Zahl α mit dem dort ebenso bezeichneten Grenzwert der a_n identisch. Hat die Folge jene Eigenschaften nicht, so nennen wir doch auch α den Grenzwert der a_n und schreiben:

$$\lim_{n=\infty} a_n = \alpha.$$

VII. Sind zwei Folgen von rationalen Zahlen gegeben:

$$a_1, a_2 \ldots a_n \ldots$$
$$b_1, b_2 \ldots b_n \ldots$$

welche beide die in Nr. VI vorausgesetzte Eigenschaft haben, so daß also die Grenzwerte:

$$\lim_{n=\infty} a_n = \alpha, \quad \lim_{n=\infty} b_n = \beta$$

existieren, so existieren auch die Grenzwerte

$$\lim_{n=\infty} (a_n + b_n), \quad \lim_{n=\infty} (a_n - b_n), \quad \lim_{n=\infty} (a_n b_n),$$

und wenn $\beta \neq 0$ ist, auch der Grenzwert:

$$\lim_{n=\infty} (a_n : b_n).$$

Sind außerdem noch zwei andere Zahlenfolgen

$$a'_1, a'_2 \ldots a'_n \ldots$$
$$b'_1, b'_2 \ldots b'_n \ldots$$

derselben Art gegeben, für welche ebenfalls:

$$\lim_{n=\infty} a'_n = \alpha, \quad \lim_{n=\infty} b'_n = \beta,$$

so ist:

$$\lim_{n=\infty} (a'_n + b'_n) = \lim_{n=\infty} (a_n + b_n),$$
$$\lim_{n=\infty} (a'_n - b'_n) = \lim_{n=\infty} (a_n - b_n),$$

$$\lim_{n=\infty} (a_n' b_n') = \lim_{n=\infty} (a_n b_n)$$

und für $\beta \neq 0$ auch:

$$\lim_{n=\infty} (a_n' : b_n') = \lim_{n=\infty} (a_n : b_n).$$

VIII. Infolge dessen können wir die Summe $\alpha + \beta$, die Differenz $\alpha - \beta$, das Produkt $\alpha . \beta$, und für $\beta \neq 0$ auch den Quotienten α / β durch die genannten Grenzwerte definieren.

IX. Für die so definierten Rechnungsoperationen mit irrationalen Zahlen gelten alle Gesetze der gleichnamigen Rechnungsoperationen mit rationalen Zahlen.

X. Sind in einem Intervall $(a \ldots b)$ unendlich viele Zahlen x definiert, so liegt in diesem Intervall mindestens ein Häufungspunkt dieser Zahlen, d. h. ein Punkt von der Beschaffenheit, daß in jeder Nähe desselben noch Zahlen x liegen.

§ 24. Veränderliche und Funktionen.

I. Eine Zahl x heißt *veränderlich* oder *variabel*, wenn ihr im Laufe einer Untersuchung verschiedene Werte beigelegt werden.

II. Eine reelle Variable heißt *unbeschränkt veränderlich*, wenn ihr jeder reelle Wert beigelegt werden darf.

III. Eine Variable y heißt *Funktion* einer andern x, wenn ihre Veränderlichkeit in der Weise an die Veränderlichkeit von x gebunden ist, daß jedem Werte, den x annehmen darf, ein bestimmter Wert von y entspricht. Mit Bezug darauf heißt x *die unabhängige Veränderliche* oder *das Argument.*

IV. Hat eine Funktion $y = f(x)$ die Eigenschaft, daß zu jeder noch so kleinen positiven Größe ε eine andere δ so bestimmt werden kann, daß

$$| f(x) - a | < \varepsilon$$

ist für alle diejenigen Werte des Arguments x, für welche

$$| x - x_0 | < \delta$$

ist,[1] so heißt a *„Grenzwert von $f(x)$ für $x = x_0$“*; man schreibt:

$$\lim_{x=x_0} f(x) = a.$$

---

[1] Voraussetzung dieser Definition ist, daß das Argument x von $f(x)$ noch von x_0 verschiedene Werte annehmen kann, für welche $| x - x_0 | < \delta$ ist, wie klein auch δ sein mag. — Zu den Definitionen XII—XV sind analoge Voraussetzungen zu machen.

V. „Eine Funktion $y = f(x)$ wird mit x *unendlich klein*“ heißt soviel als:

$$\lim_{x=0} y = 0.$$

VI. Eine *unabhängige* Variable heißt in[1] einem Intervall $(a \ldots b)$ *stetig veränderlich,* wenn sie jeden reellen Wert annehmen darf, der den Ungleichungen:

$$a \leqq x \leqq b$$

genügt.

VII. Eine Funktion $f(x)$ heißt an einer bestimmten Stelle x_0 *stetig,* wenn die Differenz

$$f(x_0 + h) - f(x_0),$$

die eine Funktion von h ist, mit h unendlich klein wird. (Ist x nicht unbeschränkt veränderlich, so ist auch die Veränderlichkeit von h auf solche Werte zu beschränken, für welche $x_0 + h$ zu den Werten von x gehört.)

VIII. Ist eine Funktion eines in einem Intervalle stetig veränderlichen Arguments an jeder Stelle dieses Intervalls stetig, so heißt sie *in diesem Intervall stetig.*

IX. Eine im Intervall $(a \ldots b)$ stetige Funktion nimmt jeden zwischen $f(a)$ und $f(b)$ gelegenen Wert in dem Intervall mindestens einmal an.

X. Ist eine stetige Funktion $y = f(x)$ von der Art, daß der Grenzwert:

$$\lim_{h=0} \frac{f(x_0 + h) - f(x_0)}{h}$$

für einen bestimmten Wert x_0 existiert, so heißt dieser Grenzwert „*Differentialquotient von $f(x)$ an der Stelle x_0*“.

XI. Hat eine Funktion eines in einem Intervalle stetig veränderlichen Arguments an jeder Stelle dieses Intervalls einen Differentialquotienten, so heißt die Funktion in diesem Intervall *differentiierbar.* Der Wert des Differentialquotienten ist dann eine Funktion der Stelle x_0, die mit $f'(x_0)$ bezeichnet und *Ableitung* von $f(x)$ genannt wird. Die Ableitung der Ableitung, sofern sie existiert heißt *zweite Ableitung* (Ableitung II. Ordnung); u. s. w.

XII. Kann ein Intervall $(a \ldots b)$ in eine endliche Anzahl Teilintervalle derart geteilt werden, daß eine Funktion $f(x)$ eine bestimmte Eigenschaft innerhalb jedes dieser Teilintervalle besitzt, so

[1] Wir unterscheiden hier und im folgenden „in“ und „innerhalb“; ersteres schließt die Grenzen ein, letzteres aus.

sagt man: die Funktion besitzt diese Eigenschaft im Intervall $a \dots b$ *abteilungsweise* (z. B. sie ist in ihm abteilungsweise stetig, differentiierbar u. dgl.).

XIII. Hat eine Funktion $y = f(x)$ die Eigenschaft, daß zu jeder (noch so kleinen) positiven Größe ε eine positive Größe G so bestimmt werden kann, daß

$$|f(x) - a| < \varepsilon$$

für alle diejenigen Werte des Arguments x, für welche

$$x > G,$$

so schreibt man:

$$\lim_{x=+\infty} f(x) = a$$

oder auch wohl kürzer $f(+\infty) = a$.[1]

XIV. Die Schreibweise:

$$\lim_{x=x_0} f(x) = +\infty$$

oder kürzer $f(x_0) = +\infty$ bedeutet: zu jeder (noch so großen) positiven Größe H läßt sich eine (kleine) positive Größe δ so bestimmen, daß:

$$f(x) > H$$

für alle diejenigen Werte des Arguments x, für welche

$$|x - x_0| < \delta$$

ist.

XV. Die Schreibweise:

$$\lim_{x=+\infty} f(x) = +\infty$$

oder kürzer $f(+\infty) = +\infty$ bedeutet: zu jeder (noch so großen) positiven Größe H läßt sich eine andere G so bestimmen, daß:

$$f(x) > H$$

für alle diejenigen Werte des Arguments x, für welche:

$$x > G$$

ist.

XVI. Das Symbol $-\infty$ ist analog zu definieren, wie durch XIII—XIV das Symbol $+\infty$ definiert ist.

---

[1] Die Definition des Zeichens $\lim\limits_{n=\infty}$ in § 23, VI, bei der die Veränderlichkeit von n auf die ganzen Zahlen beschränkt war, ordnet sich der hier gegebenen des Zeichens $\lim\limits_{x=\infty}$ als specieller Fall unter.

§ 25. Unendliche Reihen.

I. Ist eine unbegrenzte Folge reeller Zahlen:

$$u_0, u_1, u_2 \dots u_n, u_{n+1} \dots \text{ in inf.}$$

gegeben und besitzt die Summe:

$$s_n = u_0 + u_1 + u_2 + \dots + u_n$$

einen Grenzwert:

$$\lim_{n=\infty} s_n = S$$

(im Sinne der Definition § 23, VI), so heißt die unendliche Reihe:

$$1) \qquad \sum_{n=0}^{\infty} u_n = u_0 + u_1 + u_2 + \dots + u_n + u_{n+1} + \dots \text{ in inf.}$$

konvergent und S ihre Summe.

II. Wenn die Reihe:

$$2) \qquad |u_0| + |u_1| + |u_2| + \dots + |u_n| + \dots$$

konvergiert, konvergiert die Reihe (1) umsomehr; man nennt diese letztere dann *absolut* konvergent.

III. Bildet man aus den Gliedern einer absolut konvergenten Reihe eine andere, welche dieselben Glieder nur in veränderter Reihenfolge enthält, so konvergiert auch die neue Reihe, und zwar gegen dieselbe Summe wie die gegebene. Man sagt deshalb: eine absolut konvergente Reihe ist auch *unbedingt* konvergent.

IV. Die Glieder einer nicht absolut konvergenten Reihe können stets so umgeordnet werden, daß die neue Reihe gegen einen beliebig vorgegebenen Grenzwert oder überhaupt nicht konvergiert; man sagt deshalb: eine nicht absolut konvergente Reihe ist auch nur *bedingt* konvergent.

V. Unbedingt konvergente Reihen können nach den für endliche Summen geltenden Gesetzen addiert und subtrahiert werden.

VI. Wenn die Reihen:

$$\sum_{m=0}^{\infty} u_{m,n} = U_n, \quad n = 0, 1, 2, 3 \dots$$

sowie:

$$\sum_{n=0}^{\infty} U_n = U$$

unbedingt konvergieren, so konvergiert auch jede Reihe unbedingt gegen U, welche entsteht, wenn man die $u_{m,n}$ irgendwie in eine nur nach einer Richtung fortschreitende Folge ordnet. Insbesondere konvergieren auch die Reihen

$$\sum_{n=0}^{\infty} u_{m,n} = V_m, \quad m = 0, 1, 2 \ldots$$

und:

$$\sum_{m=0}^{\infty} V_m = V$$

unbedingt, und es ist $V = U$.

VII. Sind zwei unbedingt konvergente Reihen:

$$\sum_{n=0}^{\infty} u_n = U,$$

$$\sum_{n=0}^{\infty} v_n = V$$

gegeben und wird

$$w_n = u_0 v_n + u_1 v_{n-1} + u_2 v_{n-2} + \ldots + u_{n-1} v_1 + u_n v_0$$

gesetzt, so konvergiert auch die Reihe

$$\sum_{n=0}^{\infty} w_n$$

unbedingt, und zwar gegen UV.

§ 26. Funktionen von zwei reellen Veränderlichen.

I. Zwei Zahlen x, y heißen von einander unabhängige Veränderliche, wenn ihnen im Laufe der Untersuchung verschiedene Werte beigelegt werden und wenn dabei, sobald einer von ihnen ein bestimmter Wert beigelegt ist, der andern noch willkürliche Werte beigelegt werden können.

II. Die Gesamtheit der Wertepaare, welche zwei von einander unabhängig und *unbeschränkt* (§ 24, II) veränderliche Größen annehmen, kann (vgl. § 4) durch die Punkte einer Ebene dargestellt werden. Werden der Veränderlichkeit der beiden Variabeln Beschränkungen gesetzt, so ist es zweckmäßig, dieselben in geometrischer Form unter Bezugnahme auf die entsprechenden Punkte auszusprechen; dazu dienen die folgenden Definitionen und Sätze:

III. Die Gesamtheit der Punkte, deren Entfernung von einem gegebenen Punkte $x_0\, y_0$ kleiner ist als eine bestimmte Größe δ (x_0, y_0 selbst eingeschlossen) heißt *Umgebung* dieses Punktes.

IV. Man sagt: eine Umgebung eines Punktes gehört einer gegebenen Punktmenge an, wenn jeder Punkt dieser Umgebung der Punktmenge angehört.

V. Eine Punktmenge heißt *flächenartig*, wenn in ihr mindestens ein Punkt sich findet, von dem eine Umgebung zu der Punktmenge gehört. (Die Existenz eines solchen Punktes zieht die von unendlich vielen andern nach sich.)

VI. Ein Punkt von der Eigenschaft, daß in jeder noch so kleinen Umgebung desselben noch Punkte einer gegebenen Menge liegen, heißt *Häufungspunkt* dieser Menge.

VII. Eine Menge von der Eigenschaft, daß jeder ihrer Häufungspunkte zu ihr gehört, heißt *in sich geschlossen.*

VIII. Eine Punktmenge kann folgende Eigenschaft haben: wenn irgend zwei ihrer Punkte A_0, A gegeben sind und eine (beliebig kleine) positive Größe δ, so können andere Punkte $A_1, A_2 \ldots A_{n-1}$, A_n *der Menge* so angegeben werden, daß jede der Entfernungen:

$$A_0 A_1,\ A_1 A_2, \ldots\ldots A_{n-1} A_n,\ A_n A$$

$< \delta$ ist. Dann sagen wir: die Menge ist *„in sich überall dicht"*.

IX. Eine in sich geschlossene und in sich überall dichte Menge heißt *zusammenhängend.*

X. Eine zusammenhängende Menge, die nicht flächenartig ist, heißt eine *kontinuierliche Linie.*

XI. Eine zusammenhängende flächenartige Menge heißt ein *kontinuierlicher Bereich.*

XII. Ein Punkt, von dem eine Umgebung einem Bereiche angehört, heißt *„im Innern* dieses Bereiches gelegen".

XIII. Ein Punkt, von dem eine Umgebung keinen Punkt eines Bereiches enthält, heißt *außerhalb* dieses Bereiches gelegen.

XIV. Ein Punkt von der Art, daß in jeder noch so kleinen Umgebung desselben sowohl Punkte liegen, die dem Bereich angehören, als auch solche, die ihm nicht angehören, heißt *Grenzpunkt* des Bereiches.

XV. Wird die Veränderlichkeit von x und y dadurch einer Beschränkung unterworfen, daß x und y in einem Intervall $(a \ldots b)$ stetigen Funktionen eines Parameters t gleichgesetzt werden:

$$x = \varphi(t), \quad y = \psi(t),$$

so ist dadurch eine kontinuierliche Linie definiert.

XVI. Haben insbesondere $\varphi(t)$, $\psi(t)$ innerhalb des Intervalls stetige Differentialquotienten, und nimmt dy/dx in dem Intervall niemals zu oder niemals ab, so heißt die Linie ein Wegstück.

XVII. Ein Wegstück, von dem kein Teil gerade ist, hat mit keiner Geraden mehr als zwei Punkte gemein.

XVIII. *Wo im folgenden von einer Linie oder einem Bereiche die Rede ist, soll stets stillschweigend angenommen werden, daß die Linie aus einer endlichen Anzahl von Wegstücken besteht und daß der Bereich von einer solchen Linie begrenzt ist.* (Eine so weitgehende Beschränkung ist für die Gültigkeit der weiteren Entwicklungen keineswegs überall erforderlich, entspricht aber dem elementaren Charakter dieses Buches.)

XIX. Eine Linie, die einen Innenpunkt eines Bereiches mit einem außerhalb desselben gelegenen Punkt verbindet, hat *mindestens einen* Punkt mit der Begrenzung des Bereiches gemein. Ist die Anzahl der Schnittpunkte endlich, so ist sie *ungerade* (wenn „Berührungspunkte" nicht mitgezählt werden). Je zwei innere (je zwei äußere) Punkte lassen sich durch eine Linie verbinden, die ganz innerhalb (außerhalb) des Bereiches verläuft. Eine geschlossene Linie, der ein bestimmter Richtungssinn beigelegt ist, tritt ebenso oft in den Bereich ein als aus ihm aus.[1]

XX. Ein Bereich heißt *konvex,* wenn seine Begrenzung mit keiner Geraden, von der nicht eine Strecke zu ihr gehört, mehr als zwei Punkte gemein hat.

XXI. Gehört der Punkt x_0, y_0 zu dem Bereiche, in welchem eine Funktion von zwei Veränderlichen x, y definiert ist, und läßt sich zu jeder (noch so kleinen) vorgegebenen positiven Größe ε eine andere δ so bestimmen, daß:

$$|f(x, y) - a| < \varepsilon$$

ist in allen denjenigen Punkten des Bereiches, für welche

$$(x - x_0)^2 + (y - y_0)^2 < \delta^2$$

ist, so heißt a „*Grenzwert von* $f(x, y)$ *für* $x = x_0$, $y = y_0$"; man schreibt:

$$\lim_{(x = x_0,\; y = y_0)} f(x, y) = a\,.$$

XXII. Ist:

$$\lim_{(x = 0,\; y = 0)} f(x, y) = 0\,,$$

so sagt man: „$f(x, y)$ *wird mit* x *und* y *unendlich klein*".

XXIII. Eine Funktion $f(x, y)$ heißt an einer Stelle $x_0\, y_0$ ihres Definitionsbereiches *stetig,* wenn die Differenz:

$$f(x_0 + h,\; y_0 + k) - f(x_0,\; y_0),$$

die eine Funktion von h und k ist, mit h und k unendlich klein wird. (Es genügt dazu nicht, daß $f(x, y_0)$ eine in $x = x_0$ stetige

---

[1] Vgl. zu diesen Sätzen A. Schoenflies, Gött. Nachr. 1896.

Funktion von x und $f(x_0, y)$ eine in $y = y_0$ stetige Funktion von y ist.)

XXIV. Sind in einem endlichen Bereiche unendlich viele Punkte definiert, so liegt im Innern oder auf der Grenze des Bereiches mindestens ein Häufungspunkt (§ 23, X) dieser Punkte.

§ 27. Gleichmäfsige Annäherung an eine Grenzfunktion.

I. Gehören unendlich viele Punkte mit demselben $x = x_0$, aber verschiedenen y zum Definitionsbereich einer Funktion von x und y, und läßt sich zu jeder (noch so kleinen) vorgegebenen positiven Größe ε eine andere *von y unabhängige* so bestimmen, daß:

$$|f(x, y) - \varphi(y)| < \varepsilon$$

ist für alle diejenigen Punkte des Definitionsbereiches, für welche:

$$|x - x_0| < \delta$$

ist, und y einem bestimmten Intervall angehört, so sagt man: *die Funktion $f(x, y)$ konvergiert in dem gegebenen Intervall für $\lim x = x_0$ gleichmäßig gegen die Grenzfunktion $\varphi(y)$.*

II. Ist $f(xy)$ für jeden zu x_0 benachbarten, aber von x_0 verschiedenen festen Wert $x = x_1$ in einem bestimmten von x_1 unabhängigen Intervall eine stetige Funktion von y und konvergiert $f(x, y)$ in diesem Intervall für $\lim x = x_0$ gleichmäßig gegen $\varphi(y)$, so ist dieses $\varphi(y)$ in dem Intervall stetig.

III. Konvergiert die Differenz $f(x + h) - f(x)$ in einem Intervall $(a \dots x \dots b)$ für $\lim h = 0$ gleichmäßig gegen 0, so sagt man: $f(x)$ ist in diesem Intervall *gleichmäßig stetig.*

IV. Ist eine Funktion $f(x)$ in jedem Punkte eines Intervalls stetig, so ist sie auch in dem Intervall *gleichmäßig stetig.*

V. Konvergiert die Summe der n ersten Glieder einer unendlichen Reihe, deren Glieder Funktionen von x sind, als Funktion von x und n betrachtet, in einem Intervall für $\lim n = \infty$ gleichmäßig gegen eine Grenzfunktion, so heißt die unendliche Reihe in diesem Intervall *gleichmäßig konvergent.*

VI. Sind die Glieder einer in einem Intervall gleichmäßig konvergenten unendlichen Reihe in diesem Intervall stetige Funktionen, so ist auch die Summe der Reihe in diesem Intervall stetig.

VII. Konvergiert eine Reihe, die nach Potenzen einer Veränderlichen mit ganzen positiven steigenden Exponenten fortschreitet:

$$a_0 + a_1 x + a_2 x^2 + \dots + a_n x^n + \dots,$$

für irgend einen positiven Wert ξ dieser Veränderlichen, so konvergiert sie gleichmäßig im ganzen Intervall $(0 \ldots \xi)$, ***einschließlich*** seiner Grenzen, stellt also eine in demselben Umfang stetige Funktion von x dar.

VIII. Für Funktionen von mehreren Veränderlichen gelten analoge Definitionen und Sätze wie I—VII.

§ 28. Integrale.

I. Sei $f(x)$ eine im Intervall $a \ldots b$ stetige Funktion; seien $x_1 x_2 \ldots x_n$ aufeinanderfolgende Stellen dieses Intervalls, ξ_i eine beliebige Stelle des Intervalls $x_i \ldots x_{i+1}$. Läßt man die Anzahl n der eingeschalteten Stellen so ins Unendliche wachsen, daß jedes der Teilintervalle ax_1, $x_1 x_2 \ldots x_{n-1} x_n$, $x_n b$ unter jede Grenze herabsinkt, so nähert sich die Summe:

$$(x_1 - a) f(\xi_0) + (x_2 - x_1) f(\xi_1) + \ldots + (x_n - x_{n-1}) f(\xi_{n-1}) + (b - x_n) f(\xi_n)$$

einem festen, von der Auswahl der x und der ξ unabhängigen Grenzwert. Dieser Grenzwert heißt *das zwischen den Grenzen a und b genommene Integral von* $f(x)$ und wird mit:

$$\int_a^b f(x)\, dx$$

bezeichnet.

II. Ist $f(x)$ für $x = b$ nicht mehr stetig, so hat das Zeichen:

$$\int_a^b f(x)\, dx$$

nur eine Bedeutung, wenn der Grenzwert:

$$\lim_{\varepsilon = 0} \int_a^{b-\varepsilon} f(x)\, dx$$

existiert; es bedeutet nämlich dann diesen Grenzwert.

III. In demselben Sinn bedeutet:

$$\int_a^\infty f(x)\, dx$$

den Grenzwert:

$$\lim_{b = \infty} \int_a^b f(x)\, dx,$$

sofern er existiert.

IV. Eine in einem endlichen Intervall *gleichmäßig* konvergente unendliche Reihe, deren Glieder stetige Funktionen von x sind, darf über dieses Intervall *gliedweise* nach x *integriert* werden.

V. Eine eben solche Reihe, deren Glieder differentiierbare Funktionen von x sind, darf *gliedweise differentiiert* werden, *wenn* auch die Reihe der Ableitungen gleichmäßig konvergiert.

VI. Wenn eine Linie Γ durch die in dem Intervall $(a \ldots t \ldots b)$ abteilungsweise differentiierbaren Funktionen:

$$x = \varphi(t), \quad y = \psi(t)$$

definiert ist, während P und Q stetige Funktionen von x und y sind, so ist unter dem *Kurvenintegral*

$$\int_\Gamma (P\,dx + Q\,dy)$$

das Integral:

$$\int_a^b \left(P\frac{dx}{dt} + Q\frac{dy}{dt}\right) dt$$

und unter:

$$\int_\Gamma P\,dQ$$

das Integral:

$$\int_\Gamma \left(P\frac{\partial Q}{\partial x}\,dx + P\frac{\partial Q}{\partial y}\,dy\right) = \int_a^b P\frac{dQ}{dt}\,dt$$

zu verstehen.

§ 29. Doppelintegrale.

I. Sei in einem endlichen kontinuierlichen Bereich S der xy-Ebene eine stetige Funktion $f(x, y)$ gegeben; sei der Bereich S in n Teilbereiche $\sigma_1, \sigma_2 \ldots \sigma_n$ geteilt; sei $(\xi_i\, \eta_i)$ ein Punkt von σ_i. Läßt man die Anzahl n der Teilbereiche so ins Unendliche wachsen, daß die Ausdehnung jedes derselben unter jede Grenze herabsinkt, so nähert sich die Summe

$$f(\xi_1\, \eta_1)\, \sigma_1 + f(\xi_2\, \eta_2)\, \sigma_2 + \ldots + f(\xi_n\, \eta_n)\, \sigma_n$$

einem festen, von der Wahl der Teilbereiche und der Punkte $\xi_i\, \eta_i$ unabhängigen Grenzwert. Dieser Grenzwert heißt *das über den Bereich S erstreckte Doppelintegral der Funktion f* und wird mit

$$\iint_S f(x, y)\, d\sigma$$

bezeichnet.

II. Ist der Bereich nicht mehr endlich oder die Funktion f nicht mehr stetig, so gelten analoge Festsetzungen, wie in § 28, II, III.

III. Wird die Begrenzung des Bereiches S von jeder Parallelen im Abstand x von der y-Axe in höchstens zwei Punkten getroffen, deren Ordinaten durch $y = \varphi_1(x)$ und $y = \varphi_2(x)$ bestimmt sind; sind ferner $x = a$ und $x = b$ die erste und letzte dieser Parallelen, welche den Bereich noch treffen, so ist:

$$\iint\limits_S f(x,y)\,d\sigma = \int\limits_a^b \Big[\int\limits_{\varphi_1(x)}^{\varphi_2(x)} f(x,y)\,dy\Big]\,dx.$$

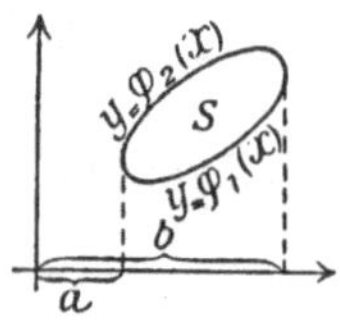

Fig. 15.

IV. Wird die Begrenzung Γ des Bereiches S von keiner Parallelen zur x- oder y-Axe in mehr als zwei Punkten getroffen und sind P, Q in S stetige, $\frac{\partial P}{\partial y}$, $\frac{\partial Q}{\partial x}$ in S abteilungsweise stetige Funktionen, so ist:

$$\iint\limits_S \Big(-\frac{\partial P}{\partial y} + \frac{\partial Q}{\partial x}\Big)\,d\sigma = \int\limits_\Gamma (P\,dx + Q\,dy).$$

In dem Integral rechts ist der positive Sinn von Γ so fixiert zu denken, daß S zur Linken desselben liegt.

V. Satz (IV) gilt auch, wenn der Bereich S zwar selbst nicht die Eigenschaft hat, daß seine Begrenzung von keiner Parallelen zu einer der Axen in mehr als zwei Punkten getroffen wird, wenn er aber in eine endliche Anzahl von Teilen zerlegt werden kann, von denen jeder einzelne diese Eigenschaft hat.

VI. Seien P, Q in einem Bereiche S stetige Funktionen von x und y, mit Ableitungen $\frac{\partial P}{\partial y}$ und $\frac{\partial Q}{\partial x}$, die in S abteilungsweise stetig sind. Dann ist das Bestehen der Gleichung:

$$\frac{\partial P}{\partial y} = \frac{\partial Q}{\partial x}$$

die notwendige und hinreichende Bedingung dafür, daß:

$$\int\limits_\Gamma (P\,dx + Q\,dy) = 0$$

ist für jede in S gelegene geschlossene Kurve Γ, die für sich allein, ohne Zuhilfenahme eines Teils des Randes von S, einen Teil von S vollständig begrenzt.

VII. Ein Bereich S heißt *einfach zusammenhängend*, wenn *jede* in ihm verlaufende geschlossene Kurve für sich allein, ohne Zuhilfenahme eines Teils des Randes von S, einen Teil von S vollständig begrenzt.

VIII. Wenn P und Q innerhalb eines einfach zusammenhängenden Bereiches S den Bedingungen des Satzes VI genügen, dann ist der Wert des längs einer ungeschlossenen Kurve in S genommenen Kurvenintegrals:

$$\int_{(x_0 y_0)}^{(x y)} (P\,dx + Q\,dy)$$

nur abhängig von den beiden Grenzpunkten $(x_0 y_0)$ und $(x y)$, dagegen nicht abhängig von der Wahl des Integrationswegs Γ.

IX. Dieser Wert ist, bei fest gewähltem unteren Grenzpunkt, eine stetige Funktion $F(x, y)$ der Koordinaten des oberen, deren partielle Ableitungen:

$$\frac{\partial F}{\partial x} = P, \qquad \frac{\partial F}{\partial y} = Q$$

sind.

X. Jede andere Funktion von x und y, welche dieselben partiellen Ableitungen hat, kann sich von $F(x, y)$ nur durch eine additive Konstante unterscheiden.

XI. Sind U und V zwei Funktionen, welche in einem Bereiche S mit ihren ersten Ableitungen stetig sind und abteilungsweise stetige zweite Ableitungen besitzen, so ist:

$$\int_\Gamma U\,d\,V = \iint_S \left(\frac{\partial U}{\partial x}\frac{\partial V}{\partial y} - \frac{\partial V}{\partial x}\frac{\partial U}{\partial y}\right) d\sigma.$$

XII. Sei ferner ds das Bogenelement der Kurve Γ; sei auf der nach außen gerichteten Normale von Γ ein Stück Δn abgetragen, mit V' der Wert von V im Endpunkt dieses Stückes und mit

$$\frac{\partial V}{\partial n} \text{ der } \lim_{\Delta n = 0} \frac{V' - V}{\Delta n}$$

bezeichnet, sei endlich:

$$\Delta^2 V = \frac{\partial^2 V}{\partial x^2} + \frac{\partial^2 V}{\partial y^2};$$

dann ist unter den Stetigkeitsbedingungen des Satzes XI:

$$\int_\Gamma U\frac{\partial V}{\partial n}ds = -\iint_S U\Delta^2 V d\sigma - \iint_S \left(\frac{\partial U}{\partial x}\frac{\partial V}{\partial x} + \frac{\partial U}{\partial y}\frac{\partial V}{d y}\right) d\sigma$$

und:

$$\int_\Gamma V\frac{\partial U}{\partial n}ds = -\iint_S V\Delta^2 U d\sigma - \iint_S \left(\frac{\partial U}{\partial x}\frac{\partial V}{\partial x} + \frac{\partial U}{\partial y}\frac{\partial V}{\partial y}\right) d\sigma.$$

XIII. Unter denselben Bedingungen ist:

$$\int_\Gamma \left(U\frac{\partial V}{\partial n} - V\frac{\partial U}{\partial n}\right) ds = \iint_S (V\Delta^2 U - U\Delta^2 V)\,d\sigma.$$

(Die Sätze XII und XIII werden als Green'sche Sätze bezeichnet).

VIERTER ABSCHNITT.

Eindeutige analytische Funktionen einer complexen Veränderlichen.

§ 30. Vorbemerkungen.

Im zweiten Abschnitt haben wir bereits eine Reihe elementarer Funktionen einer complexen Veränderlichen z kennen gelernt und zum Teil eingehend untersucht; die allgemeine Erörterung des Begriffs, den wir mit den Worten „Funktion einer complexen Variabeln" verbinden, haben wir damals noch hinausgeschoben. Wir müssen jetzt an sie herangehen.

Man könnte ja $X + Yi$ im allgemeinsten Sinne eine Funktion von $x + yi$ nennen, wenn die reellen Größen X, Y Funktionen der reellen Variabeln x, y sind. Dann würde die Theorie der Funktionen einer complexen Variabeln nichts anderes sein, als die Theorie der Paare von Funktionen zweier reellen Variabeln. Es ist jedoch üblich das Wort in einem engeren Sinne zu gebrauchen, so daß die „Theorie der Funktionen einer complexen Variabeln" nur einen besonders wichtigen und leicht zugänglichen Abschnitt aus der Theorie der Paare von Funktionen zweier reellen Variabeln vorstellt. Man gelangt zu dem hiermit angedeuteten Standpunkt durch Überlegungen folgender Art:

Der speciellen Bezeichnung: *rationale Funktion einer complexen Größe* $x + iy$ ist bereits im II. Abschnitt auf Grund der im I. gegebenen Definitionen der elementaren Rechnungsoperationen mit complexen Größen ein bestimmter Sinn beigelegt worden. Man könnte nun versucht sein, auf die Definition transcendenter Funktionen durch Grenzwerte von rationalen zurückzugehen — wie z. B.

$$e^x = \lim_{n=\infty}\left(1 + \frac{x}{n}\right)^n —$$

und darauf die Definition einer transcendenten Funktion complexen Arguments zu stützen. Aber dem stellen sich Schwierigkeiten entgegen: es kann vorkommen, daß ein solcher Grenzwert für alle reellen und doch für keinen complexen Wert von x existiert; es kann ferner vorkommen, daß zwei solche Grenzwerte, die für reelle x dieselbe transcendente Funktion darstellen, für complexe x verschieden ausfallen. Bei einer bestimmten Klasse solcher Grenzwerte ist man allerdings, wie wir später sehen werden, sicher, daß diese Schwierigkeiten nicht auftreten: nämlich bei den Summen unendlicher Potenzreihen; WEIERSTRASS[1] hat deshalb seine Funktionentheorie auf die Lehre von den Potenzreihen gegründet. CAUCHY und RIEMANN dagegen knüpfen überhaupt nicht an eine *analytische Ausdrucksform* an, sondern an eine bestimmte *Eigenschaft,* die jeder rationalen Funktion einer complexen Veränderlichen zukommt, aber nicht jedem Ausdruck $X + iY$, dessen Glieder rationale Funktionen der reellen Veränderlichen x, y sind. Dieser Auffassung wollen wir uns anschließen; dazu müssen wir vor allem diese unterscheidende Eigenschaft der rationalen Funktionen einer complexen Veränderlichen kennen lernen, was einiger Vorbereitungen bedarf.

§ 31. Stetigkeit rationaler Funktionen.

Der Vollständigkeit wegen beginnen wir mit der Definition:

I. *Unter einer complexen Funktion einer oder mehrerer reellen Veränderlichen verstehen wir eine complexe Veränderliche* $Z = X + iY$, *deren Komponenten* X, Y *Funktionen jener Veränderlichen sind.*

II. *Auf solche Funktionen können wir die Definitionen des vorigen Abschnitts in dem Sinne anwenden, daß wir sie auf die einzelnen Komponenten beziehen.*

Also z. B.: eine unendliche Reihe solcher Z heißt konvergent, wenn die Reihe der X und die der Y jede für sich konvergieren; unter $\frac{\partial Z}{\partial x}$ ist $\frac{\partial X}{\partial x} + i\frac{\partial Y}{\partial x}$, unter $\int Z\,dx$ ist $\int X\,dx + i\int Y\,dx$ zu verstehen u. s. w.

Eine rationale Funktion $f(z)$ einer complexen Veränderlichen $z = x + iy$ ist im Sinne der Definition I eine complexe Funktion von x und y. Nach § 26, XXII, haben wir sie als an einer Stelle stetig zu bezeichnen, wenn die Differenz:

$$f((x_0 + h) + i(y_0 + k)) - f(x_0 + iy_0)$$

[1] Eine authentische Veröffentlichung der Vorlesungen von WEIERSTRASS ist in nahe Aussicht gestellt. Von ähnlichen Grundsätzen gehen aus J. THOMAE, Elementare Theorie der analytischen Funktionen einer complexen Veränderlichen (Halle 1880) und M. MÉRAY, Leçons nouvelles sur l'analyse infinitésimale (Paris 1894 ff.).

mit h und k unendlich klein wird. Fassen wir $h + ik$ auch zu einer complexen Größe ζ zusammen, so können wir auch sagen:

III. *$f(z)$ ist in $z = z_0$ stetig, wenn die Differenz*

$$f(z_0 + \zeta) - f(z_0)$$

mit $|\zeta|$ unendlich klein wird —

oder wenn wir für die abkürzende Redeweise „unendlich klein" ihre eigentliche Bedeutung (§ 26, XXI, XXII) einführen:

$f(z)$ ist in $z = z_0$ stetig, wenn sich zu jeder vorgegebenen positiven Größe ε eine andere δ so bestimmen läßt, daß

1) $$|f(z_0 + \zeta) - f(z_0)| < \varepsilon$$

ist für alle diejenigen Werte ζ, für welche:

2) $$|\zeta| < \delta$$

ist.

Dabei haben wir die Ungleichung (1) für den absoluten Betrag der complexen Größe selbst angesetzt, während wir sie nach II für den absoluten Betrag des reellen und den des complexen Teils gesondert hätten ansetzen müssen. Man überzeugt sich aber, daß beides auf dasselbe hinauskommt: soll $|Z| < \varepsilon$ sein, so müssen $|X|$ und $|Y|$ jedes einzeln $< \varepsilon$ sein; und sind $|X|$ und $|Y|$ jedes einzeln $< \varepsilon$, so ist nach § 5, III $|Z| < 2\varepsilon$. — Zu beachten ist auch, daß die Bedingung für *alle* ζ erfüllt sein muß, die der Ungleichung (2) genügen, m. a. W. die Differenz $f(Z_0 + \zeta) - f(z_0)$ muß bei *beliebiger* Annäherung von ζ an den Nullpunkt nach 0 konvergieren, nicht etwa bloß, wenn diese Annäherung in specieller Weise, etwa längs einer vorgeschriebenen Linie, erfolgt.

IV. *Sind zwei Funktionen $\varphi(z)$, $\psi(z)$ in einem Punkte z_0 stetig, so sind auch $\varphi(z) + \psi(z)$ und $\varphi(z) . \psi(z)$ in diesem Punkte stetig.*

Denn n. V. kann man δ so klein wählen, daß:

$$|\varphi(z_0 + \zeta) - \varphi(z_0)| < \tfrac{1}{2}\varepsilon, \quad |\psi(z_0 + \zeta) - \psi(z_0)| < \tfrac{1}{2}\varepsilon$$

wird; dann wird:

3) $$|[\varphi(z_0 + \zeta) + \psi(z_0 + \zeta)] - [\varphi(z_0) + \psi(z_0)]| < \varepsilon$$

nach § 5, III; also ist die Summe stetig. Ferner ist:

4) $$\begin{cases} |\varphi(z_0 + \zeta) . \psi(z_0 + \zeta) - \varphi(z_0) . \psi(z_0)| \\ < |\varphi(z_0 + \zeta) . \psi(z_0 + \zeta) - \varphi(z_0 + \zeta) . \psi(z_0)| \\ + |\varphi(z_0 + \zeta) . \psi(z_0) - \varphi(z_0) . \psi(z_0)| . \end{cases}$$

Man kann nun zunächst δ so klein wählen, daß für alle $|\zeta| < \delta$ $|\varphi(z_0 + \zeta)| < |\varphi(z_0)| + \varepsilon$ wird und es dann wenn nötig noch weiter verkleinern, so daß für alle solchen ζ:

$$\psi(z_0 + \zeta) - \psi(z_0) < \frac{\varepsilon}{2(|\varphi(z_0)| + \varepsilon)}$$

$$\varphi(z_0 + \zeta) - \varphi(z_0) < \frac{\varepsilon}{2|\psi(z_0)|}$$

wird; dann wird die Summe auf der rechten Seite von (4) für alle solchen ζ kleiner als ε. Also ist auch das Produkt stetig.

In derselben Weise kann auch der entsprechende Satz für den Quotienten bewiesen werden, aber nur mit einer Einschränkung:

V. *Der Quotient $\varphi(z)/\psi(z)$ zweier in einem Punkte z_0 stetigen Funktionen ist in diesem Punkte ebenfalls stetig, wenn der Nenner $\psi(z)$ nicht in ihm Null ist.*

Nun können wir zunächst zeigen, daß z^n, wenn n eine positive ganze Zahl ist, für jeden endlichen Wert z_0 stetig ist. Dazu dient die Umformung:

$$\begin{aligned}5)\quad & (z_0 + \zeta)^n - z_0^n = \\ & \{(z_0 + \zeta) - z_0\}\{(z_0 + \zeta)^{n-1} + (z_0 + \zeta)^{n-2} z_0 + \dots + z_0^{n-1}\};\end{aligned}$$

aus ihr folgt nämlich:

$$|(z_0 + \zeta)^n - z_0^n| \leqq n \,.\, |\zeta| (|z_0| + |\zeta|)^{n-1}.$$

Ist nun eine Größe ε vorgegeben und wählen wir δ so klein, daß für irgend eine positive Zahl $M > |z_0|$ die beiden Ungleichungen erfüllt sind:

$$|z_0| + \delta < M, \quad \delta < \frac{\varepsilon}{n M^{n-1}},$$

so wird $|(z_0 + \zeta)^n - z_0^n| < \varepsilon$. Also ist bewiesen:

VI. *Die Potenz mit positivem ganzzahligen Exponenten ist im Endlichen überall stetig.*

Aus den drei Sätzen IV—VI ergiebt sich dann der allgemeine Satz:

VII. *Eine rationale Funktion einer complexen Variabeln ist überall da stetig, wo sie endlich ist.*

Man hat beim Beweise dieses Satzes nur die Festsetzungen von § 20 zu beachten, denen zufolge eine rationale Funktion immer auf eine solche Form gebracht werden kann, daß der Nenner nur da 0 wird, wo die Funktion nicht mehr endlich bleibt.

Ferner folgt aus den Entwicklungen von § 20:

VIII. *In den Polen, in welchen die rationale Funktion selbst nicht mehr stetig ist, ist wenigstens ihr reciproker Wert stetig.*

Die Sätze VII und VIII beziehen sich zunächst auf endliche Werte der unabhängigen Variabeln; durch die Festsetzungen der §§ 12 und 21 übertragen sie sich auch auf den Wert ∞:

IX. *Auch für $z = \infty$ ist eine rationale Funktion entweder selbst stetig, oder ihr reciproker Wert (oder beide).*

Gleichungen der Form:

$$6) \qquad f(z_0) = \infty, \quad f(\infty) = w_0, \quad f(\infty) = \infty$$

war in den §§ 20 und 21 zunächst eine rein konventionelle Bedeutung beigelegt worden, auf Grund der in § 12 geschehenen Einführung des Zeichens „∞“. Andererseits hatten wir in § 24, XIII—XV solche Gleichungen noch in einer andern Weise definiert, die sich auf complexe Variable folgendermaßen überträgt:

X. $f(z_0) = \infty$ *bedeutet: zu jeder gegebenen positiven Größe M läßt sich eine andere δ so bestimmen, daß:*

$$|f(z_0 + \zeta)| > M, \text{ sobald } |\zeta| < \delta.$$

XI. $f(\infty) = w_0$ *bedeutet: zu jeder gegebenen positiven Größe ε läßt sich eine andere N so bestimmen, daß:*

$$|f(z) - w_0| < \varepsilon \text{ sobald } |z| > N.$$

XII. $f(\infty) = \infty$ *bedeutet: zu jeder gegebenen positiven Größe M läßt sich eine andere N so bestimmen, daß:*

$$|f(z)| > M, \text{ sobald } |z| > N.$$

Die Sätze VIII und IX sagen dann aus:

XIII. *Bei rationalen Funktionen stehen diese beiden Auffassungen des Zeichens ∞ nie im Widerspruch; jede solche Gleichung (6), die bei der einen Auffassung richtig ist, ist es auch bei der andern.*

Geometrisch sagen die Sätze dieses Paragraphen aus:

XIV. *Die durch eine rationale Funktion $w = f(z)$ vermittelte Abbildung der z-Kugel auf die w-Kugel ist überall stetig, auch in der Umgebung des Punktes ∞ der einen wie der andern Kugel.*

§ 32. Differentialquotient einer rationalen Funktion complexen Arguments.

Um die am Schlusse von § 30 angekündigte und im vorigen Paragraphen begonnene Untersuchung weiterzuführen betrachten wir für einen bestimmten Wert z_0 von z, für welchen $f(z)$ endlich ist, den Quotienten:

$$1) \qquad \frac{f(z_0 + \zeta) - f(z_0)}{\zeta} = \psi(\zeta)$$

als Funktion von ζ. Derselbe ist eine rationale Funktion von ζ, die für $\zeta = 0$ in der unbestimmten Form $0/0$ erscheint. Wir haben uns aber in § 20 bereits davon überzeugt, daß wir bei einer rationalen

Funktion von ζ eine solche Unbestimmtheit stets durch geeignete Umformungen beseitigen können. M. a. W. wir können stets eine andere rationale Funktion $\psi_1(\zeta)$ angeben, die für alle diejenigen Werte von ζ, für welche $\psi(\zeta)$ bestimmt ist, mit $\psi(\zeta)$ übereinstimmt, die aber auch für $\zeta = 0$ entweder einen bestimmten Wert hat oder in dem dort definierten Sinne bestimmt unendlich wird. In der Differentialrechnung wird nun gezeigt, daß unter Beschränkung auf reelle Werte von ζ diese Funktion $\psi_1(\zeta)$ unter den getroffenen Annahmen auch für $\zeta = 0$ einen bestimmten Wert hat, und daß dieser Wert eine rationale Funktion von z_0 ist, die mit:

$$f'(z_0)$$

bezeichnet und Ableitung von $f(z_0)$ genannt zu werden pflegt. Dabei wird zwar auch $f(z)$ als reell vorausgesetzt; wir können uns aber von dieser zweiten Voraussetzung frei machen, wenn wir $\psi(\zeta)$ in seinen reellen und imaginären Bestandteil zerlegen:

2) $$\psi(\zeta) = \varphi(\zeta) + i\chi(\zeta).$$

Es folgt also, daß der Quotient $\psi(\zeta)$ unter der Voraussetzung $f(z_0) \neq \infty$ für $\zeta = 0$ einen bestimmten (noch von z_0 abhängigen) Grenzwert $f'(z_0)$ besitzt, sofern wir ζ auf reelle Werte beschränken. Im vorigen Paragraphen haben wir aber gesehen, daß eine *rationale* Funktion einer complexen Veränderlichen ζ überall da stetig ist, wo sie endlich ist; wenn also

$$\lim_{\zeta = 0} \frac{f(z_0 + \zeta) - f(z_0)}{\zeta} = f'(z_0)$$

ist, sobald ζ durch reelle Werte der Null sich nähert, so folgt, daß diese Gleichung gelten muß, *in welcher Weise* auch ζ gegen Null konvergiert. Wir sprechen dieses Ergebnis in folgendem Satz aus:

I. *Eine rationale Funktion $f(z)$ einer complexen Veränderlichen hat in jedem Punkte z, in welchem sie endlich ist, einen bestimmten von der Art, wie dz der Null sich nähert, unabhängigen Differentialquotienten:*

3) $$\frac{df(z)}{dz} = f'(z),$$

der nach den Regeln der Differentialrechnung für reelle Veränderliche und Funktionen gefunden werden kann.

Nun ist leicht zu sehen, daß diese Eigenschaft nicht jedem Ausdruck $X + iY$ zukommt, dessen Glieder rationale Funktionen von x und y sind. Denn für einen solchen Ausdruck ist nach elementaren Sätzen der Differentialrechnung für Funktionen zweier Veränderlicher die Totaländerung:

$$\Delta X + i\Delta Y = \left(\frac{\partial X}{\partial x} + i\frac{\partial Y}{\partial x} + \varepsilon_1\right)\Delta x + \left(\frac{\partial X}{\partial y} + i\frac{\partial Y}{\partial y} + \varepsilon_2\right)\Delta y,$$

wo ε_1, ε_2 Größen bezeichnen, die mit Δx und Δy unendlich klein werden. Der Differenzenquotient

$$\frac{\Delta X + i\Delta Y}{\Delta x + i\Delta y}$$

kann also geschrieben werden:

$$\frac{\left(\frac{\partial X}{\partial x} + i\frac{\partial Y}{\partial x} + \varepsilon_1\right) + \left(\frac{\partial X}{\partial y} + i\frac{\partial Y}{\partial y} + \varepsilon_2\right)\frac{\Delta y}{\Delta x}}{1 + i\frac{\Delta y}{\Delta x}}.$$

Lassen wir nun Δy und Δx in der Weise gegen 0 konvergieren, daß der Quotient $\Delta y/\Delta x$ gegen einen bestimmten Grenzwert[1] dy/dx konvergiert (d. h. geometrisch ausgedrückt, lassen wir den Punkt $(x + \Delta x,\ y + \Delta y)$ sich dem Punkte (x, y) auf einer Kurve nähern, die in (x, y) eine bestimmte Tangente hat), so konvergiert der genannte Differenzenquotient gegen den Grenzwert:

$$\frac{\left(\frac{\partial X}{\partial x} + i\frac{\partial Y}{\partial x}\right) + \left(\frac{\partial X}{\partial y} + i\frac{\partial Y}{\partial y}\right)\frac{dy}{dx}}{1 + i\frac{dy}{dx}}.$$

Dieser Grenzwert wird im allgemeinen ganz wesentlich von dy/dx abhängen; er wird dann und nur dann davon unabhängig sein, wenn auch im Zähler (wie im Nenner) das von dy/dx freie Glied sich zu dem Koeffizienten von dy/dx verhält wie $1 : i$, m. a. W. wenn

$$\frac{\partial X}{\partial y} + i\frac{\partial Y}{\partial y} = i\left(\frac{\partial X}{\partial x} + i\frac{\partial Y}{\partial x}\right) \tag{4}$$

ist. Diese Gleichung besteht aber (§ 2, I) dann und nur dann, wenn einzeln:

$$\begin{cases} \dfrac{\partial X}{\partial y} = -\dfrac{\partial Y}{\partial x} \\[2ex] \dfrac{\partial Y}{\partial y} = \dfrac{\partial X}{\partial x} \end{cases} \tag{5}$$

ist. Wir haben also zunächst das Resultat:

II. *Ein Ausdruck der Form $X + iY$, in welchem X, Y rationale Funktionen von x und y bedeuten, kann jedenfalls nur dann auf die Form einer rationalen Funktion von $z = x + iy$ gebracht werden, wenn X und Y den partiellen Differentialgleichungen (5) genügen.*

[1] Der auch ∞ sein kann.

Andererseits ist zu beachten, daß für *rationale* Funktionen die formalen Rechnungsregeln der Differentialrechnung einfach Konsequenzen der fundamentalen Sätze der elementaren Algebra sind. Da wir nun im ersten Abschnitt gezeigt haben, daß diese letzteren für complexe Größen ebenso gelten wie für reelle, so folgt, daß wir auch jene Differentiationsregeln auf *rationale* Funktionen complexer Veränderlicher anwenden dürfen. So können wir z. B. in eine solche Funktion, die wir zunächst als von x und y abhängig betrachtet haben, $z = x + iy$ an Stelle von x als unabhängige Veränderliche neben y einführen; unterscheiden wir dann die nach diesen unabhängigen Veränderlichen genommenen partiellen Differentialquotienten von den auf x und y als unabhängige Veränderliche bezogenen dadurch, daß wir sie in Klammern schließen, so ist nach jenen Regeln:

$$\text{6)} \qquad \frac{\partial f}{\partial x} = \left(\frac{\partial f}{\partial z}\right), \quad \frac{\partial f}{\partial y} = \left(\frac{\partial f}{\partial y}\right) + i\left(\frac{\partial f}{\partial z}\right).$$

Haben wir nun einen complexen Ausdruck $X + iY$, dessen Glieder rationale Funktionen von x und y sind und der der Gleichung (4) genügt, so folgt, daß für einen solchen:

$$\left(\frac{\partial (X + iY)}{\partial y}\right) = \frac{\partial (X + iY)}{\partial y} - i\frac{\partial (X + iY)}{\partial x} = 0$$

ist. Wenn also $z = x + iy$ als neue unabhängige Variable an Stelle von x neben y in einen complexen Ausdruck der genannten Form eingeführt wird, welcher der Gleichung (4) genügt, fällt y von selbst heraus, m. a. W.:

III. *Das Bestehen der Gleichungen (5) ist nicht nur notwendige, sondern auch hinreichende Bedingung dafür, daß $X + iY$ auf die Form einer rationalen Funktion von z allein gebracht werden kann.*

§ 33. Definition regulärer Funktionen complexen Arguments durch die Cauchy-Riemann'schen Differentialgleichungen.

Die im letzten Paragraphen abgeleitete Eigenschaft der *rationalen* Funktionen einer complexen Veränderlichen wollen wir nunmehr zum Ausgangspunkt für die aufzustellende Definition dessen nehmen, was wir überhaupt unter einer Funktion complexen Arguments verstehen wollen. Wir wollen nämlich eine complexe Größe $Z = X + iY$, deren Komponenten X, Y Funktionen der reellen Variabeln x und y sind, dann und nur dann eine Funktion des complexen Arguments $z = x + iy$ nennen, wenn sie jene Eigenschaft der rationalen

Funktionen von z teilt, wenn also ihre beiden Bestandteile den Differentialgleichungen (5) des § 32 genügen. In dieser Forderung liegt bereits implicite, daß wir die Existenz der ersten Differentialquotienten von X und Y (und damit auch die Stetigkeit dieser Funktionen) verlangen, da wir sonst nicht von Gleichungen zwischen ihnen reden könnten; wir wollen aber darüber hinaus noch eine weitere Einschränkung hinzufügen, indem wir uns nur mit solchen Funktionen beschäftigen wollen, deren erste Ableitungen abteilungsweise stetig sind. Wir nennen solche Funktionen regulär, definieren also:

I. *Sind X und Y in einem Bereiche der xy-Ebene eindeutige und stetige Funktionen von x und y, deren erste Ableitungen nach x und y in diesem Bereiche wenigstens abteilungsweise stetig sind und die Gleichungen (5) des vorigen Paragraphen erfüllen, so heißt die complexe Größe $Z = X + iY$ eine in jenem Bereiche reguläre Funktion des complexen Arguments $z = x + iy$.*

Sei z. B.:

$$X = e^x \cos y, \quad Y = e^x \sin y,$$

so ist:

$$\frac{\partial X}{\partial x} = \frac{\partial Y}{\partial y} = e^x \cos y, \quad \frac{\partial X}{\partial y} = -\frac{\partial Y}{\partial x} = -e^x \sin y;$$

es ist also $e^x(\cos y + i \sin y)$ eine (in der ganzen Ebene) reguläre Funktion von $z = x + iy$. Wir werden sie in den §§ 40—42 eingehend untersuchen.

Die Existenz oder Stetigkeit *höherer* Ableitungen wird in der Definition I zunächst nicht gefordert (doch werden wir später sehen, daß sie aus ihr gefolgert werden kann). Nehmen wir sie aber an, so können wir aus jenen Differentialgleichungen durch abermalige Differentiation die Gleichungen ableiten:

$$1) \qquad \frac{\partial^2 X}{\partial x^2} + \frac{\partial^2 X}{\partial y^2} = \frac{\partial^2 Y}{\partial x \partial y} - \frac{\partial^2 Y}{\partial y \partial x} = 0,$$

$$2) \qquad \frac{\partial^2 Y}{\partial x^2} + \frac{\partial^2 Y}{\partial y^2} = -\frac{\partial^2 X}{\partial x \partial y} + \frac{\partial^2 X}{\partial x \partial y} = 0;$$

wir erhalten also den Satz:

II. *Weder der reelle, noch der rein imaginäre Bestandteil einer analytischen Funktion complexen Arguments können als willkürliche Funktionen von x und y angenommen werden; sie müssen vielmehr beide der LAPLACEschen Differentialgleichung:*

$$3) \qquad \frac{\partial^2 u}{\partial x^2} + \frac{\partial^2 u}{\partial y^2} = 0$$

Genüge leisten.

Dieser Satz II gestattet eine Umkehrung in folgender Weise: Die Gleichung (1) stellt nach § 29, VIII zusammen mit den Stetigkeitsvoraussetzungen nicht nur eine notwendige, sondern auch die hinreichende Bedingung dafür dar, daß das Kurvenintegral:

$$4)\qquad Y = \int_{x_0 y_0}^{x y} \left(- \frac{\partial X}{\partial y} d x + \frac{\partial X}{\partial x} d y \right)$$

einen vom Wege unabhängigen Wert besitzt. Dieser Wert ist sonach eine eindeutige Funktion von x und y, deren Ableitungen die Werte haben:

$$\frac{\partial Y}{\partial x} = - \frac{\partial X}{\partial y}, \quad \frac{\partial Y}{\partial y} = \frac{\partial X}{\partial x},$$

also ist $X + i Y$ nach Def. I eine reguläre Funktion von $x + i y$, und wir können eine Umkehrung von III in folgender Form aussprechen:

III. *Jede den Stetigkeitsbedingungen und der LAPLACEschen Differentialgleichung genügende Funktion X von x und y kann als reeller Bestandteil einer regulären Funktion $Z = X + i Y$ von $z = x + i y$ angesehen werden.*

Die willkürliche Wahl der unteren Grenze in dem Integral (4) involviert eine additive Konstante. Andererseits können zwei stetige Funktionen Y, deren partielle Differentialquotienten nach x und nach y bezw. übereinstimmen, sich nur durch eine additive Konstante unterscheiden, so daß wir dem Satz III den Zusatz geben können:

IV. *Durch den reellen Bestandteil einer Funktion complexen Arguments ist der zugehörige imaginäre Bestandteil bis auf eine additive Konstante bestimmt.*

Faßt man die Differentialgleichungen (5) des vorigen Paragraphen wieder zu der einen Gleichung (4) zusammen und durchläuft die dieser vorhergehenden Überlegungen nach rückwärts, so erkennt man:

V. *Es ist nur eine andere Ausdruckweise der gegebenen Definition (I) einer regulären Funktion $Z = f(z)$ eines complexen Arguments z, daß für eine solche Funktion der Differenzenquotient:*

$$\frac{f(z + \zeta) - f(z)}{\zeta}$$

mit abnehmendem $|\zeta|$ gegen einen und denselben Grenzwert konvergiert, in welcher Weise auch ζ gegen Null konvergieren mag.

VI. *Wir nennen diesen Grenzwert den Differentialquotienten von $f(z)$ an der Stelle z und bezeichnen ihn mit:*

$$\frac{d f(z)}{d z} \text{ oder } f'(z).$$

Wir leiten gleich noch zwei Sätze ab, die sich leicht aus dieser Form (V) der Definition einer regulären Funktion complexen Arguments ergeben:

VII. *Ist $w = f(z)$ eine in einem Gebiet S der z-Ebene reguläre Funktion, ist ferner $W = \varphi(w)$ eine reguläre Funktion von w für alle diejenigen Werte w, welche $f(z)$ in S annimmt, so ist W auch eine in S reguläre Funktion von z.*

Denn aus der Existenz der mit dw/dz und dW/dw bezeichneten Grenzwerte kann die Existenz des Grenzwerts dW/dz wie bei Funktionen reeller Variabeln gefolgert werden (§ 23, VII).

VIII. *Ist $w = f(z)$ eine in S reguläre Funktion von z, die in diesem Bereich keinen Wert mehr als einmal annimmt und deren Differentialquotient in ihm überall von Null verschieden ist*[1], *so erfüllen die Werte, die w in S annimmt, einen Bereich U der w-Ebene, in welchem umgekehrt z eine reguläre Funktion von w ist.*

Der Grenzwert dz/dw ist nämlich reciprok zu dem Grenzwert dw/dz.

§ 34. Konforme Abbildung.

Es seien (x, y), bezw. (u, v) die rechtwinkligen Koordinaten der Punkte zweier Ebenen. Werden u und v bestimmten innerhalb eines gewissen Bereiches stetigen Funktionen von x und y gleichgesetzt, so wird dadurch jedem Punkte dieses Bereiches ein Punkt der zweiten Ebene zugeordnet; diese Punkte der zweiten Ebene erfüllen einen bestimmten Bereich derselben. Wir sagen dann: *durch die Funktionen $u(x, y)$, $v(x, y)$ wird der erste Bereich auf den zweiten stetig abgebildet.* Eine besondere Klasse solcher Abbildungen bilden diejenigen, für welche $u + iv$ in dem im vorigen Paragraphen definierten Sinne eine reguläre Funktion von $x + iy$ ist; wir wollen diese Klasse durch eine geometrische Eigenschaft charakterisieren.

Zu diesem Zwecke formen wir die Bedingung VI des vorigen Paragraphen etwas um. Seien z_1, z_2, z_3 drei Werte von $z = x + iy$, w_1, w_2, w_3 die entsprechenden Werte von $w = u + iv$; wir bilden die Differenzenquotienten:

$$\frac{w_2 - w_1}{z_2 - z_1} \quad \text{und} \quad \frac{w_3 - w_1}{z_3 - z_1}.$$

Lassen wir z_2 und z_3 unendlich nahe an z_1 rücken, so werden diese beiden Quotienten unendlich wenig verschieden sein; denn jeder von

[1] Die zweite Voraussetzung ist schon in der ersten enthalten, wie wir aber hier noch nicht beweisen können. — Vgl. übrigens § 46, X.

ihnen ist dann unendlich wenig verschieden von dem eindeutig bestimmten Werte des Differentialquotienten

$$\frac{dw}{dz}$$

an der Stelle $z = z_1$. Es ist also:

$$\frac{w_2 - w_1}{z_2 - z_1} = \frac{w_3 - w_1}{z_3 - z_1} + \varepsilon, \tag{1}$$

wo ε mit $z_2 - z_1$ und $z_3 - z_1$ unendlich klein wird. Umgekehrt, wenn eine solche Gleichung besteht, in welcher Weise auch z_2 und z_3 dem Punkte z_1 sich nähern mögen, so folgt daraus, daß der Differentialquotient $\frac{dw}{dz}$ von der Richtung des Differentials dz unabhängig ist.

Aus Gleichung (1) können wir im allgemeinen, d. h. abgesehen von einem am Schlusse des Paragraphen zu besprechenden Ausnahmefall, den Schluß ziehen, daß auch in der Gleichung:

$$\frac{w_2 - w_1}{w_3 - w_1} = \frac{z_2 - z_1}{z_3 - z_1} + \varepsilon' \tag{2}$$

ε' mit $z_2 - z_1$ und $z_3 - z_1$ unendlich klein wird. Lassen wir aus dieser Gleichung ε' weg, so geht sie (abgesehen von der Bezeichnung) über in die Gleichung (15) des § 10, deren geometrische Bedeutung dort gegeben war. Damit haben wir eine Antwort auf die gestellte Frage; wir können sie so formulieren:

I. *Jedes Dreieck der z-Ebene, dessen Seiten unendlich kleine Größen derselben Ordnung sind, ist dem entsprechenden Dreieck der w-Ebene bis auf unendlich kleine Größen höherer Ordnung ähnlich*, d. h. Seitenverhältnisse und Winkel des einen sind von den entsprechenden Stücken des andern unendlich wenig verschieden.

Insbesondere folgt aus den Entwicklungen des § 10, wenn wir sie von den dort behandelten endlichen Dreiecken auf die hier auftretenden unendlich kleinen übertragen:

II. *Der absolute Betrag des Differentialquotienten $\frac{dw}{dz}$ an einer Stelle der z-Ebene giebt das an dieser Stelle stattfindende Vergrößerungsverhältnis, d. h. den Faktor, mit welchem man die Länge einer dort befindlichen unendlich kleinen Linie multiplizieren muß, um die Länge der entsprechenden Linie der w-Ebene zu erhalten.*

III. *Der Arcus α von $\frac{dw}{dz}$ giebt den Winkel an, um welchen jedes an der Stelle z befindliche Linienelement gedreht werden muß, wenn es dem entsprechenden Linienelement der w-Ebene parallel werden soll.*

Da dieser Winkel nur von der Stelle z, nicht von der Richtung des betrachteten Linienelements abhängt, so folgt:

IV. *Irgend zwei Kurven der z-Ebene bilden in jedem ihrer Schnittpunkte denselben Winkel miteinander, wie die entsprechenden Kurven der w-Ebene in dem entsprechenden Schnittpunkte* —

oder (mit Benutzung der § 11, VII eingeführten Terminologie):

V. *Durch eine in einem Bereiche der z-Ebene definierte reguläre Funktion w des complexen Arguments z wird dieser Bereich konform auf einen bestimmten Bereich der w-Ebene abgebildet.*

Beispiele solcher Abbildungen in großer Zahl haben wir im II. Abschnitt bereits kennen lernen; im Folgenden werden uns noch viele weitere begegnen.

Der Schluß von (1) auf (2) ist nur zulässig, wenn der Grenzwert von $(z_2 - z_1)/(w_3 - w_1)$ endlich, also der von $(w_3 - w_1)/(z_2 - z_1)$ von Null verschieden ist. Da wir nur von solchen unendlich kleinen Dreiecken reden, deren Seiten alle von derselben Größenordnung sind, ist das dann und nur dann der Fall, wenn:

$$\lim_{z_2 = z_1} \frac{w_2 - w_1}{z_2 - z_1} = \left(\frac{dw}{dz}\right)_{z = z_1}$$

von Null verschieden ist. Also müssen wir Satz V durch folgenden Zusatz vervollständigen:

VI. *An denjenigen Stellen, an welchen:*

$$\frac{dw}{dz} = 0$$

ist, ist die Konformität der Abbildung unterbrochen.

In welcher Beziehung an einer solchen Stelle die Winkel in der einen Ebene zu den entsprechenden Winkeln in der andern Ebene stehen, können wir erst später (§ 69) angeben.

In vielen Fällen ist es von Interesse, zuzusehen, auf welche Linien der w-Ebene die Parallelen zu den Koordinatenaxen der z-Ebene abgebildet werden. Man erhält die Gleichungen dieser Linien, wenn man $w = f(z) = \varphi(x, y) + i\psi(x, y)$ setzt und dann aus den Gleichungen:

$$\varphi(x, y) = u, \quad \psi(x, y) = v \tag{3}$$

x, bezw. y eliminiert. Umgekehrt stellen die Gleichungen

$$\varphi(x, y) = \text{const.} \tag{4}$$

und

$$\psi(x, y) = \text{const.} \tag{5}$$

diejenigen Kurvensysteme der z-Ebene vor, denen die Parallelen zu den Koordinatenaxen der w-Ebene entsprechen. Wegen der

Konformität der Abbildung schneidet jede Kurve des Systems (4) jede Kurve des Systems (5) unter rechten Winkeln; die beiden Kurvensysteme sind zu einander *orthogonal.* Wählt man ferner aus den Scharen der Parallelen zu den Koordinatenaxen in der w-Ebene je eine diskrete Menge solcher, die in gleichen für beide Scharen übereinstimmenden Abständen aufeinanderfolgen, so teilen sie die w-Ebene in Quadrate; diese entsprechen Stücken der z-Ebene, die von Quadraten sich um so weniger unterscheiden, je kleiner jener konstante Abstand gewählt ist. Man drückt diese Eigenschaft der Kurvensysteme (4) und (5) gewöhnlich kurz so aus, daß man sagt: *sie teilen die z-Ebene in unendlich kleine Quadrate.* Man nennt ein Kurvensystem, zu dem ein zweites sich so finden läßt, daß beide zusammen die Ebene (oder überhaupt irgend eine Fläche) in unendlich kleine Quadrate teilen, ein *isometrisches* oder *isothermisches.*

Die letztere Bezeichnung hängt mit der physikalischen Bedeutung solcher Kurvensysteme zusammen, die wir wenigstens erwähnen müssen. Nehmen wir an, in der xy-Ebene ströme eine (ponderable oder imponderable) Flüssigkeit; ξ, η seien die Komponenten ihrer Geschwindigkeit in irgend einem Punkte x, y. Fassen wir ein bestimmtes Rechteck ins Auge, dessen Seiten zu den Koordinatenaxen parallel sind und von ihnen bezw. die Abstände $x, x + dx, y, y + dy$ haben. Durch die Seite (x) tritt dann in dem Zeitelement dt die Flüssigkeitsmenge $\xi\, dt\, dy$ ein, durch die gegenüberliegende Seite tritt $\left(\xi + \frac{\partial \xi}{\partial x} dx\right) dt\, dy$ aus. Ebenso tritt durch die Seite (y) $\eta\, dt\, dx$ ein, durch die gegenüberliegende $\left(\eta + \frac{\partial \eta}{\partial y} dy\right) dt\, dx$ aus. Es vermehrt sich also die in dem Rechteck $dx\, dy$ enthaltene Flüssigkeitsmenge im Zeitelement dt um:

$$-\left(\frac{\partial \xi}{\partial x} + \frac{\partial \eta}{\partial y}\right) dt\ dx\ dy;$$

ist die Flüssigkeit als inkompressibel zu denken, kann also eine Vermehrung oder Verminderung der in dem Rechteck enthaltenen Flüssigkeitsmenge nicht stattfinden, so muß:

6) $$\frac{\partial \xi}{\partial x} + \frac{\partial \eta}{\partial y} = 0$$

sein. Sind außerdem ξ, η die Ableitungen einer und derselben Funktion $u(x,y)$ (des „Geschwindigkeitspotentials") nach den Koordinaten:

$$\xi = \frac{\partial u}{\partial x}, \quad \eta = \frac{\partial u}{\partial y},$$

so folgt:

$$7)\qquad \frac{\partial \xi}{\partial y} - \frac{\partial \eta}{\partial x} = 0.$$

Die beiden Gleichungen (6) und (7) zusammen sagen aus, daß $\zeta = \xi + i\eta$ eine Funktion des complexen Arguments $z = x + iy$ ist; und u ist der reelle Teil der Funktion $\int \zeta\, dz$. Nennen wir v den Faktor von i in dieser Funktion, so folgt:

$$8)\qquad \xi = \frac{\partial v}{\partial y}, \qquad \eta = -\frac{\partial v}{\partial x},$$

m. a. W. die Richtung der Geschwindigkeit fällt in jedem Punkt in die Tangente der durch diesen Punkt gehenden Linie $v = \text{const.}$ Diese Linien sind also die Stromkurven. Wir finden so:

Die „Niveaulinien" (Linien gleichen Potentials) $u = const.$ und „Stromkurven" $v = const.$ bei einer stationären Strömung einer inkompressibeln Flüssigkeit in der Ebene, der ein Geschwindigkeitspotential zukommt, teilen zusammen die Ebene in unendlich kleine Quadrate.

Ist umgekehrt eine reguläre Funktion $w = u + iv$ der complexen Variabeln $z = x + iy$ gegeben, so können stets die Linien $u = const.$; $v = const.$ als Niveaulinien und Stromkurven für eine in diesem Teil der Ebene wirbelfreie stationäre Strömung einer inkompressibeln Flüssigkeit angesehen werden.

Für die Bewegung der Wärme tritt an die Stelle des Geschwindigkeitspotentials die Temperatur.

§ 35. Das Integral einer regulären Funktion complexen Arguments.

I. *Unter dem Integral einer complexen Funktion $u + iv$ einer reellen Variabeln t zwischen den reellen Grenzen a, b*

$$\int_a^b (u + iv)\, dt$$

verstehen wir (vgl. § 31, II):

$$\int_a^b u\, dt + i \int_a^b v\, dt.$$

Was aber unter einem Integral zwischen complexen Grenzen zu verstehen ist, bedarf einiger Erläuterung. Eine *reelle* Integrationsvariable kann von ihrer unteren zu ihrer oberen Grenze nur auf *einem* Wege (durch *eine* Folge von Zwischenwerten) gelangen (wenn ein Durchgang durch das Unendliche, sowie ein Umkehren unterwegs nicht zugelassen werden). Dagegen können wir von einem Werte einer *complexen* Variabeln zu einem andern durch sehr verschiedene Folgen von Zwischenwerten gelangen; wir können zwei Punkte der Ebene, auf der wir sie geometrisch darstellen, durch sehr verschiedene Linien verbinden. Daher müssen wir, wenn wir von einem Integral zwischen complexen Grenzen reden wollen, notwendig eine Angabe des *Integrationswegs* beifügen und das Integral als ein Kurvenintegral der § 28, VI definierten Art auffassen. Wir sagen demgemäß:

II. *Ist eine die Punkte* $z_0 = x_0 + i y_0$ *und* $z = x_1 + i y_1$ *verbindende Linie durch die* (im Intervall $a \ldots b$ abteilungsweise differentiierbaren) *Funktionen:*

$$x = \varphi(t), \quad y = \psi(t)$$

dargestellt, und ist $u + iv$ *eine auf dieser Kurve stetige complexe Funktion von* x *und* y, *so verstehen wir unter:*

$$\int_\Gamma (u + iv)\, dz$$

das Integral:

$$\int_a^b (u + iv)\left(\frac{d\varphi}{dt} + i\frac{d\psi}{dt}\right) dt = \int_\Gamma (u\,dx - v\,dy) + i\int_\Gamma (v\,dx + u\,dy).$$

Ein solches Integral wird demnach durchaus von seinem Integrationsweg abhängig und nicht nur eine Funktion der unteren und oberen Grenze sein. Unabhängig vom Integrationsweg wird es nach § 29, VI dann und nur dann sein, wenn die Gleichungen bestehen:

$$\frac{\partial u}{\partial x} = \frac{\partial v}{\partial y}, \quad \frac{\partial u}{\partial y} = -\frac{\partial v}{\partial x},$$

vorausgesetzt, daß noch die übrigen Bedingungen jenes Satzes erfüllt sind. Das sind aber (§ 33, I) gerade die Bedingungen dafür, daß $w = u + iv$ eine reguläre Funktion des complexen Arguments $z = x + iy$ ist. Somit haben wir den Satz gewonnen:

III. *Ist in einem einfach zusammenhängenden Bereich S eine reguläre Funktion complexen Arguments gegeben, so ist der Wert des Integrals:*

$$\int_{z_0}^{z} f(z)\, dz$$

zwischen zwei Punkten dieses Bereiches unabhängig vom Wege, sofern nur solche Wege in Betracht gezogen werden, die ganz innerhalb S verlaufen.

Bei festgehaltener unterer Grenze ist also der Wert des Integrals eine eindeutig bestimmte Funktion der Koordinaten der oberen

Grenze; wir wollen zeigen, daß er eine reguläre Funktion der oberen Grenze ist. Setzen wir ihn, unter Trennung des reellen und imaginären Bestandteils, gleich $U + iV$, so sind nach § 29, IX U und V stetige Funktionen von x und y mit den partiellen Ableitungen:

$$\frac{\partial U}{\partial x} = u, \quad \frac{\partial U}{\partial y} = -v; \quad \frac{\partial V}{\partial x} = v, \quad \frac{\partial V}{\partial y} = u;$$

also erfüllt $U + iV$ die Bedingungen von § 33, I und wir können sagen:

IV. *Sind die Bedingungen des Satzes III erfüllt, so ist bei festgehaltener unteren Grenze z_0 das Integral:*

$$1) \qquad \int_{z_0}^{z} f(z)\,dz = F(z)$$

eine reguläre Funktion des complexen Arguments z, deren Differentialquotient gleich $f(z)$ ist.

Wegen des Satzes X von § 29 dürfen wir hinzufügen:

V. *Jede andere Funktion, deren Differentialquotient gleich $f'(z)$ ist, kann sich von $F(z)$ nur durch eine additive Konstante unterscheiden.*

Wir fügen noch zwei Sätze bei, die eigentlich nur Korollare des Satzes III sind, die aber häufig gerade in dieser Form gebraucht werden:

V. *Ist Γ eine geschlossene Linie, innerhalb deren die Funktion $f(z)$ den Bedingungen des Satzes III genügt, so ist:*

$$2) \qquad \int_{\Gamma} f(z)\,dz = 0.$$

(Diese Formulierung steht zu III in derselben Beziehung, wie § 29, VI zu VIII.)

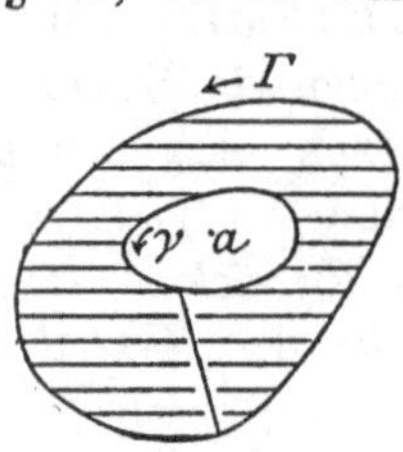

Fig. 16.

VI. *Begrenzen zwei Linien Γ, γ ein ringförmiges Gebiet S, innerhalb dessen die Funktion $f(z)$ den Bedingungen des Satzes III genügt, so ist:*

$$3) \qquad \int_{\Gamma} f(z)\,dz = \int_{\gamma} f(z)\,dz$$

wenn beide Linien so durchlaufen werden, daß die von einer jeden umschlossenen Fläche zur Linken liegt.

Um diese Formulierung zu beweisen, denke man sich das Gebiet S längs einer Linie c aufgeschnitten, die einen Puukt a von γ mit einem Punkt A von Γ verbindet. Dadurch entsteht ein einfach zusammenhängender Bereich S'. Soll dessen Begrenzung so durchlaufen werden, daß er zur Linken bleibt, so hat man zu durchlaufen:

1. die Linie Γ im Sinne des Pfeils;
2. die Linie c von A nach a;
3. die Linie γ gegen den Sinn des Pfeils;
4. die Linie c von a nach A.

Die Summe der Integrale über diese vier Linien ist nach Satz V Null. Das zweite dieser vier Integrale ist aber entgegengesetzt gleich dem vierten, also bleibt:

$$\int_\Gamma f(z)\,dz + \int_\gamma f(z)\,dz = 0, \tag{4}$$

wenn beide Linien so durchlaufen werden, wie eben angegeben. In Satz VI ist aber angenommen, daß γ in entgegengesetzter Richtung durchlaufen wird, deshalb mußte dort das entgegengesetzte Vorzeichen stehen.

Häufig kommt es vor, daß man der Kenntnis einer oberen Grenze bedarf, die der absolute Betrag eines complexen Integrals sicher nicht überschreitet. Dazu verhilft Satz IV von § 5; es folgt aus ihm:

$$\left|\int f(z)\,dz\right| \leqq \int |f(z)|\,|dz|. \tag{5}$$

Dabei ist $|dz|$ nichts anderes als das Bogenelement des Integrationsweges.

Wir leiten noch einen gelegentlich zu benutzenden Hilfssatz über ein Integral ab, in welchem der reelle und der rein imaginäre Bestandteil einer Funktion $f(z) = u + iv$ getrennt auftreten. Nach § 29, XI ist:

$$\int_\Gamma u\,dv = \iint_S \left(\frac{\partial u}{\partial x}\frac{\partial v}{\partial y} - \frac{\partial u}{\partial y}\frac{\partial v}{\partial x}\right) d\sigma.$$

Ersetzt man rechts die Ableitungen von v durch die von u, so erhält man:

$$\int_\Gamma u\,dv = \iint_S \left\{\left(\frac{\partial u}{\partial x}\right)^2 + \left(\frac{\partial u}{\partial y}\right)^2\right\} d\sigma. \tag{6}$$

Hier ist jedes Element des Integrals, also auch das ganze Integral $\geqq 0$; und zwar kann das Gleichheitszeichen nur gelten, wenn u, und folglich auch v im ganzen Gebiet konstant sind. Wir haben also den Satz:

VII. *Begrenzt die Linie Γ einen Bereich S, innerhalb dessen $f(z) = u + iv$ eine reguläre Funktion des complexen Arguments $z = x + iy$ ist, so ist stets:*

$$\int_\Gamma u\,dv \geqq 0, \tag{7}$$

wenn Γ bei der Integration so durchlaufen wird, daß der Bereich S zur Linken liegt; und zwar gilt das Gleichheitszeichen nur, wenn $f(z)$ in S konstant ist.

Als Beispiel für die Entwicklungen dieses Paragraphen behandeln wir die Aufgabe, den Wert des Integrals:

$$\int_\Gamma (z-\zeta)^n\,dz,$$

genommen über irgend eine den Punkt $\zeta = \xi + i\eta$ umschließende Kurve Γ zu berechnen, wenn n eine positive oder negative ganze Zahl ist. Wir beschreiben um ζ einen Kreis c von so kleinem Radius r, daß er ganz innerhalb Γ liegt. In dem Gebiet zwischen c und Γ ist die Funktion $(z-\zeta)^n$ regulär (auch wenn n negativ ist); also ist nach VI:

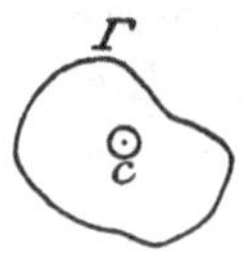

Fig. 17.

$$\int_\Gamma (z-\zeta)^n\,dz = \int_c (z-\zeta)^n\,dz.$$

Das Kreisintegral aber können wir aus der Definition I berechnen; setzen wir nämlich:

$$x-\xi = r\cos t,\quad y-\eta = r\sin t,$$

also:

8) $$z-\zeta = r(\cos t + i\sin t),$$

9) $$dz = r(-\sin t + i\cos t)\,dt = ir(\cos t + i\sin t)\,dt = i(z-\zeta)\,dt,$$

so durchläuft der Punkt den Kreis gerade einmal, wenn t von 0 bis 2π wächst. Wir erhalten also:

$$\int_c (z-\zeta)^n\,dz = r^{n+1}i\int_0^{2\pi}\big(\cos(n+1)t + i\sin(n+1)t\big)\,dt.$$

In der Theorie der Integrale zwischen reellen Grenzen wird aber gezeigt, daß:

$$\int_0^{2\pi}\sin mt\,dt = 0$$

ist für jeden ganzzahligen Wert von m, 0 eingeschlossen, und

$$\int_0^{2\pi}\cos mt\,dt = \begin{cases} 2\pi & \text{für } m=0 \\ 0 & \text{für } m \gtrless 0 \end{cases}.$$

Also erhalten wir:

VIII. *Ist n irgend eine ganze Zahl (positiv, Null oder negativ), Γ eine den Punkt ζ umschließende Linie, so ist:*

10) $$\int_\Gamma (z-\zeta)^n\,dz = 0 \quad \text{für } n \neq -1,$$

dagegen:

11) $$\int_\Gamma (z-\zeta)^{-1}\,dz = 2\pi i.$$

§ 36. Der Satz von Cauchy.

Es sei wieder $f(z)$ eine in einem Bereich S reguläre Funktion des complexen Arguments z; ζ sei ein Punkt dieses Bereiches, Γ seine Begrenzungslinie. Die Funktion

$$\frac{f(z)}{z-\zeta}$$

ist dann regulär in dem Bereich S', der übrig bleibt, wenn aus S das Innere eines Kreises c vom Mittelpunkt ζ und Radius r herausgenommen wird. Nach § 35, VI ist also:

1) $$\int_\Gamma \frac{f(z)}{z-\zeta}\,dz = \int_c \frac{f(z)}{z-\zeta}\,dz.$$

Der Radius r des Kreises c ist dabei willkürlich; wegen der vorausgesetzten Stetigkeit der Funktion $f(z)$ können wir ihn so klein annehmen, daß für alle Punkte des Kreises:

$$|f(z) - f(\zeta)| < \varepsilon$$

wird, wo ε eine (beliebig kleine) vorgegebene Größe bedeutet. Setzen wir nun:

$$\int_c \frac{f(z)}{z-\zeta}\,dz = f(\zeta)\int_c \frac{dz}{z-\zeta} + \int_c \frac{f(z)-f(\zeta)}{z-\zeta}\,dz,$$

so ist das erste der rechts stehenden Integrale nach § 35, VIII:

$$= 2\pi i f(\zeta);$$

im zweiten setzen wir ebenfalls

2) $$z - \zeta = r(\cos t + i\sin t),$$
$$dz = ir(\cos t + i\sin t)\,dt,$$
$$\frac{dz}{z-\zeta} = i\,dt$$

und finden so (§ 35, (5)) daß sein absoluter Betrag

$$\leqq \varepsilon\int_0^{2\pi} dt, \quad \text{d. i.} \leqq 2\pi\varepsilon$$

ist, d. h. kleiner gemacht werden kann als jede beliebig vorgegebene Größe, wenn nur r hinlänglich klein genommen wird. Aber der Wert der linken Seite der Glchg. (1) ist von r unabhängig, ebenso $2\pi i . f(\zeta)$; wäre die Differenz beider Größen von 0 verschieden, so könnte sie auch nicht durch Verkleinerung von r herabgedrückt werden. Also folgt:

3) $$f(\zeta) = \frac{1}{2\pi i}\int_\Gamma \frac{f(z)}{z-\zeta}\,dz.$$

I. *Vermittelst dieser von CAUCHY gegebenen Formel wird der Wert, den eine reguläre Funktion des complexen Arguments z in irgend einem Punkte ζ eines Bereiches S besitzt, ausgedrückt durch die Werte derselben Funktion auf dem Rande Γ des Bereiches.*

Ist die Linie Γ ein Kreis vom Mittelpunkte ζ, wird $f(z) = u + iv$, $f(\zeta) = u_0 + iv_0$ gesetzt, die Substitution (2) in der Gleichung (3) vorgenommen, und Reelles und Imaginäres getrennt, so folgt:

$$u_0 = \frac{1}{2\pi}\int_0^{2\pi} u\,dt, \quad v_0 = \frac{1}{2\pi}\int_0^{2\pi} v\,dt,$$

d. h.:

II. *Der Wert des reellen Teils einer regulären Funktion complexen Arguments im Mittelpunkt eines Kreises ist gleich dem Mittelwert aus seinen Werten auf der Kreisperipherie.*

Er kann also weder größer als alle diese Werte, noch kleiner als sie alle sein. Daraus folgt, wenn der Radius des Kreises hinlänglich klein genommen wird:

III. *Ist eine Funktion complexen Arguments in einem Bereiche S regulär, so kann ihr reeller Teil niemals in einem inneren Punkte dieses Bereiches ein Maximum oder Minimum haben.*

Für v gelten natürlich dieselben Sätze.

§ 37. Entwicklung einer regulären Funktion in eine Potenzreihe.

Cauchy hat aus seiner Formel (§ 36, 3) einen allgemeinen Satz über die Entwickelbarkeit einer analytischen Funktion in eine Potenzreihe abgeleitet. Um ihn zu beweisen, gehen wir aus von der aus den Elementen der Analysis bekannten Reihe:

1) $$1 + z + z^2 + \ldots + z^n + \ldots$$

Die Summe ihrer n ersten Glieder ist:

$$s_n = \frac{1 - z^n}{1 - z};$$

ist $|z| < 1$, so kann für jede noch so kleine positive Größe ε

2) $$\left|\frac{z^n}{1 - z}\right| < \varepsilon$$

dadurch gemacht werden, daß man n hinlänglich groß nimmt. Zufolge der Definition der Konvergenz einer unendlichen Reihe (§ 25, I) ist also dann:

3) $$\lim s_n = \frac{1}{1 - z},$$

d. h.:

I. *Im Innern des Einheitskreises konvergiert die Reihe (1) gegen* $(1-z)^{-1}$.

Wir können über die Art der Konvergenz noch genaueres angeben. Ist die Bedingung (2) für eine bestimmte reelle positive Größe $z = r$ und für ein gegebenes ε durch einen bestimmten Wert von n erfüllt, so wird sie für dasselbe ε durch *denselben* Wert von n (und alle größeren Werte) auch erfüllt für jeden Wert von z, dessen absoluter Betrag $\leqq r$ ist; denn für jeden solchen Wert ist $|z^n| \leqq r^n$ und $|1-z| \geqq 1-r$. Auf Grund der Definition der gleichmäßigen Konvergenz (§ 27, V) können wir also sagen:

II. *Die Reihe (1) konvergiert gleichmäßig auf der Fläche jedes Kreises um den Nullpunkt, dessen Radius* < 1 *ist.*

Nachdem dieser Vorbereitungssatz gewonnen ist, wenden wir uns wieder zu Gleichung (3) von § 36 zurück. Wir nehmen zunächst der Einfachheit wegen an, daß der Nullpunkt im Innern des Definitionsbereichs der Funktion $f(z)$ liegt; dann können wir einen Kreis um den Nullpunkt von hinlänglich kleinem Radius als Kurve Γ wählen. Für alle Punkte ζ im Innern desselben und für alle Punkte z auf demselben ist dann

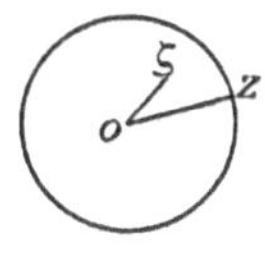

Fig. 18.

$$|\zeta| < |z|;$$

infolge desssen konvergiert nach (I) und (II) die Reihe

$$\frac{1}{z} + \frac{\zeta}{z^2} + \frac{\zeta^2}{z^3} + \cdots + \frac{\zeta^n}{z^{n+1}} + \cdots$$

für alle diese Werte von ζ und z gleichmäßig gegen

$$\frac{1}{z-\zeta}.$$

Die Gleichmäßigkeit der Konvergenz wird auch nicht beeinträchtigt, wenn wir noch alle Glieder mit $f(z)$ multiplizieren. Infolge dessen dürfen wir nach § 28, IV die so entstehende Reihe längs der Kreisperipherie gliedweise integrieren. Wir erhalten dadurch:

$$4)\quad \begin{cases} 2\pi i f(\zeta) = \int\limits_{\Gamma} \frac{f(z)\,dz}{z} + \zeta \int\limits_{\Gamma} \frac{f(z)\,dz}{z^2} + \zeta^2 \int\limits_{\Gamma} \frac{f(z)\,dz}{z^3} \\ \qquad + \cdots + \zeta^n \int\limits_{\Gamma} \frac{f(z)\,dz}{z^{n+1}} + \cdots \end{cases}$$

und damit den Satz:

III. *Ist eine Funktion complexen Arguments in einem Kreise um den Nullpunkt regulär, so läßt sie sich für alle Punkte* ζ *im Innern* *dieses Kreises in eine Reihe entwickeln, die nach Potenzen von ζ mit positiven ganzzahligen steigenden Exponenten fortschreitet.*

Über das Verhalten der Reihe *auf der Peripherie* des Kreises sagt der Satz nichts aus.

§ 38. Eigenschaften complexer Potenzreihen.

Das Resultat des vorigen Paragraphen legt die Frage nahe, ob umgekehrt eine „*Potenzreihe*" der dort betrachteten Art stets eine reguläre Funktion des Arguments vorstellt. Sei also eine solche Reihe:

$$1)\qquad \sum_{n=0}^{\infty} a_n z^n \equiv a_0 + a_1 z + a_2 z^2 + \ldots + a_n z^n + \ldots$$

vorgelegt, dann müssen wir vor allem nach ihrer Konvergenz fragen. Sie konvergiert jedenfalls für $z = 0$; konvergiert sie für keinen andern Wert, so kann sie uns nicht zur Definition einer Funktion dienen. Soll sie für irgend einen andern Wert z_0 von z konvergieren, so ist dazu jedenfalls erforderlich (wenn auch nicht hinreichend), daß ihre Glieder nicht mit wachsender Ordnungszahl ins unendliche wachsen, m. a. W. daß eine Größe g von der Beschaffenheit sich angeben läßt, daß:

$$2)\qquad |a_m z_0^m| < g \text{ für } m = 0, 1, 2 \ldots$$

Ist das der Fall, so können wir folgendermaßen weiter schließen. Sei z irgend ein Wert, dessen absoluter Betrag kleiner als der von z_0 ist, also:

$$3)\qquad \left|\frac{z}{z_0}\right| = \lambda < 1;$$

dann folgt:

$$4)\qquad \begin{cases} |a_n z^n| + |a_{n+1} z^{n+1}| + \ldots + |a_{n+p} z^{n+p}| < g\lambda^n(1 + \lambda + \ldots + \lambda^p) \\ \qquad\qquad < \dfrac{g\lambda^n}{1-\lambda} \end{cases}$$

also:

$$5)\qquad \lim_{n=\infty} \left(|a_n z^n| + \ldots + |a_{n+p} z^{n+p}|\right) = 0,$$

und zwar gleichmäßig für alle Werte von p. Demnach konvergiert die Reihe (1) unbedingt für alle Werte von z, die der Bedingung (3) genügen; d. h.:

I. *Konvergiert die Reihe (1) in irgend einem Punkte z_0, so konvergiert sie unbedingt im ganzen Innern des Kreises mit dem Mittelpunkt 0, der durch z_0 geht.*

Daraus folgt umgekehrt:

II. *Konvergiert die Reihe (1) in irgend einem Punkte z_1 nicht, so kann sie auch in keinem Punkte außerhalb des Kreises mit dem Mittelpunkt 0, der durch z_1 geht, konvergieren.*

Teilen wir also die Gesamtheit der Kreise um den Nullpunkt in zwei Klassen: solche in deren ganzem Innenraum die Reihe konvergiert, und solche in deren ganzem Außenraum sie nicht konvergiert, so hat diese Teilung folgende Eigenschaften:

1. Jeder Kreis gehört entweder der einen oder der andern dieser Klassen an.

2. Gehört ein Kreis von bestimmtem Radius zur ersten Klasse, so gehört auch jeder Kreis von kleinerem Radius zu derselben Klasse.

3. Gehört ein Kreis zur zweiten Klasse, so gehört auch jeder Kreis von größerem Radius zu derselben Klasse.

4. Höchstens *ein* bestimmter Kreis kann beiden Klassen zugleich angehören.

Dadurch ist nach § 23, I eine (rationale oder irrationale) Zahl r von der Beschaffenheit definiert, daß die Reihe im Innern jedes Kreises von einem Radius $< r$, also im Innern des Kreises vom Radius r selbst überall konvergiert, außerhalb dieses Kreises aber überall divergiert. (Denn liegt ein Punkt *innerhalb* des Kreises vom Radius r, so kann man immer noch einen Kreis von einem Radius $< r$ angeben, innerhalb dessen der Punkt ebenfalls noch liegt.) Wir dürfen deshalb sagen:

III. *Wenn die Reihe (1) nicht bloß für $z = 0$, aber auch nicht für alle endlichen Werte von z konvergiert, so giebt es einen Kreis um den Nullpunkt von bestimmtem Radius, von der Beschaffenheit, daß die Reihe innerhalb desselben überall konvergiert, außerhalb desselben überall divergiert. Man nennt diesen Kreis den wahren Konvergenzkreis der Reihe.*

Über das Verhalten der Reihe auf dem wahren Konvergenzkreise selbst sagt dieser Satz nichts aus. Man kennt Beispiele für jeden der drei denkbaren Fälle, daß die Reihe in keinem, in einigen, oder in allen Punkten desselben konvergiert.

Übrigens können wir aus der Ungleichung (4) noch mehr schließen. Ist nämlich die Ungleichung:

$$\frac{g\,\lambda^n}{1-\lambda} < \varepsilon$$

für gegebene Werte von ε und λ durch einen bestimmten Wert von n erfüllt, so besteht sie bei denselben Werten von ε und n

auch für jedes kleinere λ. Das können wir nach § 27, I und V so ausdrücken:

IV. *Jede Potenzreihe konvergiert gleichmäßig in jedem Gebiete, das ganz im Innern ihres wahren Konvergenzkreises liegt.*

Infolge dessen ist nach § 27, VI die Summe einer solchen Reihe im ganzen Innern des wahren Konvergenzkreises eine *stetige* Funktion von x und y; wir können aber auf Grund der Sätze von § 28 noch mehr von ihr behaupten. Dazu bedürfen wir zunächst des Hilfssatzes[1], daß die Reihe:

$$1 + 2\lambda + 3\lambda^2 + \ldots + (n+1)\lambda^n + \ldots$$

für $|\lambda| < 1$ konvergiert (nämlich gegen $(1-\lambda)^{-2}$.) Mit seiner Hilfe folgt durch Schlüsse, die den bisher durchgeführten genau parallel laufen:

V. *In jedem Gebiete, das ganz im Innern des wahren Konvergenzkreises der Reihe (1) liegt, konvergiert auch die Reihe*

$$6) \qquad f'(z) = a_1 + 2a_2 z + 3a_3 z^2 + \ldots + (n+1)a_{n+1} z^n + \ldots$$

gleichmäßig und stellt folglich eine stetige Funktion von x und y dar.

Die Reihe (6) ist aber die Reihe der Ableitungen der einzelnen Glieder der Reihe (1); aus § 28, V folgt somit:

VI. *Jede Potenzreihe der Form (1) hat im Innern ihres wahren Konvergenzkreises überall eine bestimmte stetige Ableitung nach z und stellt folglich dort eine reguläre Funktion des complexen Arguments z im Sinne von § 33 dar.*

Dieser Satz ist die Umkehrung des Cauchyschen Satzes § 37, III.

Da wir die Ableitung der vorgelegten Funktion wieder durch eine Potenzreihe dargestellt haben, können wir auf sie dieselben Schlüsse anwenden und uns so von der Existenz einer zweiten Ableitung überzeugen u. s. f. Wir können daher allgemein den Satz aussprechen:

VI. *Jede Potenzreihe besitzt innerhalb ihres Konvergenzkreises stetige Ableitungen beliebig hoher Ordnung.*

Verbinden wir dieses Resultat mit dem Cauchyschen Satze, so erhalten wir den folgenden fundamentalen Satz:

VII. *Jede Funktion eines complexen Arguments, welche in einem bestimmten Bereiche regulär ist, hat innerhalb dieses Bereiches stetige Ableitungen beliebig hoher Ordnung.*

---

[1] Wenn dieser Satz nicht aus den Elementen bekannt ist, kann man ihn hier durch Multiplikation der Reihe für $(1-\lambda)^{-1}$ (§ 37, 1) mit sich selbst auf Grund von § 25, VII ableiten.

Führen wir hier statt der Ausdrucksweise „reguläre Funktion complexen Arguments" die reellen Begriffe auch in die Fassung des Satzes ein, so lautet er folgendermaßen:

VIIa. *Sind zwei reelle Funktionen u, v von x, y gegeben, die in einem bestimmten Bereiche stetig sind und abteilungsweise stetige, den Differentialgleichungen:*

$$\frac{\partial u}{\partial x} = \frac{\partial v}{\partial y}, \quad \frac{\partial v}{\partial x} = -\frac{\partial u}{\partial y}$$

genügende erste Ableitungen besitzen, so folgt daraus allein schon, daß sie innerhalb dieses Bereiches stetige Ableitungen beliebig hoher Ordnung haben.

Wir leiten noch einen wichtigen Satz über die Punkte ab, in welchen eine Potenzreihe den Wert 0 annimmt. Dazu beweisen wir zunächst den Hilfssatz:

VIII. *Ist eine Potenzreihe vorgelegt, die nicht nur für $z = 0$ konvergiert, so kann für den absoluten Betrag von z eine Grenze ϱ so angegeben werden, daß für alle $|z| < \varrho$ das erste Glied der Reihe, dessen Koeffizient nicht 0 ist, dem absoluten Betrage nach die Summe aller übrigen überwiegt.*

Sei die Reihe:

7) $$f(z) = a_m z^m + a_{m+1} z^{m+1} + \ldots + a_{m+n} z^{m+n} + \ldots$$

und $a_m \neq 0$, so können wir sie zunächst auf die Form bringen:

$$a_m z^m \left[1 + z\left(\frac{a_{m+1}}{a_m} + \frac{a_{m+2}}{a_m} z^2 + \ldots\right)\right].$$

Die Reihe in ( ) konvergiert n. V. im Innern eines gewissen Kreises vom Radius R; im Innern und auf dem Rande eines Kreises von einem Radius $r < R$ ist der absolute Betrag ihrer Summe also nicht größer als eine angebbare endliche Größe G, da er nach IV in jedem solchen Gebiete eine stetige Funktion von x und y ist. Sobald also $|z| > 0$ und kleiner ist als die kleinere der beiden Größen r und G^{-1}, überwiegt das erste Glied der Reihe (7) dem absoluten Betrage nach die Summe aller folgenden, w. z. b. w.

In einem Nullpunkt von $f(z)$ müßte aber doch:

$$|a_m z^m| = |a_{m+1} z^{m+1} + \ldots|$$

sein; es folgt also:

IX. *Für jede in der Umgebung des Punktes $z = 0$ reguläre Funktion $f(z)$ läßt sich ein Kreis um $z = 0$ von so kleinem Radius angeben, daß in ihm kein Nullpunkt von $f(z)$ liegt, außer etwa $z = 0$ selbst.*

X. Es kann übrigens sehr wohl vorkommen (wir werden bald Beispiele dafür kennen lernen), daß eine Potenzreihe „*beständig*", d. h. für *alle* endlichen Werte von z konvergiert. Sie stellt dann eine in der ganzen Ebene reguläre Funktion vor; umgekehrt läßt sich jede in der ganzen Ebene reguläre Funktion durch eine solche beständig konvergente Potenzreihe darstellen. Man nennt eine solche Funktion nach WEIERSTRASS eine *ganze transcendente Funktion.*

§ 39. Die Potenzreihe als MACLAURIN'sche, resp. TAYLOR'sche Reihe.

Setzen wir in den Reihenentwicklungen der Ableitungen von $f(z)$, die wir im vorigen Paragraphen successive erhalten haben, $z = 0$, so erhalten wir eine Reihe von Gleichungen:

1)
$$\begin{aligned} f(0) &= a_0, \\ f'(0) &= a_1, \\ f''(0) &= 2a_2, \\ &\dots\dots\dots \\ f^{(n)}(0) &= n!\, a_n, \end{aligned}$$

welche zeigen, daß sich die Koeffizienten der vorausgesetzten Reihenentwicklung von $f(z)$ eindeutig durch die Werte der Ableitungen von $f(z)$ für $z = 0$ ausdrücken. Wir heben von diesem Resultat zunächst nur den einen Punkt hervor, daß diese Koeffizienten sonach bestimmt sind, wenn man die Werte von $f(z)$ nur auf irgend einem noch so kleinen Linienstück kennt, das den Nullpunkt enthält; denn das reicht bereits aus, um jene Werte der Ableitungen zu bestimmen. Wir können diesen Satz in verschiedener Formulierung aussprechen; z. B.:

I. *Wenn zwei Reihen, die nach Potenzen von z mit positiven ganzzahligen Exponenten fortschreiten, längs eines noch so kleinen Liuienstücks, das den Nullpunkt enthält, dieselben Werte haben, so müssen die beiden Reihen Glied für Glied übereinstimmen* — oder:

II. *Eine reguläre Funktion von z läßt sich nur auf eine Art in eine solche Potenzreihe entwickeln.*

Wenn also die Entwickelbarkeit einer Funktion complexen Arguments in eine solche Potenzreihe feststeht, können wir die Reihe mit unbestimmten Koeffizienten ansetzen und zu deren Bestimmung irgend welche Relation benutzen, von der wir wissen (bezw. verlangen), daß die Funktion ihr genügt. Man nennt dieses Verfahren *die Methode der unbestimmten Koeffizienten.* Sie ist in vielen Fällen von großem Nutzen; nur muß man bei ihrer Anwendung stets beachten, daß sie in keinem Falle einen Beweis für die Entwickelbarkeit einer Funktion in eine Reihe der angenommenen Form in sich enthält. Sie setzt vielmehr solche Entwickelbarkeit bereits voraus.

Ein häufig zu benutzender specieller Fall des Satzes I ist:

III. *Wenn eine in einem bestimmten Bereiche reguläre Funktion von z längs eines Linienstücks dieses Bereiches konstant ist, ist sie in dem ganzen Bereiche konstant.*

Setzen wir weiter die gefundenen Werte der Koeffizienten in die Reihe (1) des vorigen Paragraphen ein, so erscheint sie als

IV. *MACLAURINsche Reihe:*

2) $$f(z) = f(0) + z f'(0) + \frac{z^2}{1 \cdot 2} f''(0) + \ldots + \frac{z^n}{n!} f^{(n)}(0) + \ldots$$

Andererseits liefert die Vergleichung mit § 37, 4 auf Grund des Satzes II folgende

V. *Ausdrücke der Werte der Funktion und ihrer Ableitungen im Nullpunkt durch bestimmte Integrale:*

3) $$\begin{cases} f(0) = \dfrac{1}{2\pi i}\displaystyle\int \frac{f(z)\,dz}{z} \\ f'(0) = \dfrac{1}{2\pi i}\displaystyle\int \frac{f(z)\,dz}{z^2} \\ \vdots \\ f^{(n)}(0) = \dfrac{n!}{2\pi i}\displaystyle\int \frac{f(z)\,dz}{z^{n+1}}\,. \\ \vdots \end{cases}$$

Alle diese Integrale sind zunächst über einen Kreis zu nehmen, der ganz dem Innern des Gebietes angehört, in dem die Funktion regulär ist, und der den Nullpunkt einfach umschließt; nach § 35, VI können sie statt dessen über eine beliebige andere den Nullpunkt umschließende Linie jenes Gebietes genommen werden.

Aus dem Satze I und den Integraldarstellungen (3) ergeben sich Ungleichungen für die Koeffizienten einer Potenzreihe, die wir später brauchen werden und deshalb hier gleich ableiten wollen. Sei nämlich G die obere Grenze der absoluten Beträge der Werte, welche die Funktion auf einem Kreise vom Radius r annimmt, auf dem die Reihe noch konvergiert, so folgt:

$$|a_n| \leqq \frac{1}{2\pi}\int \frac{|f(z)|}{|z^n|}\left|\frac{dz}{z}\right| < \frac{G r^{-n}}{2\pi}\int\left|\frac{dz}{z}\right|.$$

Aber $\left|\frac{dz}{z}\right| = d\varphi$, wenn $z = r(\cos\varphi + i\sin\varphi)$ gesetzt wird (vgl. § 35, 8, 9); also folgt:

4) $$|a_n| < G r^{-n}.$$

Wir haben somit den Satz:

VI. *Haben r und G für eine Potenzreihe die angegebene Bedeutung, so genügen ihre Koeffizienten der Ungleichung (4), m. a. W. sie sind dem absoluten Betrag nach kleiner als die entsprechenden Koeffizienten der Reihenentwicklung von:*

$$\frac{G}{1-\frac{z}{r}}.$$

Man schreibt das wohl auch so:

$$f(z) \ll \frac{G}{1-\frac{z}{r}} \quad (\text{arg. } z). \tag{5}$$

Die Entwicklungen der letzten Paragraphen gestatten eine einfache Verallgemeinerung auf den Fall, daß an Stelle des Nullpunkts ein anderer Punkt der Ebene tritt. Ist nämlich eine Funktion $f(z)$ in der Umgebung von $z = a$ regulär, so wird sie durch die Substitution

$$z - a = z' \tag{6}$$

verwandelt in eine Funktion $\varphi(z')$ von z', welche in der Umgebung des Nullpunkts regulär ist, also nach IV in die Maclaurinsche Reihe:

$$\varphi(z') = \varphi(0) + z'\varphi'(0) + \frac{z'^2}{1.2}\varphi''(0) + \dots$$

entwickelt werden kann. Führen wir statt z' und φ wieder z und f ein, so erhalten wir:

VII. *die Taylorsche Reihenentwicklung:*

$$f(z) = f(a) + (z-a)f'(a) + \frac{(z-a)^2}{1.2}f''(a) + \dots + \frac{(z-a)^n}{n!}f^{(n)}(a) + \dots \tag{7}$$

Sie konvergiert innerhalb eines Kreises um den Punkt $z = a$ als Mittelpunkt, in dem die Funktion $f(z)$ regulär ist.

An Stelle der Formeln (3) treten in diesem Falle:

$$\begin{cases} f(a) = \frac{1}{2\pi i}\int\frac{f(z)\,dz}{z-a}, \\ f'(a) = \frac{1}{2\pi i}\int\frac{f(z)\,dz}{(z-a)^2}, \\ \quad\vdots \\ f^{(n)}(a) = \frac{n!}{2\pi i}\int\frac{f(z)\,dz}{(z-a)^{n+1}} \\ \quad\vdots \end{cases}; \tag{8}$$

die Integrale sind hier über eine den Punkt $z = a$ einfach umschließende Kurve zu nehmen, die ganz dem Gebiete angehört, in welchem die Funktion regulär ist. Die erste dieser Formeln ist identisch mit § 36, 3.

Wir kommen hier noch einmal auf Satz IX des vorigen Paragraphen zurück, der sich ebenfalls sofort auf Reihen überträgt, die nach Potenzen von $z - a$ fortschreiten. Dann kann er aber mit Rücksicht auf VII so ausgesprochen werden:

VIII. *Ist im Innern des Definitionsbereichs einer regulären Funktion* $f(z)$ *von* z *ein Punkt* z_0 *gegeben, so ist jeder von* z_0 *verschiedene Nullpunkt dieser Funktion von* z_0 *um mehr als eine angebbare Größe* r *entfernt.*

Die Nullpunkte einer regulären Funktion können sich also im Innern ihres Definitionsbereichs nirgends häufen (sondern höchstens an seiner Grenze). Daraus folgt wegen § 26, XXIV:

IX. *In jedem Bereich, der ganz innerhalb des Definitionsbereichs einer regulären Funktion liegt, liegt nur eine endliche Anzahl von Nullpunkten dieser Funktion.*

§ 40. Die Exponentialfunktion und die trigonometrischen Funktionen Sinus und Cosinus.

Im ersten Abschnitt fragten wir nach Verknüpfungen complexer Zahlen, die denselben Rechnungsregeln folgen, wie die in der elementaren Arithmetik betrachteten Verknüpfungen reeller Zahlen, und die wir daher zweckmäßigerweise mit denselben Namen belegten, mit denselben Zeichen bezeichneten und als Verallgemeinerungen der elementaren algebraischen Operationen ansahen. Ebenso kann man nach Verallgemeinerung der in der elementaren Analysis behandelten *transcendenten* Funktionen reellen Arguments fragen; für die einfachsten unter ihnen reichen zur Beantwortung dieser Frage bereits unsere bis jetzt abgeleiteten Hilfsmittel aus.

Die Frage: was ist z. B. e^z (oder $\sin z$) für complexe Werte von z? hat natürlich an und für sich gar keinen logischen Sinn. Will man ihr einen solchen unterlegen, so muß man sie so formulieren: giebt es eine Funktion complexen Arguments z, welche dieselben Eigenschaften hat, wie die in den Elementen mit e^x bezeichnete Funktion einer reellen Veränderlichen x, und welche sich auf diese Funktion reduziert, wenn man dem z einen reellen Wert x beilegt? Das wird man nicht von vorneherein bejahen dürfen; denn Eigenschaften, die für reelle Werte von z miteinander verträglich sind, können sich für complexe Werte widersprechen (vgl. § 30). Man sieht, daß hier eine gewisse Willkür unvermeidlich ist: man wird eine oder einige Eigenschaften der Funktion reellen Arguments herausgreifen müssen, um sie der Definition ihrer Verallgemeinerung für complexe Werte zu Grunde zu legen, und dann wird es Gegenstand der Untersuchung sein, welche von den übrigen Eigenschaften der vorgelegten Funktion reellen Arguments bei der Verallgemeinerung erhalten bleiben.

Was speciell die Funktion e^z, $\sin z$, $\cos z$ angeht, so werden diese in der elementaren Analysis u. a. durch die unendlichen Potenzreihen:

$$1)\qquad e^z = 1 + z + \frac{z^2}{1.2} + \dots + \frac{z^n}{n!} + \dots$$

$$2)\qquad \sin z = z - \frac{z^3}{1.2.3} + - + \dots + (-1)^n \frac{z^{2n+1}}{(2n+1)!} + \dots$$

$$3)\qquad \cos z = 1 - \frac{z^2}{1.2} + - + \dots + (-1)^n \frac{z^{2n}}{(2n)!} + \dots$$

dargestellt. Von diesen Reihen wird gezeigt, daß sie für alle endlichen reellen Werte von z konvergieren. Nach § 38, I konvergieren sie also auch für alle endlichen complexen Werte von z und stellen ganze transcendente Funktionen (§ 38, X) von z dar. Wir können demnach sagen:

I. *Es giebt drei (durch die Reihen (1)—(3) dargestellte) ganze transcendente Funktionen eines complexen Arguments z, deren Werte für reelle Werte dieses Arguments mit den Werten der in der elementaren Analysis definierten Funktionen e^z oder exp. z, sin z, cos z übereinstimmen; wir behalten die Namen und Zeichen dieser Funktionen für jene bei.*

Unmittelbar aus der Definition durch die Reihen (1)—(3) liest man ab, daß zwischen diesen Funktionen die folgenden

II. *EULERschen Relationen* bestehen:

$$4)\qquad e^{iz} = \cos z + i \sin z,$$

$$5)\qquad e^{-iz} = \cos z - i \sin z$$

mit ihren Auflösungen:

$$6)\qquad \cos z = \tfrac{1}{2}(e^{iz} + e^{-iz}),$$

$$7)\qquad \sin z = \frac{1}{2i}(e^{iz} - e^{-iz})$$

oder was dasselbe ist:

$$8)\qquad \cos iz = \tfrac{1}{2}(e^z + e^{-z}),$$

$$9)\qquad \sin iz = \frac{i}{2}(e^z - e^{-z}).$$

III. *Von Gleichung (4) werden wir namentlich Gebrauch machen, um im folgenden die Darstellung einer complexen Zahl durch absoluten Betrag und Arcus (§ 4, II) in der kurzen Form:*

$$10)\qquad z = r\,e^{i\varphi}$$

zu schreiben.

Eine fundamentale Eigenschaft der Exponentialfunktion reellen Arguments findet ihren Ausdruck in dem

IV. *Additionstheorem:*

$$11)\qquad e^{z_1+z_2} = e^{z_1} . e^{z_2} ;$$

man verifiziert sein Fortbestehen für complexe Argumente durch Ausmultiplikation der rechts stehenden Reihen auf Grund von § 25, VII, unter Zuhülfenahme elementarer Eigenschaften der Binomialkoeffizienten. Wendet man es wiederholt an und setzt nachher alle Argumente einander gleich, so folgt, daß für ganze Zahlen n die Gleichung gilt:

$$12)\qquad e^{nz} = (e^z)^n ,$$

wenn auf der rechten Seite die Potenz mit ganzzahligem positiven Exponenten n wie in § 18 verstanden wird. — Für $z_2 = -z_1$ folgt aus (11):

$$13)\qquad e^{-z} = \frac{1}{e^z} .$$

Drückt man ferner Sinus und Cosinus einer Summe auf Grund von (6) und (7) durch Exponentialfunktionen aus, wendet deren Additionstheorem (11) an und führt schließlich auf Grund von (4) und (5) wieder trigonometrische Funktionen ein, so erhält man

V. *die Additionstheoreme der trigonometrischen Funktionen Sinus und Cosinus:*

$$14)\qquad \sin(z_1 + z_2) = \sin z_1 \cos z_2 + \cos z_1 \sin z_2 ,$$

$$15)\qquad \cos(z_1 + z_2) = \cos z_1 \cos z_2 - \sin z_1 \sin z_2 .$$

Aus der zweiten Gleichung folgt insbesondere für $z_2 = -z_1$:

$$16)\qquad \cos^2 z + \sin^2 z = 1 .$$

Durch gliedweise Differentiation der Reihen (1)—(3), die nach § 38, V, VI erlaubt ist, ergeben sich ferner

VI. *die Differentialgleichungen:*

$$17)\qquad \frac{de^z}{dz} = e^z, \qquad \frac{d\sin z}{dz} = \cos z, \qquad \frac{d\cos z}{dz} = -\sin z .$$

Damit haben wir das Fortbestehen der fundamentalen Eigenschaften der reellen Funktionen e^z, $\sin z$, $\cos z$ für die gleichbezeichneten Funktionen complexen Arguments nachgewiesen.

§ 41. Die Periodizität der trigonometrischen und Exponentialfunktionen.

Sinus und Cosinus reeller Argumente sind *periodische* Funktionen mit der Periode 2π, d. h. es bestehen die Gleichungen:

$$1) \qquad \sin(z+2\pi)=\sin z, \quad \cos(z+2\pi)=\cos z$$

identisch für alle reellen z. Wir können hieraus und aus dem Satze I von § 39 sofort schließen, daß diese Gleichungen auch für alle complexen Werte von z gelten müssen. Wir wollen aber doch noch zeigen, wie die Gleichungen (1) aus den Reihendarstellungen abzuleiten sind.

Wir schließen zunächst aus (§ 40, 3), daß $\cos 0 = 1$ ist, daß dagegen:

$$\cos 2 = 1 - 2\left(1-\frac{2\,.\,2}{3\,.\,4}\right)-\frac{2^6}{6!}\left(1-\frac{2\,.\,2}{7\,.\,8}\right)---\ldots$$

einen negativen Wert hat. Als stetige Funktion von z (§ 24, IX) muß $\cos z$ dazwischen mindestens einmal 0 geworden sein. Die Gleichung:

$$2) \qquad \cos z = 0$$

hat also positive reelle Wurzeln; unter diesen muß nach § 38, IX eine die kleinste sein.

I. *Wir definieren die Zahl π dadurch, daß $\frac{\pi}{2}$ die kleinste positive reelle Wurzel der Gleichung (2) sein soll.*

Aus § 40, (16) folgt dann, daß $\sin\frac{\pi}{2} = \pm 1$ sein muß; die Entscheidung über das Vorzeichen geschieht durch folgende Überlegung: Für kleine positive Werte von z sind nach § 38, VIII Sinus und Cosinus beide positiv; daraus und aus § 40, (17) folgt, daß der Sinus, wenn z von 0 an wächst, ebenfalls zunächst wächst und nicht eher aufhören kann zu wachsen, als bis der Cosinus 0 wird, d. h. bei $z=\frac{\pi}{2}$. Bis dahin muß er also jedenfalls positiv bleiben, d. h. es folgt:

$$3) \qquad \sin\frac{\pi}{2} = +1.$$

Damit geben die Additionstheoreme:

$$4) \qquad \sin\left(z+\frac{\pi}{2}\right)=\cos z, \quad \cos\left(z+\frac{\pi}{2}\right)=-\sin z;$$

setzt man in diesen Gleichungen $\left(z+\frac{\pi}{2}\right)$ für z, so geben sie:

$$5) \qquad \sin(z+\pi)=-\sin z, \quad \cos(z+\pi)=-\cos z,$$

und wenn man hier z durch $(z + \pi)$ ersetzt, erhält man schließlich:

$$\sin(z + 2\pi) = \sin z, \quad \cos(z + 2\pi) = \cos z.$$

Wir definieren nun weiter:

II. *Eine Funktion von z heißt periodisch mit der Periode a, wenn für alle Werte, die ihr Argument z annehmen kann,*

6) $$f(z + a) = f(z)$$

ist.

(Periodische Funktionen sind demnach eine specielle Art automorpher Funktionen (§ 17, IV)).

Damit können wir die Gleichungen (1) folgendermaßen aussprechen:

III. *Sinus und Cosinus sind periodische Funktionen mit der Periode* 2π.

Aus den EULERschen Relationen folgt dann:

7) $$e^{z + 2\pi i} = e^z,$$

d. h.:

IV. *Die Exponentialfunktion ist eine periodische Funktion mit der Periode* $2\pi i$.

Aus einer Gleichung der Form (6) folgen unendlich viele andere derselben Form. Setzt man nämlich in ihr $z + a$ für z, so folgt:

$$f(z + 2a) = f(z + a) = f(z)$$

und daraus weiter:

$$f(z + 3a) = f(z),$$
$$f(z + 4a) = f(z).$$
$$\vdots$$

Setzt man ferner $z - a$ für z, so folgt:

$$f(z - a) \quad = f(z)$$
$$f(z - 2a) = f(z).$$
$$\vdots$$

Es folgt also allgemein:

8) $$f(z + ka) = f(z)$$

für jede positive oder negative ganze Zahl k. M. a. W.:

V. *Ist a eine Periode des Arguments*[1] *einer (eindeutigen analytischen) Funktion f(z), so sind gleichzeitig mit ihr auch alle Zahlen k a Perioden des Arguments dieser Funktion, wobei unter k alle positiven oder negativen ganzen Zahlen zu verstehen sind.*

[1] Statt dieser korrekten aber etwas umständlichen Ausdrucksweise bedient man sich häufig der abgekürzten „Periode der Funktion"; wir wollen das im folgenden auch thun.

Die Existenz einer Periode einer Funktion zieht also von selbst die von unendlich vielen andern nach sich; man bedarf deshalb eines Terminus zur Unterscheidung solcher Perioden, welche in dieser Weise aus andern abgeleitet werden können, von solchen, für welche das nicht der Fall ist. Demgemäß definiert man:

VI. *Eine Periode einer periodischen Funktion heißt primitiv, wenn kein aliquoter Teil von ihr schon Periode ist.*

Wir behaupten nun:

VII. *2π ist primitive Periode des Sinus und ebenso des Cosinus.*

Zum Beweis bemerken wir zunächst: aus den Gleichungen (4) folgt, daß jede Periode einer von diesen Funktionen zugleich eine Periode der andern ist. Ferner folgt aus den Differentialgleichungen: Wenn z von $-\pi$ bis $+\pi$ wächst, wächst der Cosinus von -1 bis $+1$ und nimmt dann von $+1$ bis -1 wieder ab; er nimmt also in diesem Intervall jeden reellen Wert zweimal und nur zweimal an, und zwar, da er nach seiner Definition eine gerade Funktion ist, für entgegengesetzte Werte des Arguments. Für diese nimmt aber der Sinus, als ungerade Funktion, nicht gleiche, sondern entgegengesetzte Werte an. Es giebt also in dem Intervall $-\pi \ldots +\pi$ nicht zwei Werte des Arguments, für welche Sinus und Cosinus gleichzeitig übereinstimmen. Folglich kann es auch keine kleinere reelle Periode dieser Funktionen geben als 2π; w. z. b. w.

Weiter folgt aus VII durch indirekten Schluß auf Grund der Gleichung § 40, (8):

VIII. *$2\pi i$ ist primitive Periode der Exponentialfunktion.*

Wir untersuchen nun, ob die Exponentialfunktion außer $2\pi i$ und $-2\pi i$ etwa noch andere primitive Perioden besitzt. Dazu leiten wir zunächst aus ihrer Definition und den Gleichungen (13) und (17) von § 40 die Sätze ab:

IX. *Die Exponentialfunktion wächst stetig von 0 bis $+\infty$, wenn ihr Argument stetig zunehmend alle reellen Werte von $-\infty$ bis $+\infty$ durchläuft.*

X. *Sie nimmt also jeden reellen positiven Wert für einen und nur für einen reellen Wert ihres Arguments an.*

Angenommen nun, es sei a eine Periode der Exponentialfunktion, und es seien z_1 und z_2 zwei um a verschiedene Werte:

9) $$z_2 - z_1 = a;$$

dann muß:

10) $$e^{z_1} = e^{z_2}$$

sein. Die Formeln (4) und (11) von § 40 gestatten, in der

Exponentialfunktion reellen und imaginären Bestandteil zu trennen; sie ergeben nämlich:

11) $$e^{x+iy} = e^x \cos y + i e^x \sin y.$$

Wird also $z_1 = x_1 + i y_1$, $z_2 = x_2 + i y_2$ gesetzt, so folgt aus (10):

12) $$e^{x_1} \cos y_1 = e^{x_2} \cos y_2, \quad e^{x_1} \sin y_1 = e^{x_2} \sin y_2$$

und aus beiden Gleichungen vermöge § 40, (16):

$$e^{2x_1} = e^{2x_2}.$$

Daraus folgt aber nach X:

$$x_1 = x_2,$$

und die zum Beweis von Satz VII angewandten Schlüsse zeigen, daß dann aus den Gleichungen (12):

$$y_2 = y_1 + 2k\pi$$

folgt. Somit haben wir den Satz:

XI. *Jede Periode der Exponentialfunktion ist ganzzahliges Multiplum von $2\pi i$, jede Periode des Sinus oder Cosinus ganzzahliges Multiplum von 2π.*

Wir fügen dem noch die Definition bei:

XII. *Eine periodische Funktion, deren sämtliche Perioden ganzzahlige Multipla einer primitiven Periode sind, heißt eine einfach periodische Funktion;*

dann können wir den Satz aussprechen:

XIII. *Exponentialfunktion, Sinus, Cosinus sind einfach periodische Funktionen.*

§ 42. Durch einfach periodische Funktionen vermittelte konforme Abbildungen.

Die letzten Entwicklungen des vorigen Paragraphen gestatten nun auch, die durch die Funktionen e^z, $\sin z$, $\cos z$ vermittelten konformen Abbildungen im einzelnen zu verfolgen. Was zunächst die erste von diesen Funktionen betrifft, so folgt aus jenen Entwicklungen:

I. *Die Funktion $w = e^z$ nimmt jeden endlichen, von Null verschiedenen Wert w in unendlich vielen Punkten der z-Ebene an, die sich alle aus irgend einem von ihnen durch Addition und Subtraktion beliebiger ganzzahliger Vielfacher von $2\pi i$ ergeben.*

Ziehen wir also in der z-Ebene zwei Parallelen zur x-Axe im Abstande 2π von einander und rechnen die eine von ihnen mit zu dem von ihnen begrenzten Streifen, die andere nicht, so fällt von jedem solchen Punktaggregat je ein Punkt in den Streifen. Jeder solche Streifen wird also durch die Funktion $w = e^z$ gerade auf die ganze w-Ebene abgebildet, und zwar ist die Abbildung nach dem allgemeinen Satze von § 34 konform. Mit der in § 17, VI eingeführten Terminologie sagen wir:

II. *Jeder von zwei im Abstande 2π von einander verlaufenden Parallelen zur x-Axe begrenzte Streifen kann als Fundamentalbereich der Funktion e^z angesehen werden. Wir nennen einen solchen Streifen einen Periodenstreifen der Funktion.*

Übrigens hat die Funktion e^z, wie aus ihrer Definition durch eine beständig konvergente Potenzreihe mit reellen Koeffizienten hervorgeht, die Eigenschaft, für reelle Werte von z reelle und für konjugiert imaginäre Werte von z konjugiert imaginäre Werte anzunehmen; sie ist also im Sinne der § 18, X gegebenen Definition eine *symmetrisch* automorphe Funktion. Infolgedessen können wir ihren Fundamentalbereich aus zwei zu einander bezüglich der x-Axe symmetrischen Stücken zusammensetzen. Man sieht, daß das dann der Fall ist, wenn man ihn durch die beiden Geraden $y = -\pi$ und $y = +\pi$ begrenzt. Bilden wir diesen Streifen durch $w = e^z$ auf die w-Ebene ab, so erscheint diese als längs der Halbaxe der negativ

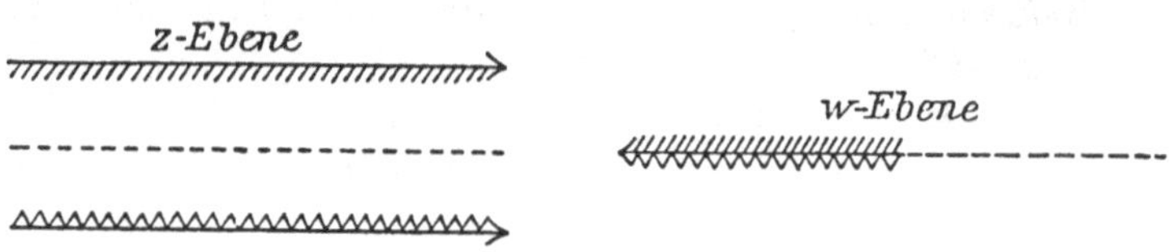

Fig. 19.

reellen Zahlen aufgeschnitten, indem die beiden „Ufer" dieses Schnittes den beiden Rändern des Streifens entsprechen. In Fig. 19 ist das ebenso wie in den früheren Figuren 10, 11 angedeutet.

Wir geben noch an, welche Linien der w-Ebene den Parallelen zu den Axen in der z-Ebene entsprechen:

III. *Bei der durch $w = e^z$ vermittelten konformen Abbildung entsprechen den Parallelen zur y-Axe (x = const.) Kreise der w-Ebene:*

1) $$u^2 + v^2 = e^{2x},$$

deren Radien in geometrischer Progression zunehmen, wenn die Abscissen jener Geraden in arithmetischer Progression wachsen. Den Parallelen zur x-Axe (y = const.) entsprechen Halbstrahlen

2) $$u \sin y - v \cos y = 0$$

der w-Ebene, welche gleiche Winkel mit einander bilden, wenn jene Geraden in gleichen Abständen aufeinander folgen.

Was die Funktionen $\sin z$ und $\cos z$ betrifft, so haben auch sie Periodenstreifen von der Breite 2π; nur sind sie bei ihnen durch Parallele zur y-Axe begrenzt, wie bei e^{iz}. Während aber e^{iz} jeden Wert in einem solchen Streifen einmal annimmt, nehmen Sinus und Cosinus jeden Wert *zweimal* in ihm an. Es geht das daraus hervor, daß diese Funktionen außer der Periodizität noch andere lineare Transformationen in sich zulassen, wie die Gleichungen:

3) $$\sin(\pi - z) = \sin z$$

4) $$\cos(-z) = \cos z$$

zeigen. Öfter aber können sie denselben Wert nicht annehmen, denn z. B.

5) $$\cos z = \frac{e^{2iz} + 1}{2e^{iz}}$$

ist eine rationale Funktion zweiten Grades von e^{iz}, kann also (§ 20, VII) einen und denselben Wert nicht für mehr als zwei Werte von e^{iz} annehmen.

Der Periodenstreifen ist hier also nicht zugleich Fundamentalbereich; wir erhalten aber, da auch sin und cos symmetrisch automorphe Funktionen sind, einen solchen für den cos nach § 18, XI, wenn wir ihn durch $y = 0$ und $y = \pi$ begrenzen; vgl. die auf den Cosinus sich beziehende Fig. 20. Die w-Ebene erscheint bei dieser Abbildung von -1 nach $-\infty$ und von $+1$ nach $+\infty$ aufgeschnitten.

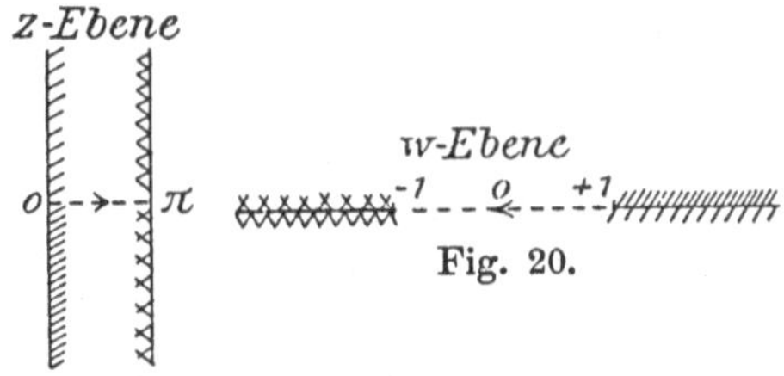

Fig. 20.

Setzen wir:

6) $$u + iv = \cos(x + iy),$$

so erhalten wir:

7) $$u = \frac{e^y + e^{-y}}{2} \cos x, \quad v = -\frac{e^y - e^{-y}}{2} \sin x$$

und daraus:

8) $$\left(\frac{2u}{e^y + e^{-y}}\right)^2 + \left(\frac{2v}{e^y - e^{-y}}\right)^2 = 1,$$

$$\left(\frac{u}{\cos x}\right)^2 - \left(\frac{v}{\sin x}\right)^2 = 1, \text{ d. h.:}$$

IV. *Bei der durch $w = \cos z$ vermittelten Abbildung entsprechen den Parallelen zu den Axen der z-Ebene in der w-Ebene konfokale Ellipsen und Hyperbeln, deren Brennpunkte in ± 1 liegen.*

§ 43. Pole oder ausserwesentlich singuläre Punkte.

Wir haben uns bisher bei der Untersuchung von Funktionen complexen Arguments auf solche Bereiche beschränkt, in welchen die zu untersuchende Funktion regulär war. Der nächst einfache Fall würde der sein, daß in dem zu untersuchenden Bereiche einzelne Ausnahmepunkte liegen, in welchen entweder überhaupt kein Funktionswert ursprünglich gegeben ist, oder der gegebene Funktionswert in seiner Beziehung zu den Nachbarwerten nicht mehr alle Bedingungen erfüllt. Wir fassen zunächst einen einzelnen solchen Ausnahmepunkt ins Auge; unbeschadet der Allgemeinheit dürfen wir annehmen, er liege in $z = 0$.

Der einfachste Fall würde der sein, daß man *durch Abänderung des für $z = 0$ gegebenen Funktionswertes* (bezw. wenn die ursprüngliche Definition dem Argumentwert $z = 0$ überhaupt keinen bestimmten Funktionswert zuweist, durch geeignete Annahme eines solchen Wertes) es dahin bringen kann, daß die Funktion in der Umgebung des Nullpunkts, diesen selbst eingeschlossen, allen Bedingungen genügt. Man sagt dann: *die gegebenen Funktionswerte weisen im Nullpunkt eine hebbare Unstetigkeit auf.* Ein Beispiel dafür bot uns schon in § 20 eine rationale Funktion, die in solcher Form gegeben war, daß Zähler und Nenner noch einen von z abhängigen Teiler besaßen. *Solche hebbaren Unstetigkeiten können und wollen wir im folgenden ausschließen, indem wir stets annehmen, daß die ursprüngliche Definition, wenn sie solche etwa mit sich brachte, bereits in geeigneter Weise modifiziert, bezw. ergänzt sei.*

Ferner haben wir bei rationalen ganzen Funktionen bereits eine bestimmte Art singulärer Punkte kennen gelernt, die wir Pole nannten. Dem entsprechend können wir hier die allgemeine Definition aufstellen:

I. *Wenn eine Funktion $f(z)$ einer complexen Variabeln in der Umgebung des Nullpunkts, diesen selbst ausgeschlossen, regulär ist; wenn ferner eine ganze Zahl n von der Beschaffenheit sich angeben läßt, daß das Produkt:*

1) $$z^n f(z) = f_1(z)$$

dadurch zu einer auch im Nullpunkt regulären Funktion gemacht werden kann, daß man ihm dort einen bestimmten endlichen von Null verschiedenen Wert zuschreibt; dann sagt man: der Nullpunkt sei ein Pol[1] *n^{ter} Ordnung von $f(z)$.*

[1] Nach WEIERSTRASS „außerwesentlich singulärer Punkt“.

Der reciproke Wert einer solchen Funktion ist im Nullpunkt zunächst nicht definiert; wir behaupten aber:

II. *Wird der reciproken Funktion* $\frac{1}{f(z)}$ *im Nullpunkt der Wert 0 beigelegt, so wird dadurch eine in einer gewissen Umgebung des Nullpunkts, diesen selbst eingeschlossen, reguläre Funktion definiert.*

Nach § 38, IX kann nämlich eine Umgebung des Nullpunkts angegeben werden, in der $f_1(z)$ überall von 0 verschieden, also $1/f_1(z)$ regulär ist. Infolgedessen ist dort auch:

$$\frac{1}{f(z)} = z^n \cdot \frac{1}{f_1(z)}$$

regulär.

Da nach § 37, III $f_1(z)$ in eine Reihe der Form:

$$f_1(z) = a_0 + a_1 z + \ldots + a_n z^n + \ldots$$

entwickelt werden kann, so folgt:

III. *Eine Funktion $f(z)$, die im Nullpunkt einen Pol n^{ter} Ordnung hat, gestattet in dessen Umgebung eine Entwicklung der Form:*

$$2)\quad f(z) = a_0 z^{-n} + a_1 z^{-n+1} + \ldots + a_{n-1} z^{-1} + a_n + a_{n+1} z + + \ldots$$

Mit Rücksicht auf § 38, IX folgt hieraus noch:

IV. *Um jeden Pol einer Funktion $f(z)$ läßt sich ein Kreis von so kleinem Radius beschreiben, daß in ihm weder ein weiterer Pol, noch ein Nullpunkt der Funktion liegt.*

§ 44. Verhalten einer Funktion complexen Arguments im Unendlichen; der Fundamentalsatz der Algebra.

Um das Verhalten einer Funktion $f(z)$ des complexen Arguments z im Unendlichen zu untersuchen, übertragen wir wie im speciellen Fall einer rationalen Funktion (§ 21) durch die Substitution $z' = 1/z$, $z = 1/z'$ die Umgebung des Punktes ∞ der z-Kugel auf die Umgebung des Nullpunkts der z'-Kugel und betrachten $f(z) = f(1/z') = \varphi(z')$ als Funktion von z'. Wir sagen:

I. *Die Aussage: „eine Funktion $f(z)$ hat im Unendlichen die und die Eigenschaft" bedeutet: $\varphi(z') = f\left(\frac{1}{z'}\right)$ als Funktion von z' betrachtet, hat diese Eigenschaft in der Umgebung des Punktes $z' = 0$.*

Für $z' = 0$ selbst ist das Funktionszeichen $\varphi(z')$ dadurch zunächst noch nicht definiert; wenn wir aber durch eine geeignete Annahme eines Wertes für $\varphi(0)$ (vgl. den vorigen Paragraphen) es erreichen können, daß $\varphi(z')$ in der Umgebung des Nullpunkts regulär wird, so sagen wir, $f(z)$ *sei im Unendlichen regulär.* Aus dieser Definition und aus § 37, III folgt unmittelbar der Satz:

II. *Eine im Unendlichen reguläre Funktion läßt sich in eine Reihe:*

$$f(z) = a_0 + a_1 z^{-1} + a_2 z^{-2} + \ldots + a_n z^{-n} + \ldots \tag{1}$$

entwickeln, die nach Potenzen von z mit negativen, ganzzahligen, fallenden Exponenten fortschreitet und außerhalb eines bestimmten Kreises mit dem Nullpunkt als Mittelpunkt unbedingt und gleichmäßig konvergiert. Umgekehrt stellt eine solche Reihe stets eine im Unendlichen reguläre Funktion dar.

Ebenso folgt aus § 43, III der Satz:

III. *Hat eine Funktion im Unendlichen einen Pol, so läßt sie sich in eine Reihe der Form entwickeln:*

$$\left\{\begin{aligned} f(z) &= a_{-n} z^n + a_{-n+1} z^{n-1} + \ldots + a_{-2} z^2 + a_{-1} z \\ &\quad + a_0 + a_1 z^{-1} + a_2 z^{-2} + \ldots + a_n z^{-n} + \ldots \end{aligned}\right. \tag{2}$$

Hieran knüpft sich ein für alle tiefer eindringenden funktionentheoretischen Untersuchungen fundamentaler Satz von Liouville:

IV. *Eine auf der ganzen Kugel reguläre Funktion complexen Arguments ist notwendig eine Konstante.*

Ist nämlich $f(z)$ im Unendlichen regulär, so giebt es eine Größe M von der Eigenschaft, daß $|f(z)| < M$ ist, sobald $|z|$ größer ist als eine bestimmte Größe R. Ist $f(z)$ auch im Endlichen überall regulär, so gilt für sie Satz VI von § 39. Die in diesem Satze vorkommende Zahl G ist aber $< M$, sobald $r > R$ ist; also müssen die Koeffizienten a_n der Maclaurinschen Reihenentwicklung von $f(z)$ kleiner sein als $M r^{-n}$ für jeden noch so großen Wert von r. Das ist aber für keinen positiven Wert von n möglich, wenn nicht $a_n = 0$ ist. Also muß sich $f(z)$ auf a_0 reduzieren.[1]

Satz IV ist deshalb so wichtig, weil es mit seiner Hilfe häufig gelingt, von einer Funktion, von der man nur die Eigenschaften, aber keinen analytischen Ausdruck kennt, einen solchen zu finden. Erste Beispiele dafür sind die beiden folgenden Sätze:

V. *Eine Funktion, die im Endlichen überall regulär ist und im Unendlichen einen n-fachen Pol hat, ist eine rationale ganze Funktion nten Grades.*

Hat sie nämlich im Unendlichen einen n-fachen Pol, so gestattet sie dort eine Entwicklung der Form (2). Setzen wir dann:

---

[1] Man kann den Satz auch beweisen, indem man die Unglchg. (7) von § 35 auf die beiden Bereiche anwendet, in welche die Kugel durch eine Linie Γ zerlegt wird; vgl. C. Neumann, Riemann's Theorie der Abel'schen Integrale. 1. Aufl. (Lpz. 1865) p. 149 ff.

3) $$\psi(z) = a_{-n} z^n + a_{-n+1} z^{n-1} + \ldots + a_{-1} z + a_0$$

und bilden die Differenz $f(z) - \psi(z)$, so ist diese im Endlichen überall regulär; denn $f(z)$ ist es nach Voraussetzung und $\psi(z)$ nach § 31. Sie ist aber nach (2) auch im Unendlichen regulär, also nach IV eine Konstante und zwar $= 0$, da sie für $z = \infty$ gleich Null ist. Also ist $f(z)$ gleich der rationalen ganzen Funktion $\psi(z)$, w. z. b. w.

VI. *Eine Funktion $f(z)$, die auf der ganzen Kugel mit Ausnahme einzelner Pole überall regulär ist, ist eine rationale Funktion.*

Seien a_ν, $(\nu = 1, 2 \ldots n)$ die im Endlichen gelegenen Pole von $f(z)$, k_ν ihre Ordnungszahlen; seien

4) $$\psi_\nu(z) = \sum_{m=1}^{k_\nu} \frac{\alpha_{\nu, m}}{(z - a_\nu)^m}$$

die Glieder mit negativen Exponenten in der für die Umgebung von a_ν gültigen Reihenentwicklung. Bilden wir dann die rationale Funktion:

5) $$\psi(z) = \sum_{\nu=1}^{n} \psi_\nu(z)$$

und die Differenz $f(z) - \psi(z)$, so ist diese im Endlichen überall regulär, auch in den Punkten $a_1, a_2 \ldots a_n$; im Unendlichen ist sie regulär oder hat einen Pol, je nachdem für $f(z)$ das eine oder das andere zutrifft. Sie ist also nach V eine rationale ganze Funktion $\chi(z)$ oder nach IV eine Konstante (rationale ganze Funktion nullten Grades). Also ist $f(z)$ gleich der rationalen Funktion $\psi(z) + \chi(z)$, w. z. b. w.

Wenden wir diesen Satz auf den reciproken Wert einer rationalen ganzen Funktion $m$ten Grades $g(z)$ an, so ist $\chi(z)$ jedenfalls eine Konstante; bringen wir $\psi(z) + \chi(z)$ auf gemeinsamen Nenner, so wird es ein Quotient zweier Polynome $h_1(z)/h_2(z)$, dessen Nenner $h_2(z)$ vom Grade $k = k_1 + k_2 + \ldots + k_n$, dessen Zähler $h_1(z)$ höchstens von diesem Grade ist. Aus der Gleichung:

6) $$\frac{1}{g(z)} = \frac{h_1(z)}{h_2(z)}$$

oder

$$h_2(z) = h_1(z)\, g(z)$$

folgt dann, daß $k \geqq m$ sein muß. Die Anzahl der Pole von $1/g(z)$, d. h. der Nullpunkte von $g(z)$ (jeder so oft gerechnet als seine Ordnungszahl angiebt) ist also mindestens $= m$; da sie nach 19, IV auch nicht größer sein kann, so haben wir den *Fundamentalsatz der Algebra* bewiesen:

VII. *Jede algebraische Gleichung m^{ten} Grades hat im Gebiete unserer complexen Zahlen der Form $a + bi$ genau m Wurzeln, wenn mehrfache Wurzeln entsprechend oft gerechnet werden.*

Fragen wir weiter, wie sich eine ganze transcendente Funktion im Unendlichen verhält. Wir können die Antwort zum Teil schon aus dem Verhalten der in den § 40—42 untersuchten einfach periodischen Funktionen ablesen. Beschreiben wir um den Nullpunkt einen Kreis von noch so großem Radius, so bleiben doch noch immer unendlich viele Parallelstreifen ganz außerhalb desselben; eine periodische Funktion nimmt also jeden Wert, den sie überhaupt annimmt, in jeder beliebigen Nähe des Punktes ∞ noch unendlich oft an. e^z z. B. nimmt in jeder beliebigen Nähe dieses Punktes noch jeden Wert unendlich oft an, ausgenommen allein die beiden Werte 0 und ∞. Aber auch diesen beiden Werten kommt es in jeder noch so kleinen Umgebung des Punktes ∞ noch beliebig nahe.

Wir wollen nun zeigen, daß jede ganze transcendente Funktion im Unendlichen ein ähnliches Verhalten aufweist, wie e^z; und zwar zeigen wir zunächst, daß jede solche Funktion im Unendlichen unter andern auch beliebig große Werte annimmt, oder genauer ausgedrückt:

VIII. *Wenn eine ganze transcendente Funktion $f(z)$ und eine positive* (noch so große) *Größe M gegeben sind, giebt es außerhalb jedes Kreises* (von noch so großem Radius) *stets noch Werte z, für welche $|f(z)| > M$ ist.*

Wäre das nämlich außerhalb eines Kreises vom Radius R nicht mehr der Fall, so würde man auf Grund des Satzes § 39, VI für jedes $r > R$ beweisen können, daß die Koeffizienten der Maclaurinschen Entwicklung von $f(z)$ bezw. kleiner sind als Mr^{-n}. Daraus würde aber wie im Beweise von IV folgen, daß sie alle 0 sein müssen.

Diese Eigenschaft teilen also die ganzen transcendenten Funktionen mit den ganzen rationalen; sie unterscheiden sich aber von ihnen durch die folgende:

IX. *Wenn eine ganze transcendente Funktion $f(z)$ und eine positive noch so kleine Größe ε gegeben sind, so giebt es außerhalb jedes Kreises von noch so großem Radius stets Stellen, an welchen $|f(z)|$ kleiner als ε ist.*

Das ist selbstverständlich, wenn außerhalb jedes Kreises noch Nullpunkte von $f(z)$ liegen. Wenn aber alle Nullpunkte von $f(z)$ innerhalb eines Kreises vom Radius R liegen, so kann ihrer nach

§ 39, IX nur eine endliche Anzahl sein; wir bezeichnen sie mit $a_1\, a_2 \ldots a_n$. Für die Funktion $1/f(z)$ sind diese Punkte Pole; sei wie im Beweise von VI (Glchg. 4) $\psi_\nu(z)$ die Summe der Glieder mit negativen Exponenten in der für die Umgebung von a_ν gültigen Reihenentwicklung dieser Funktion. Dann folgt wie dort, daß

$$\frac{1}{f(z)} - \sum_{\nu=1}^{n} \psi_\nu(z) \tag{7}$$

im Endlichen überall regulär ist. Es ist also diese Differenz eine ganze transcendente Funktion, die sich nicht auf eine Konstante reduzieren kann, da sonst $f(z)$ eine rationale Funktion wäre gegen die Voraussetzung. Nach IX nimmt also diese Differenz außerhalb jedes Kreises beliebig große Werte an; da jedes $\psi_\nu(z)$, also auch ihre Summe, im Unendlichen unendlich klein wird, so folgt, daß auch $1/f(z)$ dort beliebig große, also $f(z)$ beliebig kleine Werte annimmt; w. z. b. w.

Wenden wir Satz IX auf $f(z) - c$ an, wo c eine willkürliche Konstante bedeutet, so folgt der allgemeine Satz:

X. *Eine ganze transcendente Funktion kommt in der Umgebung des Punktes ∞ jedem Werte beliebig nahe.*

Man darf diesen Satz nicht so verstehen, daß eine solche Funktion jeden Wert in der Umgebung von $z = \infty$ *wirklich annimmt.* Das zeigt das Beispiel der Exponentialfunktion, die in keinem angebbaren Punkte 0 oder ∞ wird.[1]

Es hat wegen des Satzes X keinen Zweck, die Definition einer ganzen transcendenten Funktion, die ja für $z = \infty$ versagt, in Analogie mit § 21, I dadurch ergänzen zu wollen, daß man ihr dort irgend einen bestimmten Wert, sei es auch $z = \infty$, zuschriebe. Dagegen ist es unter Umständen möglich, einen bestimmten Grenzwert zu erhalten, wenn man die Variable z *auf vorgeschriebenem Wege* dem Punkt ∞ sich nähern läßt. So konvergiert z. B. e^z gegen ∞, wenn z auf dem Halbmeridian der positiv reellen Zahlen nach ∞ kommt; gegen 0, wenn z auf dem Halbmeridian der negativ reellen Zahlen nach ∞ kommt.

[1] Picard hat gezeigt (Par. C. R. 99, 1879), daß es in keinem Falle mehr als zwei endliche Werte geben kann, die von einer ganzen transcendenten Funktion in der Umgebung von $z = \infty$ nicht wirklich angenommen werden; doch ist es bisher nicht gelungen, diesen Satz elementar zu beweisen.

§ 45. Cauchys Satz von den Residuen.

In § 35, V haben wir den Satz kennen gelernt, daß das Integral:

$$\int f(z)\,dz$$

stets den Wert 0 hat, wenn es über die Begrenzung eines Bereichs erstreckt wird, in welchem die Funktion $f(z)$ regulär ist; wir fragen jetzt, welches der Wert dieses Integrals sein mag, wenn in dem Bereich eine endliche Anzahl Pole liegen.

Betrachten wir zunächst einen Bereich, in dem nur ein Pol liege, und zwar bei $z = 0$. Nach § 35, VI können wir dann, ohne den Wert des Integrals zu ändern, den Integrationsweg zusammenziehen auf einen Kreis um den Nullpunkt von beliebig kleinem Radius. Nach § 43, III ist aber in der Umgebung des Nullpunkts:

$$f(z) = a_{-n} z^{-n} + a_{-n+1} z^{-n+1} + \dots + a_{-2} z^{-2} + a_{-1} z^{-1} + f_1(z),$$

wo f_1 eine in der Umgebung des Nullpunkts reguläre Funktion bezeichnet; wir erhalten also:

$$\int f(z)\,dz = a_{-n}\int z^{-n}\,dz + \dots + a_{-1}\int z^{-1}\,dz + \int f_1(z)\,dz,$$

alle diese Integrale genommen längs des genannten kleinen Kreises. Das letzte dieser Integrale ist 0 nach dem erwähnten Satze (§ 35, V), die andern haben wir bereits § 35, VIII berechnet. Setzen wir die dort gefundenen Werte hier ein, so erhalten wir:

$$1) \qquad \int f(z)\,dz = 2\pi i \,.\, a_{-1}.$$

Wir definieren nun:

I. *Der Koeffizient der* $(-1)^{\text{ten}}$ *Potenz von* $z - a$ *in der Entwicklung einer Funktion für die Umgebung des Poles* $z = a$ *heißt das Residuum der Funktion für diesen Pol.*

Damit können wir Gleichung (1) folgendermaßen aussprechen:

II. *Das Integral* $\int f(z)\,dz$, *genommen um einen Bereich, in welchem die Funktion regulär ist mit Ausnahme eines Poles, ist* $= 2\pi i \times$ *dem Residuum der Funktion in diesem Pol.*

Haben wir nun einen Bereich, in welchem mehrere Pole liegen, so zerlegen wir ihn in eine Anzahl Teilbereiche derart, daß jeder derselben nur einen Pol enthält, wenden den Satz II auf jeden der Teilbereiche an und addieren die Resultate. Dabei ist über jede Grenzlinie zwischen zwei Teilbereichen zweimal zu integrieren, aber in entgegengesetzter Richtung (nämlich jedesmal so, daß der gerade in Betracht kommende Teilbereich

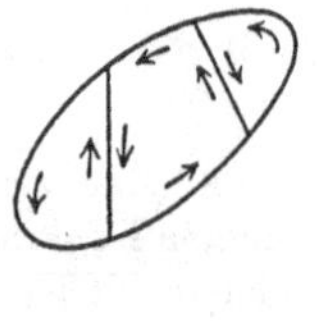

Fig. 21.

zur Linken bleibt). Die Integrale über diese inneren Grenzlinien heben sich infolgedessen sämtlich weg, und es bleibt nur das Integral über die äußere Begrenzung des vorgelegten Bereichs übrig. Wir erhalten somit den Satz:

III. *Das Integral* $\int f(z)\,dz$, *genommen um einen Bereich, in welchem die Funktion, abgesehen von einer endlichen Anzahl von Polen, regulär ist, ist* $= 2\pi i \times$ *der Summe der Residuen der Funktion in diesen Punkten.*

Wir haben bisher den Bereich stillschweigend als ganz im Endlichen gelegen vorausgesetzt; wollen wir auch Bereiche in Betracht ziehen, die den Punkt ∞ im Innern enthalten, so müssen wir erst festsetzen, was unter dem Residuum einer Funktion im Punkte ∞ verstanden werden soll. Dabei müssen wir beachten: wenn wir (vgl. § 21) z durch z'^{-1} ersetzen, tritt $-z'^{-2}dz'$ an Stelle von dz; das Integral $\int f(z)\,dz$ geht also über in $-\int z'^{-2}\varphi(z')\,dz'$; und dieses Integral, genommen um eine geschlossene Kurve, ist dann Null, wenn innerhalb der Kurve $z'^{-2}\varphi(z')$, d. i. $z^2 f(z)$, regulär ist. Wir finden so zunächst, daß der fundamentale Satz von § 35 für einen Bereich, der den Punkt Unendlich in seinem Innern enthält, folgendermaßen zu modifizieren ist:

IV. *Das Integral* $\int f(z)\,dz$, *genommen über eine geschlossene Kurve, welche den Punkt* ∞ *umschließt, ist* $= 0$, *wenn* $z^2 f(z)$ *innerhalb dieser Kurve regulär ist.*

Ist aber $z^2 f(z)$ innerhalb der Kurve nicht regulär, so folgt:

V. *Bei Anwendung von Satz II oder III auf einen Bereich, der den Punkt* ∞ *in seinem Innern enthält, ist als Residuum für diesen Punkt der Koeffizient von* z^{-1} *in der Entwicklung (§ 44, II),*[1] *mit entgegengesetztem Zeichen, zu nehmen.*

Jede geschlossene Kurve auf der Kugelfläche teilt diese in zwei Teile und kann als Begrenzung jedes dieser beiden Teile angesehen werden. Ist eine Funktion in jedem dieser Teile, abgesehen von einzelnen Polen, regulär — was nach § 44, VI nur bei rationalen Funktionen der Fall ist — so können wir Satz III auf jeden dieser Teile anwenden. Beidemal tritt dasselbe Integral auf; aber die Integrationsrichtung ist die entgegengesetzte (nämlich jedesmal so, daß der gerade betrachtete Bereich zu ihrer Linken liegt). Addieren wir also die beiden Resultate, so heben sich die Integrale fort, und es ergiebt sich der Satz:

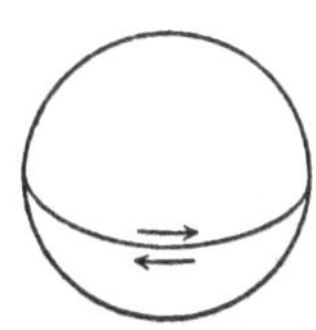

Fig. 22.

[1] Nicht etwa der von z^{+1}!

VI. *Die Summe sämtlicher Residuen einer rationalen Funktion ist stets gleich Null.*

§ 46. Der Satz von den Anzahlen der Nullpunkte und der Pole. Zweiter Beweis des Fundamentalsatzes der Algebra.

Ist $f(z)$ eine Funktion des complexen Arguments z, $f'(z)$ ihre erste Ableitung, so nennt man $f'(z)/f(z)$ die *logarithmische Ableitung* von $f(z)$; der Grund dieser Benennung wird sich später ergeben. Man erhält weitere Sätze über die Funktion $f(z)$, wenn man die Sätze des vorigen Paragraphen, statt auf $f(z)$ selbst, auf ihre logarithmische Ableitung anwendet; dazu bedarf man einiger Sätze über die letztere:

I. *Ist $f(z)$ in der Umgebung eines Punktes z_0 regulär und in diesem Punkt von 0 verschieden, so ist dort $f'(z)/f(z)$ regulär.*

Denn es sind dann sowohl $1/f(z)$ (nach § 33, VIII) als auch $f'(z)$ (nach § 38, VIa) in der Umgebung von z_0 regulär.

II. *Ist $f(z)$ in der Umgebung eines Punktes z_0 regulär und hat es in z_0 einen m-fachen Nullpunkt, so hat $f'(z)/f(z)$ in z_0 einen einfachen Pol und das Residuum m.*

Denn dann kann (§ 19, III)

1) $$f(z) = (z - z_0)^m f_1(z)$$

gesetzt werden, unter $f_1(z)$ eine in der Umgebung von z_0 reguläre und in z_0 von 0 verschiedene Funktion verstanden; daraus folgt:

2) $$\frac{f'(z)}{f(z)} = \frac{m}{z - z_0} + \frac{f_1'(z)}{f_1(z)}.$$

Da $f_1'(z)/f_1(z)$ nach I in der Umgebung von z_0 regulär ist, so folgt aus dieser Gleichung die Richtigkeit des Satzes II. — Ebenso wird bewiesen:

III. *Hat $f(z)$ in $z = z_0$ einen m-fachen Pol, so hat dort $f'(z)/f(z)$ einen einfachen Pol mit dem Residuum $-m$.*

Beim Beweis dieser Sätze (I) bis (III) wurde angenommen, daß es sich um einen im Endlichen gelegenen Punkt handelt. Für einen unendlich fernen Punkt gilt Satz I unverändert, von Satz II und III aber nur die auf den Wert des Residuums sich beziehenden Behauptungen, nicht die Behauptung, daß $f'(z)/f(z)$ in diesen Fällen einen einfachen Pol habe. Die logarithmische Ableitung ist vielmehr auch in diesen Fällen im Unendlichen regulär. Für die Anwendungen, die wir nunmehr machen wollen, ist das irrelevant; es kommt bei ihnen nur auf die Residuen an.

Zunächst erhalten wir nämlich aus Satz III von § 45, wenn wir ihn auf $f'(z)/f(z)$ anwenden:

IV. *Das Integral:*

$$\frac{1}{2\pi i}\int\frac{f'(z)}{f(z)}dz,$$

in positivem Sinne erstreckt um die Begrenzung eines Bereiches, in welchem die Funktion $f(z)$ bis auf einzelne Pole überall regulär ist, ist gleich der Anzahl der Nullpunkte von $f(z)$ in diesem Bereich, vermindert um die Anzahl der Pole; jeder Nullpunkt und jeder Pol ist dabei so oft zu zählen, als seine Ordnungszahl angiebt.

Ferner liefert Satz VI von § 45:

V. *Jede rationale Funktion wird auf der Kugel ebenso oft Null wie unendlich,*

und wenn wir ihn statt auf $f(z)$ auf $f(z) - c$ anwenden:

VI. *Eine rationale Funktion nimmt jeden beliebigen Wert c ebenso oft an, als sie unendlich wird.*

Auch bei diesen Sätzen sind mehrfache Nullpunkte oder Pole ihrer Ordnungszahl gemäß zu zählen; der Ausdruck: „*$f(z)$ nimmt in $z = a$ den Wert $f(z) = c$ n mal an*“ bedeutet dabei: in der Entwicklung von $f(z)$ nach Potenzen von $(z - a)$ ist c das Anfangsglied, Glieder mit der 1., 2. . . . . $(n - 1)$ten Potenz von $(z - a)$ treten nicht auf, wohl aber ein Glied mit $(z - a)^n$.

Eine rationale ganze Funktion n^{ten} Grades insbesondere ist im Endlichen überall regulär und hat im Unendlichen einen n-fachen Pol; also folgt aus Satz V:

VII. *Jede rationale ganze Funktion n^{ten} Grades hat n Nullpunkte* — oder anders ausgedrückt:

VIII. *Jede algebraische Gleichung n^{ten} Grades hat n Wurzeln.*

Damit ist der *Fundamentalsatz der Algebra* abermals bewiesen (vgl. § 44, VII).

Daraus folgt dann weiter, daß eine rationale gebrochene Funktion soviele Pole hat, als ihr Grad (§ 20, II) angiebt. Denn ist der Grad m des Zählers nicht größer als der Grad n des Nenners, so ist ihr Grad gleich n; dann ist sie im Unendlichen regulär und hat im Endlichen n Pole. Ist aber $m > n$, so ist ihr Grad $= m$ und es kommt dann zu den n Polen im Endlichen noch ein $(m - n)$facher Pol im Unendlichen. Satz VI ergiebt somit:

IX. *Jede rationale Funktion nimmt jeden beliebigen complexen Wert so oft an, als ihr Grad angiebt.*

Wir benutzen den Satz IV ferner noch, um eine wesentliche Ergänzung des Satzes VIII von § 33 abzuleiten. Sei nämlich

$w = f(z)$ eine in einem Kreise um den Nullpunkt reguläre Funktion und $f'(0) \neq 0$; unbeschadet der Allgemeinheit dürfen wir annehmen, es sei für $z = 0$ auch $w = 0$, da wir das immer durch eine Parallelverschiebung der w-Ebene erreichen können. Dann können wir nach § 38, IX r so klein annehmen, daß innerhalb eines Kreises Γ vom Radius r und auf seiner Peripherie kein weiterer Nullpunkt von $f(z)$ liegt, so daß nach IV:

$$3)\qquad \frac{1}{2\pi i}\int\limits_{\Gamma}\frac{f'(z)}{f(z)}\,dz = 1$$

ist. Sei dann m der kleinste Wert, den $|f(z)|$ auf Γ annimmt, und w_1 irgend ein Wert von w, dessen absoluter Betrag kleiner als m ist, so ist die Anzahl der Wurzeln, die die Gleichung:

$$f(z) = w_1$$

innerhalb Γ besitzt:

$$4)\qquad n = \frac{1}{2\pi i}\int\limits_{\Gamma}\frac{f'(z)}{f(z) - w_1}\,dz.$$

Setzen wir nun:

$$5)\qquad 1 - \frac{w_1}{f(z)} = \psi(z) = t,$$

so folgt aus den Gleichungen (3) und (4):

$$n - 1 = \frac{1}{2\pi i}\int\limits_{\Gamma}\frac{\psi'(z)}{\psi(z)}\,dz = \frac{1}{2\pi i}\int\limits_{C}\frac{dt}{t},$$

das letzte Integral genommen über diejenige Kurve C der t-Ebene, die vermöge der Glchg. (5) dem Kreis Γ der z-Ebene entspricht. Da aber auf Γ n. Vss. $|f(z)| \geqq m > w_1$ ist, kann sich C nie so weit vom Punkte $t = 1$ entfernen, daß sie den Punkt $t = 0$ einschließen könnte; das Integral ist also Null, n ist $= 1$, die Gleichung $f(z) = w_1$ hat innerhalb Γ eine und nur eine Wurzel. Aus § 38, VIII geht aber hervor, daß wir in der z-Ebene auch einen Kreis um den Nullpunkt von so kleinem Radius $\varrho\,(< r)$ angeben können, daß $|f(z)|$ in ihm nur Werte annimmt, die $< m$ sind. Wir können also den Satz aussprechen:

X. *Ist $w = f(z)$ eine in der Umgebung des Nullpunkts reguläre Funktion von $f(z)$, und $f'(0) \neq 0$, so kann man um ihn einen Kreis von so kleinem Radius beschreiben, daß w in ihm in verschiedenen Punkten verschiedene Werte annimmt, daß also* (§ 33, VIII) *die Werte, die w in dem Kreise annimmt, einen Bereich U der w-Ebene erfüllen, in dem umgekehrt z eine reguläre Funktion von w ist.*

Zur wirklichen Aufstellung dieser Funktion im einzelnen Falle kann man sich der Methode der unbestimmten Koeffizienten bedienen: man kann die als möglich erkannte Entwicklung $z = b_1 w + b_2 w^2 + \ldots$ in die vorgelegte $w = a_1 z + a_2 z^2 + \ldots$ einsetzen, die Koeffizienten der einzelnen Potenzen von w beiderseits gleichsetzen und aus den entstehenden Gleichungen:

$$\begin{aligned} 1 &= a_1 b_1 \\ 0 &= a_1 b_2 + a_2 b_1^2 \\ 0 &= a_1 b_3 + 2 a_2 b_1 b_2 + a_3 b_1^3 \end{aligned}$$

die b successive berechnen. Dabei tritt kein anderer Faktor im Nenner auf, als $a_1 = f'(0)$.

Einen zuweilen zu benutzenden Satz erhält man noch, wenn man Satz III von § 45 auf $z f'(z)/f(z)$ anwendet. Diese Funktion ist regulär, wo $f(z)$ regulär und von Null verschieden ist; in einem m-fachen Nullpunkt a von $f(z)$ hat sie das Residuum $m a$, in einem m-fachen Pol b das Residuum $m b$. (Beides gilt auch wenn a, bezw. $b = 0$ ist; dagegen nicht für $a = \infty$ oder $b = \infty$.) Man erhält also:

XI. *Das Integral:*

$$\frac{1}{2\pi i}\int z \frac{f'(z)}{f(z)} dz,$$

in positivem Sinne erstreckt um die Begrenzung eines im Endlichen liegenden Bereiches, in welchem $f(z)$ bis auf einzelne Pole überall regulär ist, ist gleich der Summe der Nullpunkte von $f(z)$ in diesem Bereich, vermindert um die Summe der Pole; mehrfache Nullpunkte oder Pole sind dabei entsprechend oft zu zählen.

§ 47. Die Laurentsche Reihe.

Wir kehren wieder zu dem Cauchyschen Satze von § 36 zurück, setzen aber diesmal voraus, daß das Gebiet S, in welchem $f(z)$ als regulär bekannt ist, nicht von *einer*, sondern von *zwei* Kurven Γ, γ begrenzt sei (vgl. Fig. 16, p. 98). Auch in diesem Fall gilt Gleichung (3) von § 36; die Integration ist aber dann auch über beide Kurven Γ, γ zu erstrecken, und zwar über jede dieser Kurven in solcher Richtung, daß das Gebiet S zur Linken liegt. Wollen wir statt dessen über jede von beiden Kurven in demjenigen Sinne integrieren, der für sie der positive ist, so haben wir das Vorzeichen des über γ erstreckten Integrals zu ändern; die genannte Gleichung geht dann über in:

$$1)\qquad f(\zeta) = \frac{1}{2\pi i}\int\limits_{\Gamma}\frac{f(z)\,dz}{z-\zeta} - \frac{1}{2\pi i}\int\limits_{\gamma}\frac{f(z)\,dz}{z-\zeta}\,.$$

Fassen wir insbesondere den Fall ins Auge, daß Γ, γ konzentrische Kreise um den Nullpunkt sind, S der von diesen Kreisen begrenzte ringförmige Flächenraum. Dann ist, da doch ζ einen Punkt innerhalb S bedeuten sollte, für alle Elemente des ersten Integrals $|\zeta| < |z|$; wir können es deshalb ganz wie in § 37 nach Potenzen von ζ mit steigenden positiven ganzzahligen Exponenten entwickeln. Für alle Elemente des zweiten Integrals dagegen und für alle Punkte ζ innerhalb S ist:

$$|\zeta| > |z|;$$

infolgedessen konvergiert die Entwicklung

$$2)\qquad \frac{1}{z-\zeta} = -\frac{1}{\zeta} - \frac{z}{\zeta^2} - - - \ldots - \frac{z^{n-1}}{\zeta^n} - \ldots$$

für alle solche Wertepaare (z, ζ) gleichmäßig. Sie darf daher gliedweise integriert werden, und wir erhalten somit für $f(\zeta)$ eine Entwicklung der Form:

$$3)\qquad \begin{cases} f(\zeta) = a_0 + a_1\zeta + a_2\zeta^2 + \ldots + a_n\zeta^n + \ldots \\ \qquad\qquad + a_{-1}\zeta^{-1} + a_{-2}\zeta^{-2} + \ldots + a_{-n}\zeta^{-n} + \ldots, \end{cases}$$

deren Koeffizienten sich wie folgt durch Integrale ausdrücken:

$$4)\qquad a_n = \frac{1}{2\pi i}\int\limits_{\Gamma}\frac{f(z)\,dz}{z^{n+1}}, \qquad n = 0, 1, 2 \ldots$$

$$5)\qquad a_{-n} = \frac{1}{2\pi i}\int\limits_{\gamma} z^{n-1} f(z)\,dz, \quad n = 1, 2, 3 \ldots$$

Diese beiden Formeln (4) und (5) können wir noch in eine zusammenziehen, wenn wir von dem Satze § 35, VI Gebrauch machen. Diesem Satze zufolge können wir nämlich sowohl Γ, als γ durch irgend eine in unserem Kreisring verlaufende Kurve C ersetzen, die so beschaffen ist, daß sie den Ring in zwei Teile (einen von Γ und C und einen von C und γ begrenzten) zerlegt, deren jeder ebenfalls ringförmig ist. Wenn wir dann noch von einer allgemein üblichen Schreibweise für Reihen der Form (3) Gebrauch machen, können wir den erhaltenen Satz folgendermaßen aussprechen:

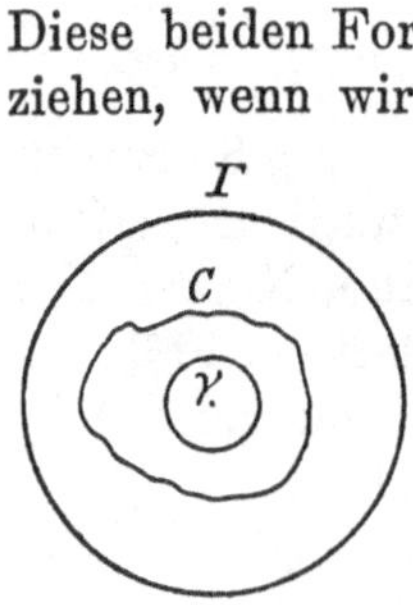

Fig. 23.

I. *Ist eine Funktion* $f(\zeta)$ *regulär in einem Kreisring, der von zwei konzentrischen Kreisen um den Nullpunkt begrenzt wird, so läßt sie sich in eine innerhalb des Ringgebiets konvergente Reihe der Form:*

6) $$f(\zeta) = \sum_{n=-\infty}^{+\infty} a_n \zeta^n$$

entwickeln, die sowohl Potenzen von ζ mit positiven, als solche mit negativen Exponenten in unendlicher Anzahl enthalten kann. Die Koeffizienten dieser Reihe lassen sich ausdrücken durch Integrale:

7) $$a_n = \frac{1}{2\pi i}\int\limits_C f(z)\, z^{-n-1}\, dz,$$

genommen über irgend eine Kurve C, die den Nullpunkt einmal umschließt und ganz innerhalb des Kreisringes verläuft.

Eine solche Reihe heißt eine *LAURENTsche Reihe.*

Besondere Erwähnung verdienen die Fälle, in welchen man den Radius von Γ ins Unendliche wachsen oder den von γ ins Unbegrenzte abnehmen lassen kann, ohne daß die Funktion aufhört, in dem dadurch erweiterten Gebiete den Bedingungen des Satzes zu genügen. Beides zugleich tritt ein, wenn man mit einer Funktion zu thun hat, die auf der ganzen Kugel regulär ist, mit alleiniger Ausnahme der Punkte $z = 0$ und $z = \infty$.

Nehmen wir nun umgekehrt an, es sei für eine Funktion $f(\zeta)$ eine Reihenentwicklung der Form (3) gefunden, die innerhalb eines Ringgebiets zwischen zwei Kreisen Γ, γ konvergiert; und zwar wollen wir diese Voraussetzung noch näher dahin präzisieren, jede der beiden Reihen:

8) $$\sum_{n=0}^{\infty} a_n \zeta^n, \quad \sum_{n=1}^{\infty} a_{-n} \zeta^{-n}$$

sei für sich innerhalb des Ringgebietes konvergent. Dann konvergiert nach § 38, IV die erste Reihe gleichmäßig in jedem Gebiet, das ganz innerhalb Γ liegt, die zweite Reihe gleichmäßig in jedem Gebiet, das ganz außerhalb γ liegt. Auf einer Kurve der Art, wie C in Fig. 23 konvergieren also beide Reihen gleichmäßig, und wir dürfen sie folglich längs dieser Kurve gliedweise integrieren. Thun wir das, nachdem wir vorher noch mit ζ^{-m-1} multipliziert haben, und berücksichtigen wir dabei die Gleichungen (10) und (11) von § 35, so finden wir

9) $$\int\limits_C f(\zeta)\, \zeta^{-m-1}\, d\zeta = 2\pi i . a_m,$$

was mit (7) übereinstimmt. D. h. also:

II. *Wenn eine Funktion eine Entwicklung der Form (3) zuläßt, welche innerhalb des Kreisrings zwischen Γ und γ im angegebenen*

Sinne konvergiert, so haben die Koeffizienten die durch (7) gegebenen Werte; es ist also nur eine solche Entwicklung möglich.

Die letzte Behauptung bedarf noch einer kleinen Erläuterung, damit nicht mehr aus ihr herausgelesen wird, als mit ihr gesagt sein soll. Es ist sehr wohl möglich, daß eine Funktion innerhalb verschiedener Kreisringe regulär ist, etwa zwischen γ_1 und γ_2 und zwischen γ_2 und γ_3, während auf γ_2 z. B. Pole der Funktion liegen. Dann kann Satz I auf jeden dieser beiden Ringe angewendet werden und man erhält zwei LAURENTsche Entwicklungen, von denen die eine zwischen γ_1 und γ_2, die andere zwischen γ_2 und γ_3 konvergiert; und nun darf man Satz II nicht etwa so verstehen, daß diese beiden Entwicklungen in ihren Koeffizienten übereinstimmen müßten. Satz II bezieht sich vielmehr nur auf Entwicklungen innerhalb eines und desselben Ringgebildes.

So lautet z. B. die Entwicklung von

$$\frac{1}{z^2 - 3z + 2} = \frac{1}{z-2} - \frac{1}{z-1}$$

innerhalb des Kreises um den Nullpunkt vom Radius 1

$$\frac{1}{2} + \frac{3}{4}z + \frac{7}{8}z^2 + \frac{15}{16}z^3 + \dots;$$

zwischen diesem und dem Kreise vom Radius 2:

$$\dots - \frac{1}{z^3} - \frac{1}{z^2} - \frac{1}{z} - \frac{1}{2} - \frac{z}{4} - \frac{z^2}{8} - \dots;$$

außerhalb des letzteren:

$$\frac{1}{z^2} + \frac{3}{z^3} + \frac{7}{z^4} + \dots$$

Die Verallgemeinerung der Sätze dieses Paragraphen auf den Fall, daß die beiden konzentrischen Kreise nicht den Nullpunkt, sondern einen beliebigen andern Punkt zum Mittelpunkt haben, geschieht wie in § 39, VII und bedarf wohl keiner ausführlichen Erläuterung mehr.

§ 48. Verhalten einer regulären Funktion in der Umgebung eines Ausnahmepunktes.

Es kommt öfters der Fall vor, daß man von einer Funktion zwar zeigen kann, daß sie in einem Bereich *im allgemeinen* regulär ist, daß aber der Beweis für *einzelne* Punkte dieses Bereichs versagt, sodaß die Frage nach dem Verhalten der Funktion in diesen Punkten offen bleibt. In solchen Fällen giebt der LAURENTsche Satz bis zu einem gewissen Grade Auskunft.

Sei nämlich etwa der Nullpunkt ein solcher Punkt, d. h. es sei bekannt, daß die zu untersuchende Funktion $f(z)$ in jedem Punkte einer gewissen Umgebung des Nullpunkts regulär ist, ausgenommen im Nullpunkt selbst, über den nichts bekannt sei. Dann kann man den im LAURENTschen Satze auftretenden Kreis γ beliebig klein nehmen.

Weiß man nun noch, daß $|f(z)|$ stets unterhalb einer angebbaren Grenze bleibt, wie nahe auch z an den Nullpunkt heranrücken mag, so folgt, daß die Koeffizienten a_{-n} (§ 47, 5) alle gleich Null sein müssen. Dann stellt aber die LAURENTsche Entwicklung von $f(z)$ eine im Nullpunkt reguläre Funktion vor; und werden, wie in § 43 verabredet, hebbare Unstetigkeiten ausgeschlossen, so folgt, daß diese Funktion auch im Nullpunkt mit $f(z)$ übereinstimmen muß. Also gilt der Satz:

I. *Weiß man von einer Funktion complexen Arguments, daß sie in der Umgebung des Nullpunkts, abgesehen von diesem selbst, regulär ist und bei beliebiger Annäherung an den Nullpunkt ihrem absoluten Betrage nach stets unterhalb einer angebbaren Grenze bleibt, so kann man schließen, daß sie auch im Nullpunkt selbst regulär ist; vorausgesetzt, daß hebbare Unstetigkeiten ausgeschlossen sind.*

Man drückt das auch wohl kürzer, aber ungenau so aus: „Eine Funktion complexen Arguments ist überall da stetig, wo sie endlich ist“.

Kommen aber in der für die Umgebung des Nullpunkts gültigen LAURENTschen Entwicklung der Funktion wirklich Glieder mit negativen Exponenten vor, so ist zu unterscheiden, ob deren unendlich viele sind oder nur eine endliche Anzahl. Im ersteren Falle verhält sich die Funktion im Nullpunkt ebenso, wie eine ganze transcendente Funktion im Unendlichen (§ 44, X), d. h. sie kommt in jeder Nähe desselben jedem Wert beliebig nahe; im zweiten Falle wird sie im Nullpunkt *bestimmt unendlich* in folgendem Sinne: *wenn eine noch so große positive Zahl M gegeben ist, läßt sich um den Nullpunkt stets ein Kreis von so kleinem Radius beschreiben, daß für alle Punkte im Innern desselben $|f(z)| > M$ ist.* Andererseits: ist in diesem zweiten Fall der Pol ein n-facher, so existiert der Grenzwert:

$$1)\qquad \lim_{z=a} \{(z-a)^n f(z)\}$$

und ist endlich und von Null verschieden; dagegen ist für jede (noch so kleine) positive Zahl ε:

$$\lim_{z=a} \{(z-a)^{n+\varepsilon} f(z)\} = 0$$

und

$$\lim_{z=a} \{(z-a)^{n-\varepsilon} f(z)\} \text{ bestimmt unendlich.}$$

Definiert man also ganz allgemein:

II. *Man sagt von einer Funktion, sie werde für $z = a$ bestimmt unendlich von der μten Ordnung, wenn der Grenzwert*

$$\lim_{z=a} \{(z-a)^{\mu} f(z)\}$$

existiert und endlich und von Null verschieden ist — so kann man den Satz aussprechen:

III. *Wenn eine Funktion complexen Arguments in der Umgebung eines Punktes a, von diesem selbst abgesehen, eindeutig und regulär ist und in a bestimmt unendlich wird, wird sie dort stets von einer angebbaren ganzzahligen Ordnung unendlich.*

§ 49. Die Fourier'sche Reihe.

Aus der Laurentschen, in einem Ringgebiet zwischen zwei konzentrischen Kreisen gültigen Entwicklung kann auf Grund der §§ 40—42 eine in einem Parallelstreifen gültige Entwicklung abgeleitet werden. Seien nämlich r und R die Radien der beiden Kreise, zwischen welchen eine Funktion $f(z)$ den Bedingungen des Laurentschen Satzes genügt. Unbeschadet der Allgemeinheit dürfen wir annehmen, es sei $r < 1$, $R > 1$; wenn das nämlich nicht schon von Anfang an der Fall sein sollte, können wir es stets dadurch erreichen, daß wir cz an Stelle von z einführen, unter c eine positive reelle Konstante verstanden. Dann können wir

1) $$r = e^{-m_1}, \quad R = e^{m_2}$$

setzen, wo m_1, m_2 ebenfalls positive reelle Konstante sind.

Durch die Funktion:

2) $$z = e^{ti}$$

wird dann auf den längs der Halbaxe der negativ reellen Zahlen aufgeschnitten gedachten Kreisring der z-Ebene ein Rechteck der t-Ebene abgebildet; wird $t = t_1 + t_2 i$ gesetzt, so lauten die Gleichungen seiner Seiten:

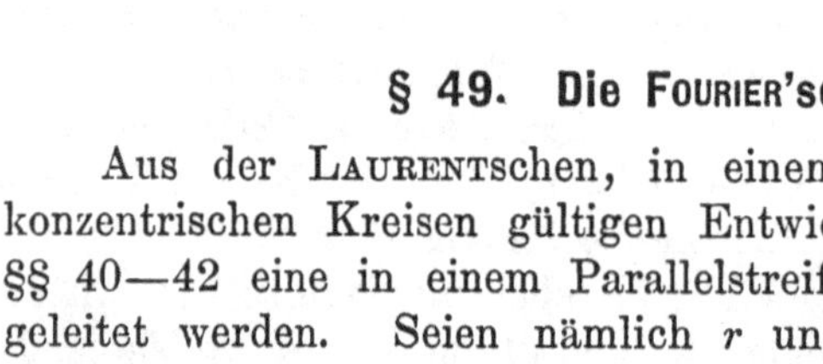

Fig. 24.

3) $$t_1 = -\pi, \quad t_1 = +\pi, \quad t_2 = -m_2, \quad t_2 = m_2.$$

Innerhalb dieses Rechtecks ist dz/dt überall vorhanden, endlich und von Null verschieden, also $f(z) = \varphi(t)$ eine reguläre Funktion von t; und die LAURENTsche Reihe:

$$f(z) = \sum_{n=-\infty}^{+\infty} c_n z^n$$

geht über in:

4) $$\varphi(t) = \sum_{n=-\infty}^{+\infty} c_n e^{nti}$$

oder wenn wir statt der Exponentialfunktionen trigonometrische einführen:

5) $$\varphi(t) = c_0 + \sum_{n=1}^{\infty} (c_n + c_{-n}) \cos nt + i \sum_{n=1}^{\infty} (c_n - c_{-n}) \sin nt.$$

Ist umgekehrt eine im Innern des Rechtecks reguläre Funktion von t gegeben, so geht sie durch die Substitution (2) in eine im Innern des *aufgeschnittenen* Kreisrings reguläre Funktion von z über. Zur Anwendung des LAURENTschen Satzes ist aber erforderlich, daß $f(z)$ innerhalb des *unaufgeschnittenen* Kreisrings regulär ist. Das wird dann und nur dann der Fall sein, wenn $\varphi(t)$ auch noch mindestens in schmalen Streifen über die zur t-Axe parallelen Seiten des Rechtecks hinaus regulär ist und wenn es überdies in je zwei Punkten dieser Seiten, die gleiche Koordinaten t_2 haben, gleiche Werte annimmt. Denn dann giebt die Übertragung der Umgebungen dieser beiden Seiten in die z-Ebene zwei in der Umgebung des Schnittes reguläre Funktionen von z, die längs des Schnittes übereinstimmen, also nach § 39, I überhaupt identisch sind. Insbesondere[1] ist das der Fall, wenn die Funktion $\varphi(t)$ in dem ganzen von den Geraden $t_2 = -m_2$ und $t_2 = m_1$ begrenzten Parallelstreifen regulär und um 2π periodisch (§ 41, II) ist. Wir können also folgenden Satz aussprechen:

I. *Eine periodische Funktion der Periode 2π kann in eine gleichmäßig konvergente und gliedweise beliebig oft differentiierbare Reihe der Form:*

$$\varphi(t) = a_0 + \sum_{n=1}^{\infty} a_n \cos nt + \sum_{n=1}^{\infty} b_n \sin nt$$

(„FOURIERsche Reihe") entwickelt werden, wenn sie in einem Streifen regulär ist, der zu beiden Seiten der Axe der reellen Zahlen eine endliche Breite hat.

[1] Wenn eine Funktion den vorhergehenden Bedingungen genügt, können wir sie immer als Stück einer in dem Parallelstreifen regulären periodischen Funktion ansehen.

Die Koeffizienten dieser Reihe bestimmen sich, indem man in die § 47, 7 gegebene Darstellung der Koeffizienten der LAURENTschen Reihe:

$$c_n = \frac{1}{2\pi i}\int f(z)\, z^{-n-1}\, dz$$

durch die Substitution (2) t als Integrationsvariable einführt. Man findet:

$$a_0 = c_0 = \frac{1}{2\pi}\int \varphi(t)\, dt,$$

6)
$$a_n = c_n + c_{-n} = \frac{1}{\pi}\int \varphi(t) \cos n t\, dt, \quad (n > 0)$$

$$b_n = i(c_n - c_{-n}) = \frac{1}{\pi}\int \varphi(t) \sin n t\, dt;$$

und zwar sind diese Integrale längs irgend einer Kurve zu nehmen, die einen Punkt der Seite $t_1 = -\pi$ mit dem gegenüberliegenden Punkt der Seite $t_1 = \pi$ verbindet, am einfachsten also durch reelle Zwischenwerte von $t = -\pi$ bis $t = +\pi$.

§ 50. Summen unendlich vieler regulärer Funktionen.

Es sei eine unendliche Folge Funktionen von z gegeben:

1)
$$f_1(z),\ f_2(z) \ldots f_n(z) \ldots,$$

die innerhalb eines bestimmten Bereichs S der z-Ebene sämtlich regulär sind; man wisse ferner, daß die Reihe:

2)
$$\sum_{n=1}^{\infty} f_n(z)$$

in jedem Punkte dieses Bereichs konvergiert. Ihre Summe ist dann jedenfalls eine complexe Funktion (§ 31, I) der reellen Koordinaten x und y von $z = x + iy$; mehr können wir nicht behaupten, solange wir von den Funktionen $f_n(z)$ nichts weiter voraussetzen.

Setzen wir aber noch voraus, daß die Reihe (2) in dem ganzen betrachteten Gebiete *gleichmäßig* konvergiert, so können wir folgendermaßen zeigen, daß ihre Summe eine innerhalb dieses Bereichs reguläre Funktion $F(z)$ des complexen Arguments z vorstellt. Sei Γ die Randkurve des Gebietes, so dürfen wir die Reihe (1), da sie n. V. auch noch auf Γ gleichmäßig konvergiert, über diese Linie hin *gliedweise* integrieren. Das gilt auch noch, wenn wir vor der Integration mit $z - \zeta$ dividieren, vorausgesetzt, daß dieser Nenner in keinem Punkte des Integrationswegs unendlich klein wird; diese Voraussetzung ist erfüllt, wenn ζ ein innerer Punkt des Bereiches (kein Randpunkt) ist. Bezeichnen wir also die Summe der Reihe (1) provisorisch mit $s(z)$, so haben wir:

$$3)\qquad \frac{1}{2\pi i}\int\limits_{\Gamma}\frac{s(z)\,dz}{z-\zeta} = \sum_{n=1}^{\infty}\frac{1}{2\pi i}\int\limits_{\Gamma}\frac{f_n(z)\,dz}{z-\zeta}$$

Auf der linken Seite dieser Gleichung können wir wie in § 37 unter dem Integralzeichen nach steigenden Potenzen von z entwickeln und gliedweise integrieren; wir sehen so daß diese linke Seite eine reguläre Funktion von ζ, $F(\zeta)$, ist, von der wir allerdings aus dieser Integraldarstellung allein nicht schließen könnten, daß sie mit $s(\zeta)$ identisch ist. Die rechte Seite aber ist, da von den einzelnen Funktionen f_n vorausgesetzt war, daß sie in S regulär seien:

$$= \sum_{n=1}^{\infty} f(\zeta) = s(\zeta).$$

Also ist in der That $s(\zeta) = F(\zeta)$, d. h. wir haben den Satz:

I. *Die Summe einer in einem zusammenhängenden Bereiche gleichmäßig konvergenten Reihe regulärer Funktionen ist selbst eine innerhalb dieses Bereiches reguläre Funktion.*

Eine Summe der Form (2) kann unter Umständen in jedem von mehreren unter sich nicht zusammenhängenden Bereichen gleichmäßig konvergent sein. Sie wird dann in jedem dieser Bereiche für sich eine reguläre Funktion darstellen; aber nichts berechtigt zu dem Schlusse, daß diese Funktionen irgendwie miteinander zusammenhängen. Es braucht das auch, wie einfache Beispiele[1] zeigen, in der That nicht der Fall zu sein.

Übrigens können wir aus der Gleichung (3) noch weitere Schlüsse ziehen. Ist a irgend ein Punkt innerhalb des Bereiches S, so erhalten wir:

$$4)\qquad F(\zeta) = \frac{1}{2\pi i}\sum_{m=0}^{\infty}(\zeta - a)^m\int\limits_{\Gamma}\frac{F(z)\,dz}{(z-a)^{m+1}},$$

also nach § 39, 8:

$$5)\qquad F^{(m)}(a) = \frac{m!}{2\pi i}\int\limits_{\Gamma}\frac{F(z)\,dz}{(z-a)^{m+1}} = \frac{m!}{2\pi i}\int\limits_{\Gamma}\frac{\Sigma f_n(z)\,dz}{(z-a)^{m+1}}.$$

Auch hier dürfen wir wegen der gleichmäßigen Konvergenz der Reihe Summation und Integration vertauschen; wir erhalten so:

[1] Vgl. z. B. Weierstrass ges. W. Bd. II, p. 213, 231.

$$F^{(m)}(a) = \sum_{n=1}^{\infty} \frac{m!}{2\pi i} \int_{\Gamma} \frac{f_n(z)\,dz}{(z-a)^{m+1}} = \sum_{n=1}^{\infty} f_n^{(m)}(a),$$

d. h. es gilt der Satz:

II. *An einer gleichmäßig konvergenten Reihe regulärer Funktionen dürfen Differentiationen beliebig hoher Ordnung gliedweise vollzogen werden, solange man im Innern des Bereichs bleibt.*

Aus diesem Satze ergiebt sich dann noch:

III. *Um die* TAYLORsche *Entwicklung einer regulären Funktion zu erhalten, die durch eine in der Umgebung von* $z = a$ *gleichmäßig konvergente Reihe regulärer Funktionen definiert ist, darf man die einzelnen Glieder der Reihe nach Potenzen von* $z - a$ *entwickeln und dann alle Glieder mit gleichen Potenzen von* $z - a$ *zusammenfassen.*

§ 51. Der Satz von MITTAG-LEFFLER.

Eine Funktion $F(z)$, welche im Endlichen überall regulär ist mit Ausnahme einer endlichen Anzahl von Polen $a_1, a_2 \ldots a_n$, kann nach § 43 stets in der Form dargestellt werden:

1) $$\sum_{\nu=1}^{n} f_\nu(z) + g(z),$$

in welcher $g(z)$ eine ganze transcendente Funktion von z bezeichnet, $f_\nu(z)$ eine rationale Funktion, die keinen andern Pol hat als a_ν. Es liegt deshalb nahe zu versuchen, ob man nicht auch eine Funktion mit unendlich vielen Polen in der Form einer *unendlichen Partialbruchreihe:*

2) $$\sum_{\nu=1}^{\infty} f_\nu(z) + g(z)$$

darstellen kann; dazu wird erforderlich und nach den Resultaten von § 50 auch hinreichend sein, daß die Reihe gleichmäßig konvergiert. Man überzeugt sich an einfachen Beispielen, daß das nicht jedesmal der Fall ist, wenn die Pole a_ν und die Funktionen $f_\nu(z)$, die die Art des Unendlichwerdens von $F(z)$ angeben, willkürlich vorgeschrieben sind. Die hieraus entspringende Schwierigkeit hat MITTAG-LEFFLER durch den Nachweis überwunden, daß man stets rationale ganze Funktionen $g_\nu(z)$ so bestimmen kann, daß die Reihe:

3) $$\sum_{\nu=1}^{\infty} (f_\nu(z) - g_\nu(z))$$

gleichmäßig konvergiert. Wir wollen hier jedoch den Beweis nicht für den allgemeinsten Fall durchführen, sondern nur mit einer für die meisten Anwendungen ausreichenden Allgemeinheit.[1]

Vor allem ist zu bemerken: wenn die Funktion im Endlichen bis auf Pole überall regulär sein soll, so darf die Gesamtheit der Punkte a_ν keinen Häufungspunkt im Endlichen besitzen (§ 43, IV). Es dürfen also in keinem endlichen Bereiche unendlich viele von den Punkten a_ν liegen (§ 26, XXIV), m. a. W. es muß:

4) $$\lim_{\nu=\infty} |a_\nu| = \infty$$

sein. Wir wollen nun *erstens* voraussetzen, $|a_\nu|$ wachse so rasch mit wachsendem ν, daß sich eine ganze Zahl n von der Beschaffenheit bestimmen läßt, daß die Reihe:

5) $$\sum_{\nu=1}^{\infty} |a_\nu|^{-n}$$

konvergiert. *Zweitens* setzen wir voraus, die vorgeschriebenen Pole seien alle von gleicher Ordnungszahl λ und die Partialbruchzerlegung jeder der Funktionen f_n bestehe nur aus je einem Term, mit übereinstimmenden Koeffizienten, die wir dann alle $= 1$ annehmen dürfen; es sei also:

6) $$f_\nu(z) = (z - a_\nu)^{-\lambda}.$$

Sei nun *erstens* $\lambda = n$; sei irgend ein endlicher Bereich gegeben, der keinen der Punkte a_ν enthält; sei M der größte Wert, den $|z|$ in diesem Bereiche annimmt, μ irgend eine positive Zahl > 1. Dann teilen wir zunächst die Punkte a_ν in zwei Klassen, je nachdem $|a_\nu| \leqq \mu M$ oder $|a_\nu| > \mu M$ ist. Von Punkten der ersten Klasse ist nach Voraussetzung nur eine endliche Anzahl vorhanden, sagen wir etwa k; für jeden Punkt a_ν der zweiten Klasse und jeden Punkt z des gegebenen Bereiches ist

7) $$\left|\frac{a_\nu}{z - a^\nu}\right| = \left|1 - \frac{z}{a_\nu}\right|^{-1} < \frac{\mu}{\mu - 1},$$

d. h. kleiner als eine von z und ν unabhängige endliche Größe. Spalten wir nun von der zu untersuchenden Reihe die endliche Summe:

8) $$\sum_{\nu=1}^{k} \frac{1}{(z - a_\nu)^n}$$

ab, so bleibt die unendliche Reihe:

[1] Für den allgemeinen Fall vgl. man etwa WEIERSTRASS, ges. W. Bd. II, p. 189.

9)
$$\sum_{\nu=k+1}^{\infty} \frac{1}{(z-a_\nu)^n}$$

übrig. Jedes Glied dieser Reihe entsteht aus dem entsprechenden Glied der Reihe (5) durch Multiplikation mit einem Faktor (7), von dem gezeigt ist, daß er für alle Glieder unterhalb einer und derselben endlichen Grenze liegt. Da nun die Reihe (5) nach Voraussetzung unbedingt konvergiert, so konvergiert auch die Reihe (9) unbedingt; und zwar gleichmäßig, da der genannte Faktor von z unabhängig ist. Fügen wir die Anfangsglieder (8) wieder hinzu, so erhalten wir den Satz:

I. *Konvergiert die Reihe (5), so konvergiert die Reihe:*

10)
$$\sum_{\nu=1}^{\infty} \frac{1}{(z-a_\nu)^n}$$

unbedingt und gleichmäßig in jedem im Endlichen gelegenen Bereiche, der keinen der Punkte a_ν enthält.

Ist *zweitens* $\lambda > n$, so gehen die Glieder der Reihe:

11)
$$\sum_{\nu=1}^{\infty} \frac{1}{(z-a_\nu)^\lambda}$$

aus den entsprechenden Gliedern der Reihe (10) durch Multiplikation mit den Faktoren

12)
$$(z-a_\nu)^{-\lambda+n}$$

hervor. Werden um die Punkte a_ν kleine Kreise vom Radius ϱ beschrieben und wird z auf einen Bereich beschränkt, außerhalb dessen alle diese Kreise liegen, so ist jeder der Faktoren (12) für alle Punkte z dieses Bereiches dem absoluten Betrage nach kleiner als die von z und ν unabhängige endliche Größe:

$$\varrho^{-\lambda+n}.$$

Da nun die Reihe (10) unbedingt konvergiert, so folgt:

II. *Konvergiert die Reihe (5), so konvergiert die Reihe (11) auch für $\lambda > n$ unbedingt und gleichmäßig in jedem im Endlichen gelegenen Bereiche, der keinen der Punkte a_ν enthält.*

Ist aber *drittens* $\lambda < n$, also $-\lambda + n$ positiv, so können wir so nicht schließen; denn dann ist $|z-a_\nu|^{-\lambda+n}$ nicht kleiner, sondern größer als $\varrho^{-\lambda+n}$. Wir können aber in diesem Falle folgendermaßen verfahren. Durch gliedweise Integration zwischen zwei beliebigen Grenzen z_0, z auf beliebigem Wege innerhalb des Bereiches gleichmäßiger Konvergenz — die nach § 28, IV erlaubt ist — erhalten wir aus der Reihe (10) eine gleichmäßig konvergente Reihe:

$$13) \quad -\frac{1}{n-1}\int_{z_0}^{z}\left\{\sum_{\nu=1}^{\infty}\frac{1}{(z-a_\nu)^n}\right\}dz = \sum_{\nu=1}^{n}\left\{\frac{1}{(z-a_\nu)^{n-1}} - \frac{1}{(z_0-a_\nu)^{n-1}}\right\},$$

deren einzelner Term für $z = a_\nu$ unendlich wird wie $(z - a_\nu)^{-n+1}$, die also für $\lambda = n - 1$ die Aufgabe löst. Auf diese Reihe können wir, wenn $n > 2$ ist, denselben Schluß noch einmal anwenden, und so fortfahren, bis wir die Exponenten im Nenner auf λ herabgedrückt haben. Wir wollen das Resultat nur unter der vereinfachenden Voraussetzung explizite hinschreiben, daß der Nullpunkt nicht zu den a_λ gehört; dann dürfen wir $z_0 = 0$ setzen und erhalten so den Satz:

III. *Konvergiert die Reihe (5) und ist $\lambda < n$, so konvergiert auch die Reihe:*

$$14) \quad \left\{\begin{aligned} &\sum_{\nu=1}^{\infty}\left\{\frac{1}{(z-a_\nu)^\lambda} - \frac{1}{(-a_\nu)^\lambda}\left[1 + \frac{\lambda}{1}\frac{z}{a_\nu} + \frac{\lambda\,.\,(\lambda+1)}{1\,.\,2}\frac{z^2}{a_\nu^2}\right.\right.\\ &\qquad\qquad \left.\left. + \cdots \binom{n-2}{\lambda-1}\frac{z^{n-\lambda-1}}{a_\nu^{\,n-\lambda-1}}\right]\right\}\end{aligned}\right.$$

unbedingt und gleichmäßig in jedem im Endlichen gelegenen Bereiche, der keinen der Punkte a_ν in seinem Innern enthält; vorausgesetzt, daß der ganze unter dem Summenzeichen stehende Ausdruck als ein Glied der Reihe betrachtet und nicht auseinander gerissen wird.

Man kann das Bildungsgesetz der Reihe (14) übrigens auch so aussprechen: es muß zu $(z - a_\nu)^{-\lambda}$ eine solche rationale ganze Funktion von z addiert werden, daß jedes Glied der Reihe im Nullpunkt von der Ordnung $(n - \lambda)$ Null wird.

Aus dem allgemeinen Satze von § 50 folgt dann, daß jede der Reihen (10), (11), (14) eine im Bereiche ihrer gleichmäßigen Konvergenz reguläre Funktion von z vorstellt. Ihr Verhalten in einem der Punkte a_ν ergiebt sich, wenn man das auf diesen Punkt sich beziehende Glied aus der Reihe herausnimmt; die übrig bleibende Reihe konvergiert auch in der Umgebung von a_ν gleichmäßig, ist also dort regulär, und die Funktion hat also wirklich in $z = a_\nu$ einen Pol der vorgeschriebenen Art.

IV. *Die allgemeinste Funktion, welche in allen diesen Punkten Pole der vorgeschriebenen Art hat, wird erhalten, indem man zu der Reihensumme noch die allgemeinste ganze transcendente Funktion addiert.*

Handelt es sich darum, eine *vorgelegte* Funktion in eine Partialbruchreihe der hier betrachteten Art zu entwickeln, so bietet die Bestimmung dieser komplementären ganzen Funktion eine gewisse Schwierigkeit, die in geeigneten Fällen durch das folgende, schon von CAUCHY angegebene Verfahren überwunden werden kann.

Man nehme eine unendliche Folge von geschlossenen Linien C_ν ($\nu = 1, 2, 3 \ldots$) an, von der Beschaffenheit, daß jedesmal der Punkt a_ν innerhalb C_ν, dagegen außerhalb $C_{\nu-1}$ liegt. Beschreibt man dann um $a_1, a_2 \ldots a_k$ kleine Kreise, so kann man auf den Bereich zwischen C_k und diesen Kreisen den Satz von § 36, II anwenden; man erhält so:

15) $$f(\zeta) = \sum_{\nu=1}^{k} f_k(\zeta) + \frac{1}{2\pi i}\int_{C_k} \frac{f(z)\,dz}{z-\zeta};$$

die Aufgabe ist also gelöst, wenn es bei irgend einer geeigneten Wahl der Kurven C_k gelingt, den Grenzwert zu bestimmen, gegen welchen das rechts stehende Integral für $\lim k = \infty$ konvergiert.[1] In den einzelnen Fällen der Anwendung läßt sich diese Methode noch mannigfach modifizieren; man kann z. B. in jede der Kurven C_ν statt einen, zwei Pole mehr aufnehmen als in die vorhergehende.

§ 52. Partialbruchzerlegung einfach periodischer Funktionen.

Wir kehren nunmehr mit den inzwischen gewonnenen Hilfsmitteln zu der § 42 abgebrochenen Untersuchung einfach periodischer Funktionen zurück. Der Satz des letzten Paragraphen giebt uns ein Mittel, solche Funktionen a priori zu bilden.

Indem wir, wenn erforderlich, cz statt z als Argument einführen, können wir erreichen, daß 1 primitive Periode wird. Wir versuchen nun eine Funktion mit dieser Periode zu bilden, welche im Nullpunkte einen Pol hat; dann muß sie nothwendig auch in allen denjenigen Punkten Pole haben, die aus dem Nullpunkt durch Addition und Subtraktion von Perioden hervorgehen; also in den Punkten

$$z = 1, 2, 3 \ldots \text{in inf.}; \quad z = -1, -2, -3 \ldots \text{in inf.}$$

Nun bilden wir zunächst einmal überhaupt eine Funktion, welche diese Punkte (und keine andern) zu Polen hat; um die Sätze des

[1] Wegen weiterer Ausführungen vgl. man etwa E. PICARD, Traité d'analyse, T. II (Paris 1893), chap. IV, No. 5 ff.

vorigen Paragraphen anwenden zu können, müssen wir fragen, ob die Reihe:

$$\sum_{\nu=1}^{\infty} \frac{1}{\nu^n}$$

für irgend einen Wert von n konvergiert. Aus den Elementen ist bekannt, daß das zwar nicht für $n = 1$, wohl aber für $n = 2$ der Fall ist. Es ist also nach § 51, (10) zunächst:

$$f_1(z) = \sum_{n=-\infty}^{+\infty} \frac{1}{(z-\nu)^2} \tag{1}$$

eine Funktion, welche alle die genannten Punkte zu zweifachen Polen hat. Wollen wir aus ihr nach § 51, (13) eine andere bilden, für welche diese Punkte nur einfache Pole sind, so müssen wir beachten, daß die dort gemachte Voraussetzung, der Nullpunkt sei nicht unter den Punkten a_ν, hier nicht zutrifft. Wollen wir also jenen Satz hier anwenden, so müssen wir ihn nicht auf $f_1(z)$ selbst, sondern auf $f_1(z) - z^{-2}$ anwenden; wir erhalten so eine Funktion:

$$f_2(z) = \frac{1}{z} + \sum_{\nu=-\infty}^{+\infty}{}' \left(\frac{1}{z-\nu} + \frac{1}{\nu}\right). \tag{2}$$

(Der Accent am Summenzeichen soll hier und im folgenden andeuten, daß der Wert $\nu = 0$ aus den Werten, über welche summiert wird, auszulassen ist.)

Von diesen beiden so konstruierten Funktionen können wir nun folgendermaßen zeigen, daß sie wirklich 1 zur Periode haben. Von der ersten folgt es direkt aus der Darstellung (1). Denn ersetzen wir in dieser z durch $z + 1$, so erhalten wir, ausführlich geschrieben:

$$\sum_{\nu=1}^{\infty} \frac{1}{(z+1-\nu)^2} + \frac{1}{(z+1)^2} + \sum_{\nu=-1}^{-\infty} \frac{1}{(z+1-\nu)^2} .$$

Ersetzen wir hier den Summationsbuchstaben ν durch $\mu + 1$, so erhalten wir:

$$\sum_{\mu=0}^{\infty} \frac{1}{(z-\mu)^2} + \frac{1}{(z+1)^2} + \sum_{\mu=-2}^{-\infty} \frac{1}{(z-\mu)^2};$$

und das ist wieder die ursprüngliche Reihe, nur daß das Glied z^{-2} mit der ersten Summe vereinigt und das Glied $(z+1)^{-2}$ aus der zweiten Summe herausgehoben ist. Es ist also in der That:

$$f_1(z+1) = f_1(z). \tag{3}$$

Für die Funktion $f_2(z)$ können wir nicht denselben Schluß machen, weil wir die Klammern in (2) nicht auflösen dürfen; aber da

4) $$f_1(z) = -\frac{d f_2(z)}{d z}$$

ist, so folgt aus Gleichung (3) durch unbestimmte Integration:

5) $$f_2(z+1) = f_2(z) + C.$$

Dabei bedeutet C eine Integrationskonstante, die wir bestimmen können, sobald wir für irgend einen besonderen Wert z die Werte beider Seiten kennen. Wir können auch einen Wert von z benutzen, für den beide Seiten unendlich werden; wir müssen dazu die Anfangsglieder der für die Umgebung dieses Wertes gültigen Entwicklungen vergleichen. So erhält man z. B. für die Umgebung von $z = 0$:

$$\frac{1}{z-\nu} + \frac{1}{\nu} = -\frac{z}{\nu^2} - \ldots,$$

also:

6) $$f_2(z) = \frac{1}{z} - z\sum{}' \nu^{-2} + \ldots;$$

ferner:

$$\frac{1}{z+1} = 1 - z + \ldots,$$

$$\frac{1}{z+1-1} + 1 = \frac{1}{z} + 1,$$

$$\frac{1}{z+1-\nu} + \frac{1}{\nu} = \frac{1}{1-\nu} + \frac{1}{\nu} - \frac{z}{(1-\nu)^2} + \ldots, \quad (\nu \neq 0;\ 1)$$

und folglich:

7) $$f_2(z+1) = \frac{1}{z} + 2 + \sum_{\nu=2}^{\infty} \frac{1}{(1-\nu)\nu} + \sum_{\nu=-1}^{-\infty} \frac{1}{(1-\nu)\nu} + (z).$$

Vergleichung der Koeffizienten von z^0 giebt:

$$C = 2 + \sum_{\nu=2}^{\infty} \frac{1}{\nu(1-\nu)} + \sum_{\nu=-1}^{-\infty} \frac{1}{\nu(1-\nu)};$$

ersetzt man in der zweiten Summe ν durch $1-\mu$, so geht sie über in:

$$\sum_{\mu=2}^{\infty} \frac{1}{\mu(1-\mu)}.$$

Die beiden Summen sind also einander gleich, und zwar ist jede $= -1$; denn es ist:

$$\sum_{\mu=2}^{m} \frac{1}{\mu(\mu-1)} = \left(1 - \frac{1}{2}\right) + \left(\frac{1}{2} - \frac{1}{3}\right) + \ldots + \left(\frac{1}{m-1} - \frac{1}{m}\right) = 1 - \frac{1}{m}.$$

Es folgt also $C = 0$, d. h.:

I. *Nicht nur $f_1(z)$, sondern auch $f_2(z)$ ist eine periodische Funktion von z mit der Periode 1.*

Wir fragen, in welcher Beziehung diese Funktionen zu den in den Paragraphen 40—42 untersuchten periodischen Funktionen stehen; zur Beantwortung dieser Frage bedienen wir uns der zu Ende des vorigen Paragraphen erwähnten CAUCHYschen Methode. Zunächst bemerken wir, daß wir in Gleichung (2) je zwei Glieder mit gleichen und entgegengesetzten Werten von ν zusammennehmen dürfen; sie lautet dann:

$$8)\qquad f_2(z) = \frac{1}{z} + \sum_{\nu=1}^{\infty} \left(\frac{1}{z-\nu} + \frac{1}{z+\nu}\right)$$

(wobei wieder zu beachten ist, daß die Klammer nicht aufgelöst werden darf). Definieren wir dann wie für reelle Variable die Funktion Cotangens durch:

$$9)\qquad \cot z = \frac{\cos z}{\sin z},$$

so folgt aus den Resultaten von § 41, daß die Funktion $\pi \cot(\pi z)$ dieselben (einfachen) Pole und dieselben Residuen hat, wie $f_2(z)$. Nehmen wir nun als Linie C_k ein Rechteck, dessen Seiten die Gleichungen haben:

$$x = \pm \frac{2k+1}{2} \quad \text{und} \quad y = \pm \eta,$$

so liegen im Innern desselben die Pole:

$$0, \quad \pm 1, \quad \pm 2 \ldots \pm k;$$

wir erhalten also:

$$10)\qquad \pi \cot(\pi \zeta) = \frac{1}{\zeta} + \sum_{\nu=1}^{k} \left(\frac{1}{\zeta-\nu} + \frac{1}{\zeta-\nu}\right) + \frac{1}{2\pi i} \int_{C_k} \frac{\pi \cot(\pi z)}{z-\zeta}\, dz.$$

Nun ist:

$$11)\qquad \int_{C_k} \frac{\pi \cot(\pi z)}{z}\, dz = 0$$

da cot eine ungerade Funktion und die Linie C_k zum Nullpunkt symmetrisch ist; also können wir das in (10) auftretende Integral auch durch

$$\pi \zeta \int_{C_k} \frac{\cot(\pi z)}{z(z-\zeta)} d z$$

ersetzen. Um dieses Integral abzuschätzen, gehen wir aus von der Gleichung

$$12) \qquad |\cot(\pi z)|^2 = \frac{e^{2\pi y} + e^{-2\pi y} + 2\cos 2\pi x}{e^{2\pi y} + e^{-2\pi y} - 2\cos 2\pi x};$$

aus ihr folgt, daß auf den beiden vertikalen Seiten des Rechtecks:

$$13) \qquad |\cot(\pi z)| = \left|\frac{e^{\pi y} - e^{-\pi y}}{e^{\pi y} + e^{-\pi y}}\right| \leqq 1,$$

auf den beiden horizontalen:

$$14) \qquad |\cot(\pi z)| \leqq \left|\frac{e^{\pi \eta} + e^{-\pi \eta}}{e^{\pi \eta} - e^{-\pi \eta}}\right| \text{ d. i. } \leqq \left|\frac{1 + e^{-2\pi \eta}}{1 - e^{-2\pi \eta}}\right|$$

ist. Es ist also auf sämtlichen Linien C_ν durchweg $|\cot \pi z| < M$, wo M eine von ν unabhängige Größe bedeutet. Bezeichnet man noch mit r_k und ϱ_k die kürzesten Abstände der Punkte 0 und ζ von C_k, mit S_k die Länge von C_k, so folgt:

$$15) \qquad \left|\int_{C_k} \frac{\cot(\pi z)\, d z}{z(z-\zeta)}\right| \leqq \frac{M \cdot S_k}{r_k \varrho_k}.$$

Mit wachsendem η nimmt M *ab;* es steht also noch frei, η mit ν ins Unendliche wachsen zu lassen. Dadurch kann man erreichen, daß $S_k = 8 r_k$ wird und ϱ_k (bei gegebenem ζ) mit k ins Unendliche wächst. Dann wird der $\lim\limits_{k=\infty}$ des Integrals $= 0$ und es folgt aus (10):

$$16) \qquad f_2(z) = \pi \cot \pi z$$

und daraus weiter:

$$17) \qquad f_1(z) = \frac{\pi^2}{\sin^2 \pi z}.$$

II. *Die durch unsere Partialbruchzerlegungen dargestellten Funktionen sind also rationale Funktionen von $\cos \pi z$ und $\sin \pi z$.*

Setzen wir in Gleichung (16), bezw. (2) für z erst $a + z$, dann a, und subtrahieren die Resultate von einander, so erhalten wir noch die gelegentlich zu benutzende Formel:

$$18) \qquad \pi[\cot \pi(a+z) - \cot \pi a] = \sum_{\nu=-\infty}^{+\infty}\left(\frac{1}{z+a-\nu} - \frac{1}{a-\nu}\right).$$

§ 53. Allgemeine Sätze über einfach periodische Funktionen.

Wir wollen noch einen allgemeinen Satz über einfach periodische Funktionen ableiten, von dem Satz II des vorigen Paragraphen ein specieller Fall ist. Wir nehmen wieder an, es sei durch Multiplikation des Arguments mit einer Konstanten erreicht, daß 1 primitive Periode ist, daß wir also einen Periodenstreifen durch die Linien $x = -\frac{1}{2}$ und $x = +\frac{1}{2}$ begrenzen können, und wollen uns mit einfach periodischen Funktionen $f(z)$ beschäftigen, welche folgende Eigenschaften haben:

1. $f(z)$ sei im Endlichen, bis auf Pole, überall regulär.

2. Wenn $z = x + yi$, *ohne den Periodenstreifen zu verlassen*, nach der Seite der positiven y ins Unendliche geht, soll mindestens einer der beiden Grenzwerte $\lim\limits_{y=+\infty} f(z)$ oder $\lim\limits_{y=+\infty} 1/f(z)$ existieren.

3. Wenn $z = x + yi$ ebenso nach Seite der negativen y ins Unendliche geht, soll analoges stattfinden; doch wird nicht vorausgesetzt, daß $\lim\limits_{y=-\infty} f(z) = \lim\limits_{y=+\infty} f(z)$ sei.

Setzen wir:

$$1)\qquad \zeta = e^{2\pi i z},$$

so wird dadurch (vgl. § 42) der Parallelstreifen der z-Ebene konform abgebildet auf die längs eines Meridians aufgeschnittene ζ-Kugel (abgesehen von den Umgebungen der Punkte $\zeta = 0$, $\zeta = \infty$). Die Funktion $f(z)$ geht dadurch über in eine Funktion $\varphi(\zeta)$, welche folgende Eigenschaften hat:

1. Da $f(z)$ periodisch ist, ist $\varphi(\zeta)$ eindeutig; seine Werte (und ebenso die seiner Ableitung) auf der einen Seite des Schnittes schließen sich stetig an die auf der andern Seite vorhandenen an.

2. Da $f(z)$ im Endlichen bis auf Pole überall regulär, ist $\varphi(\zeta)$ auf der ganzen Kugel, von $\zeta = 0$ und $\zeta = \infty$ abgesehen, bis auf Pole regulär.

3. Läßt man ζ auf irgend einem Wege gegen Null konvergieren, so wird der entsprechende Weg von z nach Seite der positiven y ins Unendliche gehen; und wenn der Weg von ζ den Nullpunkt nicht unendlich oft umwindet, wird der von z, nachdem er vielleicht zuerst eine endliche Anzahl Periodenstreifen durchsetzt hat, schließlich einen von ihnen nicht mehr verlassen. Aus Voraussetzung (2) folgt dann, daß mindestens einer der beiden Grenzwerte:

$$2)\qquad \lim_{\zeta=0} \varphi(\zeta), \quad \lim_{\zeta=0} \frac{1}{\varphi(\zeta)}$$

(für jede solche Art der Annäherung von ζ an Null) existiert, daß also (§ 48, I bezw. III) $\varphi(\zeta)$ im Nullpunkt entweder regulär ist oder einen Pol hat. Aber auch wenn der Weg ζ den Nullpunkt unendlich oft umkreist, der von z also unendlich viele Periodenstreifen durchsetzt, gelangt man zu demselben Resultat; denn da $f(z)$ als periodisch vorausgesetzt war, können wir alle Stücke des Weges von z, die in andern Streifen als dem ersten liegen, in diesen übertragen.

4. Analog folgt aus der Voraussetzung (3), daß $\varphi(\zeta)$ im Unendlichen entweder regulär ist oder einen Pol hat.

Es ist also $\varphi(\zeta)$ auf der ganzen Kugel bis auf Pole regulär und folglich nach § 44, V eine rationale Funktion von ζ; d. h. wir haben den Satz:

I. *Jede periodische Funktion, die den Voraussetzungen (1)—(3) genügt, ist eine rationale Funktion der Exponentialfunktion* $e^{2\pi i z}$.

Aus diesem Satze ergeben sich eine Reihe weiterer. Sei $f(z)$ eine solche Funktion; dann kann man aus den nach Satz I gebildeten Ausdrücken von $f(z_1)$, $f(z_2)$, $f(z_1 + z_2)$ mit Hilfe der Gleichung § 40, (11) die Exponentialfunktionen eliminieren und behält eine algebraische Gleichung zwischen $f(z_1 + z_2)$, $f(z_1)$, $f(z_2)$ übrig, mit von z_1 und z_2 unabhängigen Koeffizienten. Eine solche Gleichung nennt man ein algebraisches Additionstheorem; man hat daher den Satz:

II. *Jede Funktion der genannten Art besitzt ein algebraisches Additionstheorem.*

Hat man ferner zwei solche Funktionen, so kann man die Exponentialfunktion eliminieren und findet:

III. *Zwischen je zwei solchen Funktionen besteht eine algebraische Gleichung mit von z unabhängigen Koeffizienten.*

Insbesondere gilt das von einer solchen Funktion und ihrer ersten Ableitung; wir können daher auch sagen:

IV. *Jede solche Funktion genügt einer algebraischen Differentialgleichung erster Ordnung, in der die unabhängige Variable explizite nicht vorkommt* —

oder anders ausgedrückt:

IVa. *Jede solche Funktion ist die Umkehrung des Integrals einer algebraischen Funktion.*

Die für reelle Werte von u und z bekannten Gleichungen

$$u = \int_0^z \frac{dz}{1+z^2}, \qquad z = \operatorname{tg} u; \tag{3}$$

4) $$u = \int_0^z \frac{dz}{\sqrt{1 - z^2}}, \qquad z = \sin u$$

geben Beispiele für diese Formulierung.

Satz III macht uns mit einer Klasse von algebraischen Gleichungen zwischen zwei Variabeln z, s bekannt, die dadurch identisch erfüllt werden können, daß man z und s *eindeutigen* einfach periodischen Funktionen einer Hilfsvariabeln u (einer „uniformisirenden Variabeln", wie man wohl sagt) gleichsetzt; so z. B. die Gleichung:

5) $$s^2 + z^2 - 1 = 0$$

durch:

6) $$s = \sin u, \qquad z = \cos u.$$

Man beachte aber, daß das (wegen Satz I) keine andern Gleichungen sind, als diejenigen, die auch schon dadurch identisch erfüllt werden können, daß man z und s *rationalen* Funktionen einer Hilfsvariabeln gleichsetzt, wie z. B. Glchg. (5) durch:

7) $$s = \frac{2t}{1 + t^2}, \qquad z = \frac{1 - t^2}{1 + t^2}.$$

Den Beweis, daß nicht jede algebraische Gleichung zwischen zwei Variabeln diese Eigenschaft hat, können wir hier nicht führen; wir brechen vielmehr hier die Untersuchung einwertiger Funktionen einer complexen Variabeln ab und wenden uns der Untersuchung mehrwertiger Funktionen zu.

FÜNFTER ABSCHNITT.

Mehrwertige analytische Funktionen einer complexen Veränderlichen.

§ 54. Vorbereitende Untersuchung der Änderung des Arcus einer stetig veränderlichen complexen Grösse.

Bevor wir uns zur Untersuchung mehrwertiger Funktionen einer complexen Variabeln wenden, müssen wir die bereits § 4 in Aussicht gestellte nähere Untersuchung einer Größe vornehmen, welche zwar ebenfalls mehrwertig von einer complexen Veränderlichen abhängt, aber den Cauchy-Riemannschen Differentialgleichungen nicht genügt: nämlich ihres Arcus. Wir haben dort gesehen, daß zu jeder complexen Größe:

$$1)\qquad z = x + iy = r(\cos\varphi + i\sin\varphi)$$

unendlich viele Werte des Arcus φ gehören, die alle aus irgend einem von ihnen durch Addition und Subtraktion beliebiger ganzzahliger Vielfacher von 2π hervorgehen. Unter allen diesen unendlich vielen Werten wollen wir jetzt einen durch die folgende willkürliche Festsetzung herausheben:

I. *Unter dem Hauptwert des Arcus einer complexen Größe verstehen wir denjenigen Wert desselben, der den Bedingungen:*

$$2)\qquad -\pi < \varphi \leqq \pi$$

genügt.

Vor allem ist nun wesentlich, daß wir uns darüber klar werden, daß dieser Hauptwert zwar im allgemeinen, aber nicht ausnahmslos eine stetige Funktion der reellen Variabeln x, y ist. Sei nämlich (x_1, y_1) ein Punkt, φ_1 der zugehörige Hauptwert des Arcus; $(x_1 + \xi, y_1 + \eta)$ sei ein benachbarter Punkt. Wird dann:

$$3)\qquad \frac{x_1 + \xi + i(y_1 + \eta)}{x_1 + i y_1} = \frac{r_1 + \varrho}{r_1}(\cos\vartheta + i\sin\vartheta)$$

gesetzt und unter ϑ der Hauptwert des Arcus der links stehenden Größe verstanden, so wird ϑ mit ξ und η verschwinden. Ein Wert des Arcus von $x_1 + \xi + i(y_1 + \eta)$ ist dann $\varphi_2 = \varphi_1 + \vartheta$. Ist nun φ_1 nicht $= \pi$, so wird ϑ so klein angenommen werden können, daß auch φ_2 noch der Ungleichung (2) genügt; dann ist φ_2 Hauptwert und die Hauptwerte φ_2 und φ_1 sind nur unendlich wenig verschieden, m. a. W.:

II. *Der Hauptwert des Arcus einer complexen Zahl ist eine stetige Funktion ihrer Komponenten in jedem Bereiche der Ebene, der von der Halbaxe der negativ reellen Zahlen nicht getroffen wird.*

Ist aber $\varphi_1 = \pi$, so wird $\varphi_1 + \vartheta$ zwar für unendlich kleine negative ϑ noch der Ungleichung (2) genügen, also Hauptwert sein; für unendlich kleine positive ϑ wird aber nicht $\varphi_1 + \vartheta$ Hauptwert sein, sondern $\varphi_1 + \vartheta - 2\pi = -\pi + \vartheta$. Also ist Satz II durch folgenden Zusatz zu ergänzen:

III. *Längs der Halbaxe der negativ reellen Zahlen ist die Stetigkeit des Hauptwerts des Arcus insofern unterbrochen, als der Wert desselben in einem Punkte dieser Halbaxe zwar übereinstimmt mit dem Limes der in benachbarten Punkten der „oberen“ Halbebene vorhandenen Werte, aber um 2π größer ist als der Limes der in benachbarten Punkten der „unteren“ Halbebene vorhandenen Werte.*

Es schließen sich vielmehr diese letzteren Werte stetig an diejenigen Werte des Arcus für die negativ reellen Zahlen an, welche $= -\pi$, also um 2π kleiner als der Hauptwert $+\pi$ sind.

Was in den Sätzen II und III vom Hauptwert ausgesagt ist, überträgt sich sofort auf die übrigen Werte des Arcus. Nennen wir denjenigen Wert, der um $2k\pi$ größer ist als der Hauptwert, den Wert k^{ter} Ordnung (so daß der Hauptwert als Wert nullter Ordnung zählt), so können wir sagen:

IV. *Der Wert kter Ordnung des Arcus einer complexen Zahl ist außerhalb der Halbaxe der negativ reellen Zahlen eine stetige Funktion ihrer Komponenten; aber seine Werte in der unteren Halbebene schließen längs dieser Halbaxe sich stetig an die Werte* $(k-1)^{\text{ter}}$ *Ordnung auf derselben an.*

Wir fügen hinzu:

V. *An andern Stellen als längs dieser Halbaxe kann kein stetiger Übergang von dem Wert* k^{ter} *Ordnung zu dem einer andern, etwa der* l^{ten} *Ordnung stattfinden.*

Denn wenn der Wert k^{ter} Ordnung in z_2 von dem Wert k^{ter} Ordnung in dem unendlich benachbarten Punkt z_1 unendlich wenig verschieden ist, kann er nicht gleichzeitig von dem um die endliche Größe $(l-k).2\pi$ verschiedenen Wert l^{ter} Ordnung in z_1 unendlich wenig verschieden sein.

(Für $z = 0$ sind alle Werte des Arcus durchaus unbestimmt; der Nullpunkt gehört nicht zum Definitionsbereich der Funktion Arcus.)

Wir sehen aus dem allen — und das ist das wesentlichste Resultat dieser Untersuchung —:

VI. *Es ist nicht anders möglich, den Arcus zu einer stetigen Funktion des Ortes in der Ebene zu machen, als wenn man auf die Eindeutigkeit Verzicht leistet und seine sämtlichen Werte zu einer unendlich vielwertigen Funktion zusammenfaßt.*

Sind zwei Punkte z_0, z_1 der Ebene durch eine gegebene Linie verbunden, so können wir uns die Aufgabe stellen:

Irgend einer der zu z_0 *gehörenden Werte des Arcus ist vorgeschrieben; man soll denjenigen zu* z_1 *gehörenden Wert desselben bestimmen, der erhalten wird, wenn man einen veränderlichen Punkt* z *die vorgeschriebene Linie durchlaufen und seinen Arcus, mit dem vorgeschriebenen Anfangswert beginnend, sich dabei stetig ändern läßt.*

Die bisherigen Entwicklungen geben eine Lösung dieser Aufgabe, die sich am einfachsten ausspricht, wenn man der Halbaxe der negativ reellen Zahlen einen bestimmten Richtungssinn *von 0* nach $-\infty$ zuschreibt, sodaß die *obere* Halbebene (in der der Koeffizient von i *positiv* ist) als *rechts*, die *untere* als links von ihr gelegen bezeichnet werden kann. Wir können dann sagen:

VII. *Solange der vorgeschriebene Weg die Halbaxe der negativ reellen Zahlen nicht überschreitet, hat man immer bei dem Wert derselben Ordnung zu bleiben; sobald aber eine solche Überschreitung stattfindet, hat man zur nächst höheren oder zur nächst niederen Ordnung überzugehen, je nachdem die Überschreitung von rechts nach links oder von links nach rechts geschieht.*

Besondere Beachtung verdient der specielle Fall dieses Satzes, in welchem z_1 mit z_0 zusammenfällt; wir sprechen ihn in folgender Form aus:

VIII. *Durchläuft z einen geschlossenen Weg und ändert sich sein Arcus dabei stetig, so ist er nach beendigter Durchlaufung um $(p-q)\,2\pi$ größer als vorher, wenn der Weg die Halbaxe der negativ reellen Zahlen p mal von rechts nach links, q mal von links nach rechts überschreitet.*

Diese Formulierung ist nun insofern noch nicht in jeder Hinsicht zweckentsprechend, als sie noch die Beziehung auf die Halbaxe der negativ reellen Zahlen enthält, die mit der Aufgabe an und für sich gar nichts zu thun hat und nur durch unsere willkürliche Definition des Hauptwerts hereingekommen ist. Wir können uns aber durch einen geometrischen Hilfssatz von dieser Beziehung frei machen. Seien nämlich vom Nullpunkt aus zwei sich nicht schneidende Linien L_1, L_2 ins Unendliche gezogen, so begrenzen sie zusammen ein Flächenstück vollständig; die eine, in der Figur L_1, läßt es links, die andere, L_2, rechts. Eine geschlossene Linie Γ, der ein bestimmter Sinn beigelegt ist, überschreite L_1 in p_1 Punkten A von rechts nach links, in q_1 Punkten B von links nach rechts; L_2 in p_2 Punkten D von rechts nach links, in q_2 Punkten C von links nach rechts. In den Punkten A und C tritt sie in das begrenzte Gebiet ein, in den Punkten B und D aus. Sie muß aber ebenso oft aus dem Bereiche aus-, als in ihn eintreten; also muß:

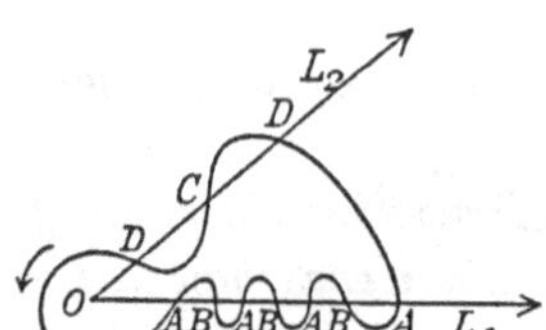

Fig. 25.

$$4)\qquad p_1 + q_2 = p_2 + q_1 \quad \text{oder:} \quad p_1 - q_1 = p_2 - q_2$$

sein; d. h. wir haben den Satz:

IX. *Die in Satz VIII auftretende Zahl $p - q$ hat für alle vom Nullpunkt ins Unendliche laufenden Linien denselben Wert.*

(Die beim Beweise des Satzes gemachte Einschränkung, daß sich L_1 und L_2 nicht schneiden sollen, läßt sich nachträglich beseitigen. Man kann zunächst den Satz ganz ebenso für zwei Linien L_1 und L_2 beweisen, die vom Nullpunkt an erst ein Stück zusammenfallen, dann auseinandertreten; hierauf kann man zu zwei sich schneidenden Linien L_1 und L_2 eine dritte angeben, die mit jeder von beiden mindestens einen Schnittpunkt weniger hat, als diese unter sich.)

X. *Wir nennen diese Anzahl die Anzahl der Windungen des Weges Γ um den Nullpunkt.*

Damit können wir den Satz VIII folgendermaßen formulieren:

XI. *Durchläuft z einen geschlossenen Weg, und ändert sich sein Arcus dabei stetig, so ist er nach beendigter Durchlaufung um sovielmal 2π größer als vorher, als die Anzahl der Windungen des Weges um den Nullpunkt beträgt.*

Von dem in den Sätzen VIII—XI behandelten Specialfall können wir leicht zum allgemeinen Fall des Satzes VII wieder aufsteigen; denn wir können jeden *beliebigen* Weg $z_0 \alpha z_1$, der von einem Punkte z_0 nach einem andern z_1 führt, ersetzen durch:

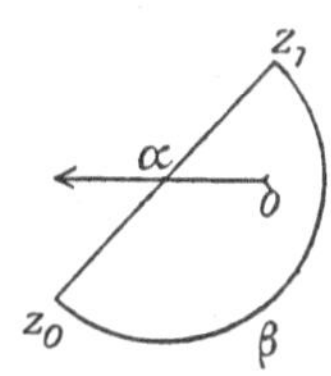

Fig. 26.

1. einen *bestimmten* Weg $z_0 \beta z_1$, z. B. einen solchen, der die Halbaxe der negativ reellen Zahlen nicht trifft;

2. den geschlossenen Weg $z_1 \beta z_0 \alpha z_1$, der aus dem in entgegegengesetzter Richtung durchlaufenen Weg (1) und dem gegebenen Weg $z_0 \alpha z_1$ besteht. Diese Bemerkung hat übrigens allgemeine Gültigkeit und bezieht sich nicht bloß auf die Untersuchung des Arcus; wir können sie etwa folgendermaßen formulieren:

XII. *Wir sind im stande die Wertänderung anzugeben, welche eine mehrwertige Funktion eines Punktes erfährt, wenn dieser Punkt einen beliebigen Weg von z_0 nach z_1 durchläuft und sie sich stetig dabei ändert — sobald wir die Wertänderung der Funktion für einen bestimmten Weg von z_0 nach z_1 und für einen beliebigen geschlossenen Weg kennen.*

§ 55. Die RIEMANN'sche Fläche des Arcus.

Wir können uns von den im vorigen Paragraphen besprochenen Verhältnissen ein anschauliches geometrisches Bild machen, wenn wir die Werte des Arcus in jedem Punkte der $(x + iy)$-Ebene senkrecht zu dieser Ebene als Ordinaten auftragen; die Endpunkte dieser Ordinaten werden eine bestimmte Fläche erfüllen. Wir nennen die 3. Koordinate in einem Raumkoordinatensystem, von dem zwei Axen mit unserer x- und y-Axe zusammenfallen, ζ; dann können wir die Koordinaten der Punkte dieser Fläche folgendermaßen durch zwei Parameter ausdrücken:

$$1) \qquad x = r\cos\varphi, \quad y = r\sin\varphi, \quad \zeta = \varphi.$$

Das sind die Gleichungen einer in der analytischen Geometrie wohlbekannten Fläche, die man *gewöhnliche gerade Schraubenfläche* nennt; man hat nur zu beachten, daß die Gleichungen (1) hier in einer Hinsicht etwas anders zu verstehen sind als dort. Dort werden r und φ als unbeschränkt reell veränderlich angesehen; die Schraubenfläche enthält jede der geraden Linien ganz, deren Gleichungen aus den Gleichungen (1) hervorgehen, wenn man in ihnen dem φ je einen bestimmten Wert giebt und nur noch r als veränderlich ansieht. Bei uns ist r ganz wesentlich auf *positive* Werte beschränkt; unsere Fläche enthält von jeder dieser Geraden nur den einen der beiden Strahlen, in welche sie durch ihren Schnittpunkt mit der ζ-Axe zerlegt wird. Wir wollen den Namen „Schraubenfläche" aber doch auch für unsere Fläche beibehalten.

Auf dieser Fläche ist nun der Arcus φ in der That eine *einwertige Funktion des Ortes*, insofern jedem ihrer Punkte ein und nur ein Wert von φ zugehört. Auch entspricht einem stetigen Fortschreiten auf der Fläche eine stetige Änderung des Arcus. Will man also die Frage beantworten, mit welchem Endwert des Arcus man in z_1 anlangt, wenn man mit einem bestimmten Anfangswert φ_0 von z_0 ausgehend eine bestimmte Kurve verfolgt und dabei den Arcus sich stetig ändern läßt, so braucht man nur über der Kurve einen geraden Cylinder zu errichten und diesen mit der Fläche zum Schnitt zu bringen. Geht die Kurve der z-Ebene nicht durch deren Nullpunkt und hat sie keinen Doppelpunkt, so zerfällt die Schnittkurve des Cylinders mit der Fläche in getrennte Stücke, die keinen Punkt gemeinsam haben, sondern überall durch senkrechte Abstände von je 2π von einander getrennt sind. Verfolgen wir also den von $(x_0, y_0, \zeta_0 = \varphi_0)$ ausgehenden Kurvenzweig auf der Fläche, so werden wir nie in Versuchung kommen auf einen andern Kurvenzweig überzutreten, wenn wir uns nur die Forderung vor Augen halten, daß das Fortschreiten längs der Kurve *stetig* (nicht sprungweise) geschehen soll. Wir werden also schließlich in einem ganz bestimmten der über z_1 gelegenen Flächenpunkte anlangen; seine Ordinate stellt uns den gesuchten Endwert des Arcus vor. — Schneidet die gegebene Kurve der z-Ebene sich selbst, so werden die Stücke der Schnittkurve des Cylinders mit der Fläche sich gegenseitig durchschneiden; aber auch dann wird kein Zweifel darüber sein können, auf welchem man fortzuschreiten hat, wenn man nur beachtet, wie die einzelnen vom Schnittpunkte ausgehenden Kurvenzweige auf der Fläche den einzelnen Zweigen in der Ebene entsprechen.

Wir entwickeln nun diese Vorstellungsweise noch einen Schritt weiter. Schon im II. Abschnitt haben wir als Träger der complexen Variabeln neben der Ebene die Kugel eingeführt; wir können ebenso gut unsere Schraubenfläche benutzen. Wir brauchen dazu nur jedem Punkte der Schraubenfläche denselben complexen Wert z zuzuordnen, wie seiner senkrechten Projektion auf die xy-Ebene — sodaß also hier jeder complexe Wert z nicht wie in den früheren Beispielen einem bestimmten Punkt der Fläche, sondern unendlich vielen (senkrecht übereinanderliegenden) zugeordnet ist. Wir können dann jede Funktion von x und y, sei sie nun ein- oder mehrdeutig, auch als Funktion des Ortes auf der Schraubenfläche betrachten, indem wir die zu je einem bestimmten z gehörenden Funktionswerte irgendwie auf die zu demselben z gehörenden Punkte der Fläche verteilen. Das Resultat der vorhergehenden Entwicklungen kann dann so ausgesprochen werden:

I. *Betrachtet man den Arcus von z als Funktion des Ortes auf unserer Schraubenfläche, so kann diese Funktion dadurch zu einer gleichzeitig eindeutigen und stetigen gemacht werden, daß man festsetzt, jedem Punkte der Fläche solle derjenige Wert des Arcus zugewiesen werden, der seiner Ordinate gleich ist.*

Endlich der letzte Schritt: In den Formeln (1) ist die Ganghöhe unserer Schraubenfläche $= 2\pi$ angenommen. Ihre Größe ist aber offenbar ganz nebensächlich; wir können sie abnehmen lassen, indem wir die Ordinaten aller Punkte der Fläche in gleichem Verhältnis verkleinern. Wir können sie schließlich unendlich klein werden lassen; dann besteht die ganze Fläche aus ebenen Blättern, die in unendlicher Anzahl unendlich dicht übereinander liegen und um den Nullpunkt herum in derselben Weise unter sich zusammenhängen, wie die Blätter der zuerst betrachteten Schraubenfläche.

II. *Eine solche Fläche, die aus einer Anzahl unter sich in bestimmter Weise zusammenhängender* ebener *Blätter besteht, nennen wir eine ebene Riemannsche Fläche.* Die hier vorliegende ist *unendlich vielblättrig über der ganzen z-Ebene ausgebreitet.* Um den Nullpunkt herum hängen alle ihre Blätter zusammen; wir sagen: der Nullpunkt ist für unsere Fläche ein *Verzweigungspunkt unendlich hoher Ordnung.* Über jedem andern Punkt der z-Ebene (auch über den Punkten der Halbaxe der negativ reellen Zahlen) verlaufen die Blätter der Fläche getrennt, sind einfach übereinander geschichtet.

Wir können uns dieselbe Fläche auch noch auf eine andere Art verschaffen, nämlich durch folgendes Verfahren: Wir schneiden die z-Ebene längs der Halbaxe der negativ reellen Zahlen von 0 nach $-\infty$ auf. Solcher aufgeschnittener Exemplare der z-Ebene denken wir uns unendlich viele und unterscheiden sie durch einen Index k, der alle ganzzahligen Werte von $-\infty$ bis $+\infty$ durchläuft. Wir schichten sie alle übereinander, sodaß immer das $(k+1)$te Blatt über dem $k$ten liegt. Endlich verbinden wir immer das rechte Ufer des Einschnitts im $k$ten Blatt mit dem linken Ufer des Einschnitts im $(k+1)$ten Blatt.

III. *Auf dieser in der einen oder andern Art konstruierten Fläche* — das ist das schließliche Resultat dieser Überlegungen — *können nun die Werte des Arcus als eindeutige und stetige Funktion des Ortes ausgebreitet werden.*

Mit solchen „Riemannschen Flächen“ werden wir im folgenden sehr häufig operieren, um uns den Zusammenhang zwischen den verschiedenen Werten einer mehrdeutigen Funktion vor Augen zu führen. Meist wird es uns dabei zweckmäßig erscheinen, uns die Fläche nicht über der Ebene, sondern über der Kugel ausgebreitet zu denken, indem wir die Ebene samt der über ihr ausgebreiteten Fläche stereographisch (§ 13) auf die Kugel projizieren. Im vorliegenden Fall hat das kaum Nutzen; wollen wir es doch thun, so müssen wir beachten, daß der Halbaxe der negativ reellen Zahlen auf der Kugel ein Halbmeridian entspricht, der die Punkte O und O' verbindet. Man sieht, daß die Blätter um den letzteren herum ebenso zusammenhängen, wie um den ersteren; nur sind, wenn man die um O laufenden Schraubenwindungen „rechtsgewunden“ nennt,[1] die um O' herumlaufenden „linksgewunden“ zu nennen. Denn eine Linie auf der Kugel, welche den Nullpunkt in positivem Sinne umkreist, d. h. so, daß er stets zur linken Seite ihrer Fortschreitungsrichtung liegt, hat gleichzeitig den Unendlichkeitspunkt zu ihrer Rechten, umkreist ihn also in negativem Sinne.

Eine Bemerkung ist noch erforderlich, um Mißverständnisse zu vermeiden, die sonst nahe liegen könnten. Wir haben im Laufe

[1] Wie in der Technik üblich; anders in der Botanik.

dieses Paragraphen öfters von „Blättern" der Fläche gesprochen; das knüpft zunächst an die Art an, wie wir sie aus der längs der Halbaxe der negativ reellen Zahlen zerschnittenen Ebene aufbauten, also an die willkürlich festgesetzte Definition des Hauptwerts des Arcus. An der fertigen Fläche ist von Fugen zwischen den Blättern nichts mehr zu sehen; wir können sie, wenn wir wollen, durch einen ganz beliebigen von 0 nach ∞ laufenden, durch alle Schichten geführten Schnitt in Blätter zerlegen. Dabei ist zu beachten: zwei über demselben Punkt der Ebene gelegene Punkte, die bei einer solchen Zerschneidung in verschiedenen Blättern liegen, liegen bei jeder in verschiedenen Blättern. Sind aber zwei Punkte gegeben, die über verschiedenen Punkten der Ebene liegen, so kann man den Schnitt nach Willkür so führen, daß sie in dasselbe, oder so, daß sie in verschiedene Blätter der Fläche zu liegen kommen. *Die Ausdrucksweise: „zwei Punkte desselben Blattes" hat daher immer nur rücksichtlich einer vorher fest gewählten Zerschneidung eine bestimmte Bedeutung.*

§ 56. Der Logarithmus.

Der Wert des Integrals

1) $$\int_1^z \frac{d\zeta}{\zeta}$$

ist innerhalb jedes einfach zusammenhängenden Bereichs, der den Einheitspunkt, aber weder den Null- noch den Unendlichkeitspunkt in seinem Innern enthält, nach § 35 eine in diesem Bereiche reguläre Funktion der oberen Grenze — vorausgesetzt, daß auch der Integrationsweg ganz in dem Bereiche verläuft. (Den Nullpunkt und den Unendlichkeitspunkt müssen wir dabei ausschließen, weil die zu integrierende Funktion im ersten einen Pol hat, im zweiten sich zwar regulär verhält, aber nicht von höherer als der ersten Ordnung Null wird (vgl. § 45, IV).

Ist z positiv reell und wird als Integrationsweg die Axe der positiv reellen Zahlen vorgeschrieben, so ist der Wert des Integrals (1) bekanntlich gleich dem natürlichen Logarithmus von z. Wir wollen diesen Namen und das zugehörige Funktionszeichen auch für den Fall eines complexen z beibehalten; wir definieren demgemäß:

I. *Unter dem natürlichen Logarithmus einer complexen Größe z, $\log z$, verstehen wir irgend einen der Werte, welche das Integral (1)* *anzunehmen im stande ist, wenn der Integrationsweg willkürlich gelassen wird.*

Wir können die Bestimmung dieser Werte auf die aus der elementaren Analysis bekannten Funktionen reeller Variabler zurückführen, wenn wir uns der in § 4 gelehrten Darstellung der complexen Größen durch absoluten Betrag und Arcus bedienen. Zu diesem Zwecke werde:

2) $$z = r(\cos\varphi + i\sin\varphi),$$

3) $$\zeta = \varrho(\cos\psi + i\sin\psi)$$

gesetzt. Um zunächst den einfachsten Fall zu behandeln, nehmen wir erst an, der vorgeschriebene Integrationsweg bestehe aus dem Stück der Axe der reellen Zahlen von 1 bis $|z|$ und aus einem die Punkte $|z|$ und z verbindenden Kreisbogen, dessen Mittelpunkt im Nullpunkt liegt (Fig. 27).

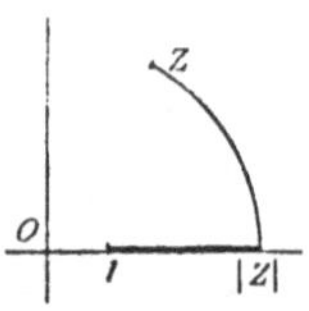

Fig. 27a.

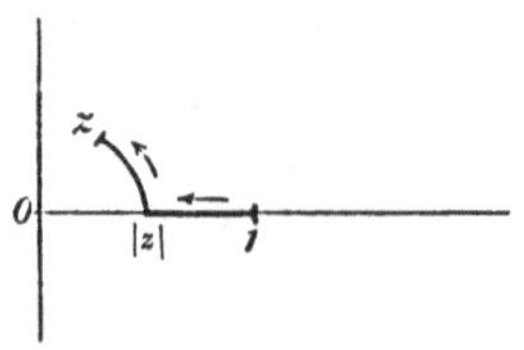

Fig. 27b.

Auf dem ersten Teil dieses Weges ist $\psi = 0$, $\zeta = \varrho$, $d\zeta = d\varrho$, und ϱ durchläuft die Werte von 1 bis $|z|$. Dieser Teil liefert also zu dem Integral (1) einen Beitrag, der gleich ist dem auf reellem Wege zwischen den reellen Grenzen zu nehmenden Integral:

4) $$\int_1^{|z|} \frac{d\varrho}{\varrho} = \operatorname{Log}|z|;$$

unter $\operatorname{Log}|z|$ ist hier der in den Elementen definierte reelle natürliche Logarithmus der reellen positiven Zahl $|z|$ zu verstehen. Auf dem zweiten Teil des Integrationsweges ist ϱ constant $= |z|$, also:

5) $$d\zeta = |z|(-\sin\psi + i\cos\psi)\,d\psi = i\zeta\,d\psi,$$

und ψ durchläuft die reellen Werte von 0 bis φ. Dieser zweite Teil liefert also zu dem Integral einen Beitrag gleich $i \times$ dem auf reellem Wege zu nehmenden Integral:

6) $$\int_0^{\varphi} d\psi = \varphi.$$

Für φ ist dabei, wie eben aus der Definition durch das Integral hervorgeht, derjenige Wert des Arcus von z zu nehmen, welcher nach § 54 erhalten wird, wenn man z, von $|z|$ ausgehend, den vorgeschriebenen Kreisbogen durchlaufen und dabei den Arcus von 0 ausgehend sich stetig ändern läßt. Es kann also hier jeder Wert dieses Arcus auftreten, wenn man zuläßt, daß der vorgeschriebene Kreisbogen mehr als die ganze Peripherie umfaßt.

Das für diese specielle Art von Integrationswegen gefundene Resultat gilt nun ganz allgemein. Denn jeder beliebige vorgeschriebene Integrationsweg von 1 nach z läßt sich ohne Überschreitung des Null- oder des Unendlichkeitspunkts so deformieren, daß er sich auf einen Weg der betrachteten Art reduziert. Damit ergiebt sich aus § 35, VI, daß die gefundenen Werte bereits die Gesamtheit der durch die Definition (I) gegebenen Werte von $\log z$ vorstellen; und wir können das Resultat der Untersuchung vollständig so aussprechen:

II. *Die Gesamtheit der Werte des Logarithmus der complexen Größe $z = r e^{i\varphi}$ wird durch die Formel:*

7) $$\log z = \operatorname{Log} r + i\varphi$$

gegeben, wenn in ihr unter $\operatorname{Log} r$ der reelle Logarithmus des absoluten Betrags von z, unter φ ein beliebiger Wert ihres Arcus verstanden wird.

III. *Der Logarithmus einer complexen Variabeln, wie er durch (1) definiert ist, ist also eine unendlich vieldeutige Funktion, deren sämtliche Werte aus irgend einem von ihnen durch Addition beliebiger ganzzahliger Vielfacher der konstanten Größe $2\pi i$ hervorgehen.*

IV. *Nimmt man den Hauptwert des Arcus, so erhält man einen bestimmten „Zweig" dieser unendlich vieldeutigen Funktion; man nennt ihn Hauptwert des Logarithmus.*

Eine positiv reelle Größe kann als specieller Wert einer complexen Variabeln angesehen werden. Als solche hat sie dann auch unendlich viele Logarithmen in dem hier definierten Sinne; von ihnen ist der Hauptwert identisch mit ihrem in den Elementen definierten reellen Logarithmus, die andern haben imaginäre Bestandteile, die gerade Vielfache von πi sind. — Die imaginären Bestandteile der Logarithmen negativ reeller Größen sind ungerade Vielfache von πi.

V. *Will man den Logarithmus zu einer eindeutigen Funktion des Ortes machen, so muß man seiner Betrachtung die im vorigen Paragraphen eingeführte RIEMANNsche Fläche zu Grunde legen.*

Wir müssen nunmehr die wichtigsten Eigenschaften der so definierten Funktion Logarithmus kennen lernen. Zunächst: Jeder ihrer Zweige ist (nach § 35, IV) in jedem ganz im Endlichen liegenden, einfach zusammenhängenden, den Nullpunkt nicht in seinem Innern enthaltenden Gebiete regulär, kann also in der Umgebung jedes von 0 und ∞ verschiedenen Wertes nach der TAYLORschen Reihe entwickelt werden. Die Koeffizienten dieser Entwicklungen lassen sich durch successive Differentiation aus der Definitionsgleichung (1) bestimmen; man findet nämlich wie für reelle z:

8) $$\frac{d^n \log z}{d z^n} = (-1)^{n-1} \cdot \frac{(n-1)!}{z^n} \, .$$

Besonders bemerkenswert ist

VI. *die Entwicklung des Hauptwerts nach Potenzen von $z - 1$:*

9) $$\log z = z - 1 - \frac{(z-1)^2}{2} + \frac{(z-1)^3}{3} - \frac{(z-1)^4}{4} + - + \dots$$

Der elementare Logarithmus einer positiven reellen Zahl hat ferner die fundamentale Eigenschaft, daß:

10) $$\log(z_1 z_2) = \log z_1 + \log z_2$$

ist. Um zu untersuchen, ob und in welchem Sinne diese Eigenschaft auch für die hier mit dem Namen Logarithmus bezeichnete unendlich vieldeutige Funktion complexen Arguments bestehen bleibt, gehen wir davon aus, daß jeder vorgeschriebene Weg von 1 nach $z_1 z_2$ so deformiert werden kann, daß er durch den Punkt z_1 hindurchführt, ohne daß dabei der Wert des Integrals

11) $$\int_1^{z_1 z_2} \frac{d\zeta}{\zeta} = \log(z_1 z_2)$$

sich ändert. Wir können also jeden Wert dieses Integrals auch in Gestalt der Summe:

12) $$\int_1^{z_1} \frac{d\zeta}{\zeta} + \int_{z_1}^{z_1 z_2} \frac{d\zeta}{\zeta}$$

schreiben, wenn wir die beiden Integrationswege passend wählen. Der erste Summand dieser Summe ist ein Wert von $\log z_1$; in den zweiten führen wir durch die Substitution:

13) $$\zeta = z_1 \eta$$

eine neue Integrationsvariable η ein. Wir haben diese Substitution in § 9 eingehend untersucht; sie ist in der ganzen Ebene umkehrbar eindeutig. Dem vorher in der ζ-Ebene festgelegten Weg von z_1 nach $z_1 z_2$ entspricht also in der η-Ebene Punkt für Punkt ein ganz bestimmter Weg von $\eta = 1$ nach $\eta = z_2$, sodaß wir den zweiten Summanden von (12) ersetzen dürfen durch:

$$\int_1^{z_2} \frac{d\eta}{\eta} = \text{einem Wert von } \log z_2.$$

Damit ist die Gültigkeit von (10) für complexe Argumente zunächst in dem Sinne bewiesen: wenn irgend ein Wert der linken Seite gegeben ist, können wir die Werte der Logarithmen auf der rechten Seite stets so wählen, daß die Gleichung zu stande kommt. Wir können sogar den Wert des einen der beiden Logarithmen rechts noch ganz willkürlich wählen und den andern dann immer noch so dazu bestimmen, daß die Gleichung richtig bleibt. Denn wenn ein Weg von 1 nach $z_1 z_2$ und einer von 1 nach z_1 vorgeschrieben sind, kann man immer noch einen Weg von z_1 nach z_2 dazu so angeben, daß alle drei Wege zusammen eine geschlossene Kurve bilden, die den Nullpunkt nullmal umwindet (§ 54, X).

Umgekehrt ist aber auch jeder Wert der rechten Seite von (10) gleich einem Werte der linken Seite. Denn wenn zwei willkürliche Wege von 1 nach z_1 und von 1 nach z_2 gegeben sind, können wir dem letzteren durch die Substitution (13) einen bestimmten Weg von z_1 nach $z_1 z_2$ zuordnen und diesen mit dem ersteren zu einem Weg von 1 nach $z_1 z_2$ zusammenfassen. Wir können deshalb sagen:

VII. *Die Gleichung (10) besteht für complexe Argumente z in dem Sinne, das jeder Wert der rechten Seite einem Wert der linken Seite gleich ist und umgekehrt, daß also die Gesamtheit der Werte beider Seiten übereinstimmt.*

Wir hätten diesen Satz, sobald einmal die Gleichheit irgend welcher Werte beider Seiten festgestellt ist, auch daraus ableiten können, daß beide Seiten den gleichen Grad von Vieldeutigkeit besitzen, indem beiderseits der Übergang von einem Werte zu beliebigen andern durch Addition irgend welcher ganzzahligen Vielfachen von $2\pi i$ geschieht. Das eingeschlagene Verfahren zeigt darüber hinaus noch, *wie* man, wenn zwei Integrationswege gegeben sind, den dritten zu wählen hat, damit die Gleichung richtig wird.

Bei andern Gleichungen zwischen mehrwertigen Funktionen können die Dinge ganz anders liegen. Setzen wir z. B. in Glchg. (10) $z_1 = z_2 = z$, so können wir noch vorschreiben, daß auch die beiden Wege auf der rechten Seite zusammenfallen sollen, und es geht dann aus dem ersten Beweise von Satz VII hervor, daß in der entstehenden Gleichung:

11) $$\log(z^2) = 2 \log z$$

jeder Wert der rechten Seite einem Werte der linken Seite gleich ist. Schreiben wir aber den Weg von 1 nach z^2 und einen der

Wege von 1 nach z vor, so können wir *nicht* schließen, daß der nach der vorhin gegebenen Regel zu bestimmende zweite Weg von 1 nach z mit dem ersten zusammenfalle, bezw. sich ohne Überschreitung des Nullpunkts auf ihn reduzieren lasse. Die zweite Methode giebt hier Auskunft: man sieht, daß die linke Seite von (11) bis auf ganzzahlige Vielfache von $2\pi i$, die rechte nur bis auf solche Vielfache von $4\pi i$ unbestimmt ist. Wir finden somit:

VIII. *In Gleichung (11) ist zwar jeder Wert der rechten Seite einem Wert der linken Seite gleich, aber die linke Seite kann außerdem noch die Werte von $2\log z + 2\pi i$ haben.*

Übrigens sei noch ausdrücklich hervorgehoben: Wollte man in den Gleichungen (10) und (11) für alle Logarithmen ihre Hauptwerte setzen, so würde man nicht in allen Fällen richtige Resultate erhalten, wie einfache Beispiele zeigen. (Man setze etwa $z = e^{\frac{3\pi i}{4}}$.)

§ 57. Die durch den Logarithmus vermittelte konforme Abbildung.

Wir wenden uns nunmehr zur Untersuchung der durch die Funktion:

$$1)\qquad w = \log z$$

vermittelten konformen Abbildung der z-Ebene auf die w-Ebene; dabei fassen wir zunächst den Hauptwert ins Auge. Aus der Theorie des reellen Logarithmus einer reellen positiven Zahl $|z|$ ist bekannt, daß er beständig wachsend alle reellen Zahlwerte von $-\infty$ bis $+\infty$ durchläuft, wenn $|z|$ von 0 bis ∞ wächst. Ferner wächst φ beständig von $-\pi$ bis $+\pi$, wenn z einen Kreis um den Nullpunkt, von seinem Schnittpunkt mit der negativen x-Axe ausgehend und dahin zurückkehrend, in positivem Sinne beschreibt. Da nun ein Kreis um den Nullpunkt und ein vom Nullpunkt ausgehender Radius Vektor sich nur in einem Punkte schneiden, so folgt:

I. *Der Hauptwert:*

$$2)\qquad w = u + iv$$

des Logarithmus nimmt jeden endlichen complexen Wert, dessen imaginärer Bestandteil v den Ungleichungen:

$$3)\qquad -\pi < v \leqq \pi$$

genügt, in einem und nur in einem Punkt der Ebene an.

Das heißt aber, geometrisch ausgedrückt:

II. *Durch den Hauptwert des Logarithmus wird die längs der Halbaxe der negativ reellen Zahlen aufgeschnittene z-Ebene konform* *abgebildet auf den von den Geraden $v = -\pi$ und $v = +\pi$ begrenzten Parallelstreifen der w-Ebene.*

Den vom Nullpunkt ausgehenden Halbstrahlen der z-Ebene entsprechen dabei die Parallelen zur u-Axe, den zum Nullpunkt konzentrischen Kreisen der z-Ebene die Parallelen zur v-Axe.

Geht man vom Hauptwert des Logarithmus zu seinen übrigen Werten über, so findet man:

III. *Der kte Wert des Logarithmus bildet die längs der Halbaxe der negativ reellen Zahlen aufgeschnittene z-Ebene auf den von den Parallelen:*

$$v = (2k - 1)\pi, \quad v = (2k + 1)\pi$$

begrenzten Streifen der w-Ebene ab.

Die Bilder der z-Ebene, welche vermittelst der verschiedenen Zweige der Funktion Logarithmus in der w-Ebene entworfen werden, legen sich demnach in dieser glatt nebeneinander und bedecken schließlich die ganze z-Ebene einfach und lückenlos. Daraus folgt:

IV. *Es giebt stets einen und nur einen* (endlichen und von Null verschiedenen) *Wert z, für welchen einer der Werte von $\log z$ gleich einer beliebig vorgegebenen endlichen complexen Größe w ist.*

Stellen wir uns also das Problem: „*den Logarithmus umzukehren*", d. h. betrachten wir z als Funktion von w, so sehen wir, daß diese Funktion in der ganzen Ebene eindeutig ist. Sie ist ferner in der ganzen Ebene *stetig*, wie aus der Definition des Logarithmus durch ein bestimmtes Integral folgt; auch an den Grenzen der Streifen ist die Stetigkeit nicht unterbrochen, wie aus den Entwicklungen der §§ 54, 55 über den stetigen Zusammenhang zwischen den verschiedenen Zweigen des Logarithmus (bezw. Arcus) hervorgeht. Endlich hat sie auch eine in der ganzen Ebene stetige erste Ableitung:

$$\text{4)} \qquad \frac{dz}{dw} = 1 : \frac{dw}{dz} = z;$$

es ist nämlich z für alle endlichen Werte von w endlich und von 0 verschieden. Zufolge der Definition einer regulären Funktion und des Satzes § 38, X können wir daher sagen:

V. *Die Umkehrung des Logarithmus ist eine in der ganzen Ebene reguläre, also eine ganze transcendente Funktion.*

Wenn wir das erst wissen, können wir uns zur Bestimmung der Koeffizienten dieser Reihe der Methode der unbestimmten Koeffizienten bedienen, indem wir:

$$z = \sum_{n=0}^{\infty} A_n w^n$$

in die Differentialgleichung (4) einsetzen. Wir erhalten daraus die Rekursionsformel für die A_n:

$$A_n = n A_{n-1};$$

und da $A_0 = 1$ sein muß (denn $z = 1$, $w = 0$ sind ein Paar zusammengehöriger Werte), so gestattet diese, die A_n successive zu berechnen. Wir erhalten so:

$$5) \qquad z = 1 + \sum_{n=1}^{\infty} \frac{w^n}{n!}, \text{ m. W.:}$$

VI. *Die Umkehrung des Logarithmus ist die uns aus § 40 bekannte Exponentialfunktion complexen Arguments.*

Wir hätten dieses Resultat noch auf manche andere Art erhalten können, z. B. durch Umkehrung der Reihe § 56, (9) im Sinne von § 46, X oder indem wir durch eingehendere Untersuchung der durch den Logarithmus vermittelten konformen Abbildung zeigen, daß sie gerade die Umkehrung der durch die Exponentialfunktion vermittelten ist. Der hier eingeschlagene Weg ist deswegen von Wichtigkeit, weil man auf ihm auch in komplizierteren Fällen zu der Erkenntnis gelangen kann, daß, bezw. ob ein vorgelegtes Umkehrproblem durch eine eindeutige Funktion gelöst wird. Zur Vermeidung von Mißverständnissen sei noch ausdrücklich bemerkt: zum Beweise des Satzes V würde es nicht ausreichen zu zeigen, daß die Umkehrungsfunktion in der Umgebung jedes Punktes ihres Definitionsbereichs regulär ist; es ist vielmehr erforderlich, daß man sich über die Gestalt dieses Definitionsbereichs zunächst eine klare Vorstellung verschafft, was eben am einfachsten durch Untersuchung der konformen Abbildung geschieht.

§ 58. Die Quadratwurzel.

Mit Hilfe der Funktion Logarithmus gelingt es uns nun auch, die am Ende des ersten Abschnitts zurückgeschobene Frage nach der Bedeutung der Wurzeln complexer Größen, d. h. der Umkehrung der in § 18 untersuchten Funktion z^n, zu erledigen. Es würden dazu zwar schon die Sätze III und IX des § 18 ausreichen; man beachte aber, daß wir diese Sätze damals nur auf Grund der Darstellung einer complexen Zahl durch absoluten Betrag und Arcus gewonnen haben, die mit der Bestimmung ihres Logarithmus äquivalent ist, soweit der hier wesentliche Punkt der Vieldeutigkeit in Betracht kommt. Man kann ja freilich jene Sätze, wenn man erst den Fundamentalsatz der Algebra hat, auch rein algebraisch ableiten; aber das ist viel umständlicher.[1] Überhaupt ist eine algebraische Funktion nicht notwendig an und für sich einfacher als eine transcendente. In diesem Paragraphen wollen wir nun die Funktion „Quadratwurzel" mit Hilfe der Funktion Logarithmus, bezw. der Exponentialfunktion untersuchen, als einfachstes Beispiel dafür, wie man in die Natur einer zwischen zwei Variabeln bestehenden algebraischen Abhängigkeit dadurch Einblick erhält, daß man sie beide als eindeutige transcendente Funktionen einer Hilfsvariabeln darstellt.

Wir definieren zunächst:

I. *Unter der Quadratwurzel aus einer complexen Größe z:*

1) $$s = \sqrt{z}$$

verstehen wir eine complexe Größe s, die der Gleichung:

2) $$s^2 = z$$

genügt.

Bestimmen wir nun eine Hilfsgröße η durch die Bedingung:

3) $$z = e^{\eta},$$

d. h. setzen wir η gleich einem der Werte der uns schon bekannten Funktion $\log z$, so können wir folgendermaßen auch s als eindeutige Funktion von η ausdrücken. Da die Gleichung (2) bestehen soll, muß auch jeder Wert des Logarithmus der einen Seite gleich einem Wert des Logarithmus der andern Seite sein; es folgt also:

4) $$\eta = \text{einem der Werte von } \log(s^2).$$

Diese Werte zerfallen aber (§ 56, VIII) in zwei Klassen: die einen sind $= 2 \log s$, die andern unterscheiden sich von diesen um ungerade Vielfache von $2\pi i$. Es folgt also, daß jeder Wert von $\log s$ sich entweder in der Form:

$$\frac{\eta}{2} + \cdot 2 k \pi i, \qquad k = 0, \pm 1, \pm 2 \ldots$$

oder in der Form:

$$\frac{\eta}{2} + \frac{1}{2}(2k + 1) \cdot 2 \pi i, \quad k = 0, \pm 1, \pm 2 \ldots$$

darstellen lassen muß. Wir können beide in die eine Form:

$$\frac{\eta}{2} + k \pi i, \qquad k = 0, \pm 1, \pm 2$$

zusammenfassen und erhalten so das Resultat:

[1] Vgl. z. B. H. Weber, Lehrbuch der Algebra, Bd. I (Braunschweig 1895) p. 107.

II. *Wird der gegebene Wert von z auf die Form (3) gebracht, so muß jeder zugehörige Wert von s unter der Form:*

5) $$s = e^{\frac{\eta}{2} + k\pi i}$$

enthalten sein, in der k irgend eine ganze Zahl bedeutet.

Umgekehrt folgt aus den Gleichungen (11), (12) von § 40:

III. *Wie auch die ganze Zahl k in (5) gewählt werden mag, immer liefert diese Formel einen Wert von s, der die Gleichung (2) erfüllt, also n. Def. als ein Wert von $\sqrt{z}$ zu bezeichnen ist.*

Wir können das übrigens auch noch anders fassen. Wir haben oben unter η einen bestimmten der Werte von $\log z$ verstanden; alle andern sind dann $\eta + 2k\pi i$. Wir erhalten also gerade alle die Werte (5), wenn wir in:

6) $$s = e^{\frac{\eta}{2}} = e^{\frac{1}{2}\log z}$$

unter η nicht mehr einen bestimmten, sondern einen beliebigen der Werte von $\log z$ verstehen. Demnach können wir die Sätze II und III auch so aussprechen:

IV. *Wir erhalten alle Paare zusammengehörender Werte s, z, welche die Gleichung (2) befriedigen, wenn wir:*

7) $$s = e^{\eta/2}, \quad z = e^{\eta}$$

setzen und η als unabhängige Variable behandeln.

V. *Nehmen wir für $\log z$ in (6) den Hauptwert, so erhalten wir einen bestimmten Wert von s; wir nennen ihn den Hauptwert der Quadratwurzel. Er ist dadurch charakterisiert, daß sein Arcus ψ den Bedingungen:*

8) $$-\frac{\pi}{2} < \psi \leqq \frac{\pi}{2}$$

genügt, m. a. W., daß sein reeller Bestandteil nicht negativ ist.

Da wir den Logarithmus als eine unendlich vieldeutige Funktion erkannt haben, so könnte es nach der Darstellung (6) zunächst scheinen, als ob auch die Quadratwurzel unendlich vieler Werte fähig wäre. Aber das ist nicht der Fall. Alle Werte des Logarithmus entstehen nämlich aus dem Hauptwert durch Addition von $2k\pi i$, wo k eine beliebige ganze Zahl bedeutet. Ist diese ganze Zahl gerade, so erhält man aus (6) denselben Wert $s = s_0$, wie wenn man den Hauptwert des Logarithmus nimmt; ist sie ungerade, so erhält man $s = s_0 e^{\pi i} = -s_0$. Es giebt folglich für die Quadratwurzel außer dem Hauptwert nur noch einen Nebenwert; anders ausgedrückt:

VI. *Zu jedem (von 0 und ∞ verschiedenen) Wert der complexen Größe z gehören zwei und nur zwei Werte von s, welche der Gleichung (2) Genüge leisten.*

§ 59. Die RIEMANN'sche Fläche der Quadratwurzel.

Infolge des letzten Satzes bedarf es, um die Quadratwurzel zu einer eindeutigen Funktion des Ortes auf einer Fläche zu machen, nicht der unendlich vielblättrigen Schraubenfläche des Logarithmus, sondern es genügt eine *zweiblättrige Fläche,* die aus zwei Umgängen jener Schraube besteht (Fig. 28). Dabei ist zu beachten, daß der „zweite Wert" des Logarithmus (im Sinne der Definition § 54, IV) wieder den Hauptwert der Quadratwurzel liefert. Wo also bei der Fläche des Logarithmus das zweite Blatt in das dritte überging, muß bei der Fläche der Quadratwurzel an das zweite Blatt wieder das erste sich anschließen, wenn anders jedem stetigen Zusammenhang der Funktionswerte ein stetiger Zusammenhang der Flächenteile entsprechen soll. Das kann man sich aber im Raume nicht anders vorstellen, als in der Weise, daß man *die Schlußkante des zweiten Blattes den unter ihr liegenden Flächenteil durchdringen* läßt, damit sie die wieder unter diesem liegende Anfangskante des ersten Blattes erreichen und sich mit ihr verschmelzen kann (Fig. 29).

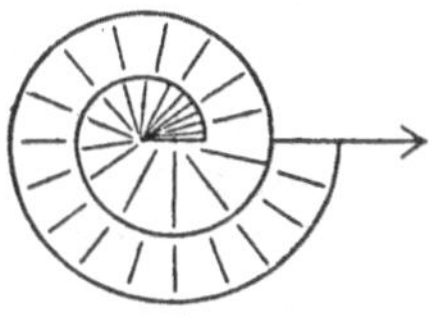

Fig. 28.

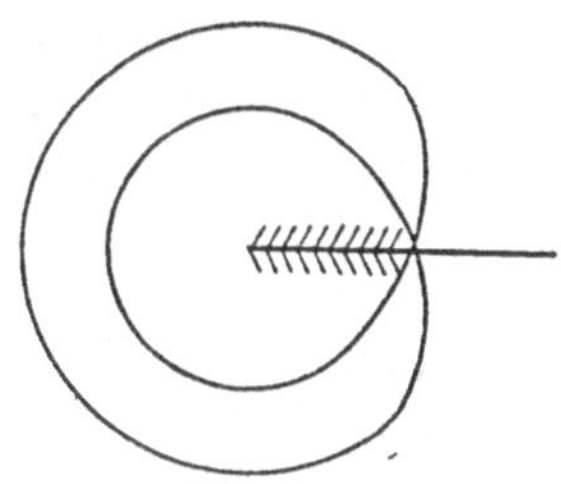

Fig. 29.

Man macht sich von einer solchen Fläche am leichtesten ein Bild, wenn man sie allmählich entstehen läßt. Man denke sich in der Ebene einen im Nullpunkt beginnenden unbegrenzten Radius, der von einer bestimmten Anfangslage (etwa $\varphi = -\pi$) aus sich in positivem Sinne um den Nullpunkt dreht und durch diese seine Bewegung ein Flächenstück beschreibt. Wenn er in die Anfangslage zurückgelangt ist, hat die erzeugte Fläche zwei dicht nebeneinander liegende Ränder. Diese sollen aber nun nicht miteinander verschmelzen, sondern der vorschreitende Rand soll sich über den festen wegschieben und seine drehende Bewegung im selben Sinne wie bisher weiter fortsetzen, indem er dabei das fortwährend sich ausdehnende Flächenstück hinter sich her schleppt. Wir lassen diesen vorschreitenden Rand noch einen zweiten Umlauf machen, dann aber das unter ihm liegende Flächenstück durchsetzen und sich mit dem noch tiefer liegenden Anfangsrand vereinigen.

Fig. 30 stellt einen senkrecht zur Halbaxe der negativ reellen Zahlen geführten Schnitt durch die Fläche dar; sie zeigt, wie längs derselben der linke Teil des I. Blattes mit dem rechten des II., der rechte des I. mit dem linken des II. zusammenhängt.

Fig. 30.

Der Nullpunkt, um den herum die beiden Blätter miteinander zusammenhängen, so daß man bei seiner Umkreisung aus einem Blatt in das andere gelangt, heißt ein *Verzweigungspunkt* der Fläche (vgl. § 55, II) und zwar ein einfacher, oder ein solcher von der ersten Ordnung. Ebenso ist der Punkt ∞ einfacher Verzweigungspunkt. Die Linie längs welcher die beiden Blätter sich durchsetzen, heißt *Übergangslinie.*

Auf dieser Fläche ist nun die Quadratwurzel eine eindeutige Funktion des Ortes; jedem ihrer Punkte ist nicht nur ein bestimmter Wert von z, sondern auch ein bestimmter Wert von $s = \sqrt{z}$ zugewiesen. Dabei ist s auch eine *stetige* Funktion des Ortes auf der Fläche; durchläuft ein Punkt einen auf der Fläche selbst (nicht etwa bloß in der Projektion auf die z-Ebene) geschlossenen Weg in stetigem Fortschreiten, so ändern sich auch die zugehörigen Werte der Quadratwurzel stetig. *Umgekehrt entspricht auch jedem Wertepaar* (z, s), *das der Gleichung* § 58, (2) *genügt, nur ein Punkt der Fläche.* Damit das ausnahmslos gilt, müssen wir noch festsetzen: *der Verzweigungspunkt zählt nur für einen Punkt der Fläche,* entsprechend dem Wertepaar (0, 0). *Jeder andere Punkt der Übergangslinie dagegen repräsentiert zwei Punkte der Fläche,* von denen der eine dem einen, der andere dem anderen der sich in der Übergangslinie durchsetzenden Flächenteile angehört.

Es ist von Wichtigkeit, daß man sich darüber klar ist, was an dieser geometrischen Darstellung des Zusammenhangs der Funktionswerte durch die Riemannsche Fläche wesentlich und was unwesentlich ist. Wesentlich sind die Verzweigungspunkte $z = 0$ und $z = \infty$; sie ändern hieße von der Funktion $s = \sqrt{z}$ zu einer andern Funktion übergehen, nicht bloß dem geometrischen Bild eine andere Gestalt erteilen. Dagegen ist die Gestalt der Übergangslinie ganz unwesentlich; sie muß nur die Punkte 0 und ∞ verbinden. Daß sie gerade mit der Axe der negativ reellen Zahlen zusammenfällt, ist nur eine Konsequenz des Willküraktes, durch den wir § 54, I den Hauptwert des Arcus und damit des Logarithmus definiert haben. Wir könnten irgend eine andere willkürliche Festsetzung treffen, um ein erstes Blatt unserer Fläche zu definieren. Geometrisch wird sich eine solche Festsetzung immer so formulieren: Man ziehe eine bestimmte, sich nicht durchsetzende Linie von 0 nach ∞; alsdann wähle man für einen bestimmten, nicht auf dieser Linie liegenden Punkt z_0 einen der beiden zugehörigen Werte von s, s_0, und nehme in jedem andern Punkte z_1 denjenigen Wert von s, den man erhält, wenn man z von z_0 aus einen die Linie nicht schneidenden Weg beschreiben und dabei s von s_0 aus sich stetig ändern läßt. Nehmen wir dann zwei solche Blätter und verbinden sie längs der Übergangslinie kreuzweise, so erhalten wir ebenfalls eine Fläche, auf der $\sqrt{z}$ eine eindeutige und stetige Funktion des Ortes ist.

Wollen wir dieser Willkürlichkeit der Übergangslinie in unserem geometrischen Bilde Rechnung tragen, so müssen wir uns *die Blätter in der Weise gegeneinander beweglich denken, daß die Übergangslinie unbeschadet des Zusammenhangs verschoben werden kann.* Freilich setzt das voraus, daß der eine Flächenteil sich teilweise durch den andern hindurchschiebt, ohne daß dieser zerreißt; aber wir haben auch gar nicht nötig, den Blättern die Eigenschaft der Undurchdringlichkeit beizulegen, da sie ja geometrische und nicht physikalische Gebilde sind. Überhaupt ist die Übergangslinie nur ein notwendiges Übel; es findet in ihr ebensowenig ein stetiger Übergang von einem der zu demselben Argumentwerte gehörenden Funktionswerte zum andern statt, wie in andern Stellen der Fläche (mit Ausnahme der Verzweigungspunkte). Wir wollen, um dem Rechnung zu tragen, folgendes festsetzen — und zwar ein- für allemal, da uns ähnliche Verhältnisse noch öfter begegnen werden:

Zwischen zwei Flächenteilen, die sich in einer Linie durchsetzen, soll längs dieser Linie kein Zusammenhang angenommen werden; ein Punkt, der sich auf einer derartigen Fläche bewegt, soll, wenn er an eine solche Linie kommt, niemals auf den andern Flächenteil übergehen dürfen.

(In Fig. 30 bilden die linke Hälfte des unteren und die rechte des oberen „*Blattes*“ den einen, die rechte Hälfte des unteren und die linke des oberen den andern der beiden „*Flächenteile*“, von welchen in vorstehendem Satze die Rede ist.)

§ 60. Zusammenhangsverhältnisse dieser Fläche.

Man begegnet häufig der Aufgabe, die allgemeinen Sätze des IV. Abschnitts über eindeutige Funktionen von z auf solche Funktionen zu übertragen, welche auf irgend einer andern Riemannschen Fläche, als der Ebene, bezw. der Kugel eindeutige Funktionen des Ortes sind. Nun beruhten jene Sätze auf dem fundamentalen CAUCHYschen Integralsatz von § 36, und dieser wieder auf der Umformung eines über eine geschlossene Kurve erstreckten Integrals in ein Doppelintegral über die von der Kurve begrenzte Fläche. Sollen daher jene Sätze auf irgend eine andere Fläche übertragen werden, so wird jedesmal vor allem die Vorfrage entschieden werden müssen, ob auch auf dieser Fläche jede geschlossene Kurve für sich allein ein Flächenstück vollständig begrenzt; es ist das nämlich, wie wir sehen werden, keineswegs bei allen Flächen der Fall.

Die Frage ist, wie man sieht, eine *qualitative;* sie hat mit den Maßverhältnissen der Fläche nichts zu thun, sondern ist für alle Flächen in derselben Weise zu beantworten, die durch stetige Umformung (Biegung und Dehnung) ohne Zerreißung ineinander übergeführt werden können. Sie gehört also einem Abschnitte der Geometrie an, den man als *Analysis situs* oder *Topologie* zu bezeichnen pflegt und der überhaupt von denjenigen Eigenschaften geometrischer Gebilde handelt, welche allen Gebilden gemeinsam sind, die durch Biegung und Dehnung ohne Zerreißung ineinander übergeführt werden können. Man kann in ihr noch den Unterschied machen, ob man nur solche Umformungen in Betracht ziehen will, bei welchen die Gebilde auch als undurchdringlich angesehen werden, oder ob man ihnen die Eigenschaft der Undurchdringlichkeit absprechen will. Für unsere Zwecke ist es nach den Auseinandersetzungen des vorigen Paragraphen durchaus erforderlich, daß wir uns auf den zweiten Standpunkt stellen. Dann können wir unsere Fläche folgendermaßen in eine Kugel umformen:[1]

Wir beginnen damit, daß wir das innere Blatt immer weiter durch die Übergangslinie herausziehen (Fig. 31, *a*). Das können wir solange fortsetzen bis überhaupt der ganze innere kugelförmige Sack herausgezogen ist; es erscheint dann an der Stelle, an der die Übergangslinie sich befunden hatte, eine scharfe Kante (*b*). Diese glätten wir ab (*c*) und haben schließlich eine Kugel in der Hand (*d*).

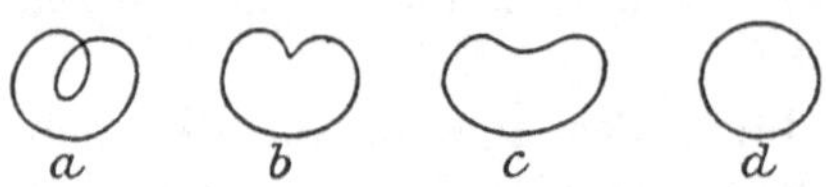

Fig. 31.

Wir können uns diesen Umformungsprozeß übrigens auch noch etwas anders zurechtlegen. Wir können uns zunächst die innere

[1] Eine große Anzahl von Figuren zur Erläuterung solcher Umformungsprozesse findet man in dem Schriftchen von FR. HOFMANN: Methodik der stetigen Deformation zweiblättriger RIEMANNscher Flächen, Halle 1888.

Kugel mehr und mehr abgeplattet denken, bis sie zuletzt in eine doppelt bedeckte ebene Kreisscheibe übergeht. Dann können wir uns vorstellen, daß wir die beiden Blätter dieser Scheibe durcheinander durchschlagen, so daß eine Kugel mit einer sackförmigen Einstülpung entsteht (Fig. 32, *b*). Lassen wir diese Einstülpung sich immer mehr abflachen, so haben wir schließlich ebenfalls eine Kugel.

Fig. 32.

Übrigens brauchen wir die Frage nach der Möglichkeit einer *stetigen* Umformung einer Fläche in eine andere gar nicht in erster Linie zu betonen. Worauf es schließlich ankommt, damit zwei Flächen für die von uns vorzunehmenden Untersuchungen äquivalent sind, das ist nur: die Flächen müssen sich so aufeinander beziehen lassen, daß jedem stetigen Weg auf der einen ein stetiger Weg auf der andern entspricht. Denn dann wird auch jeder geschlossenen Linie der einen, die einen Flächenteil vollständig abgrenzt, eine geschlossene Linie der andern von derselben Eigenschaft entsprechen (sonst würde nämlich einem stetigen Weg auf der zweiten Fläche, der zwei Punkte auf verschiedenen Seiten dieser Linie verbindet, kein ebensolcher Weg auf der andern Fläche entsprechen können, gegen die Voraussetzung). Eine solche Zuordnung zweier Flächen zu einander wird aber auch erreicht sein, wenn der folgende Prozeß zum Ziele führt.

Man zerschneide die vorgelegte Fläche in irgend welche Stücke, trage aber vorher dafür Sorge, daß an den neu entstehenden Rändern vermerkt wird, in welcher Weise sie zusammengehören. Dann deformiere man jedes der entstandenen Stücke für sich, ohne Zerreißung und ohne Verschmelzung vorher getrennter Teile. Hierauf lege man die deformierten Stücke wieder so nebeneinander, daß sie mit solchen Teilen ihrer Ränder paarweise aneinander stoßen, welche auch ursprünglich zusammen gehörten. Endlich vereinige man diese Ränder wieder.

In unserem Falle kann das nun folgendermaßen geschehen. Wir bezeichnen zunächst das rechte (d. h. auf der Seite der positiven y gelegene) Ufer der Übergangslinie in jedem Blatte durch Schraffierung (Fig. 33, *a*). Dann führen wir längs der Übergangslinie einen Schnitt durch beide Blätter, so erscheint jedes Blatt als eine mit einem Einschnitt versehene Kugel, resp. Ebene — die letztere Vorstellung ist hier die bequemere. Indem wir die beiden Ufer des Einschnitts um den Nullpunkt nach entgegengesetzten Richtungen hin auseinanderdrehen, pressen wir die Fläche zusammen; wir setzen das so lange fort, bis der Winkel im Nullpunkt, der 2π betrug, auf π reduziert ist. Ebenso verfahren wir mit dem andern Blatte. Sind die Blätter beide so weit umgeformt, so können wir sie in der Ebene glatt nebeneinander legen; und zwar thun wir das so, daß wir den glatten Rand jedes Blattes an den schraffierten des andern legen, wie es ursprünglich der Fall war. (Dabei können wir auch dafür noch sorgen, daß gerade solche Punkte der Ränder nebeneinander zu liegen kommen, die auch ursprünglich nebeneinander lagen.) Schließlich vereinigen wir diese Ränder wieder; dann haben wir eine schlichte Ebene, bezw. Kugel vor uns. (Fig. 33, *c*.)

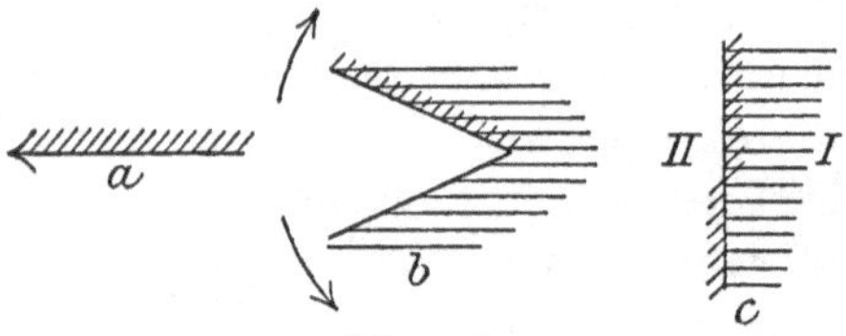

Fig. 33.

Wir gelangen also bei allen diesen Umformungsmethoden übereinstimmend zu dem Satze:

Die zweiblättrige Riemann*sche Fläche mit zwei Verzweigungspunkten hat dieselben Zusammenhangsverhältnisse wie die Kugel.*

§ 61. Anwendung der Cauchy'schen Sätze auf Funktionen, die auf der Riemann'schen Fläche von $\sqrt{z}$ eindeutig sind.

Nach den Ergebnissen des vorigen Paragraphen hat die zweiblättrige Riemannsche Fläche mit zwei Verzweigungspunkten mit der Kugel die Eigenschaft gemein, daß sie durch jede auf ihr gezogene geschlossene Kurve in je zwei Teile zerlegt wird, deren jeder von der Kurve vollständig begrenzt ist. Infolgedessen können wir die Cauchyschen Sätze des II. Abschnitts auf jede Funktion anwenden, die in einem begrenzten Bereiche unserer Fläche regulär ist.

Wenn der betreffende Bereich keinen Verzweigungspunkt in seinem Innern enthält, hat das gar keine Schwierigkeit. So gilt z. B. für die Funktion $\sqrt{z}$ selbst in der Umgebung eines beliebigen von 0 und ∞ verschiedenen Punktes a der Fläche die Taylorsche *Entwicklung:*

$$1)\quad \sqrt{z} = \sqrt{a}\left\{1 + \frac{1}{2}\frac{z-a}{a} - \frac{1\cdot 1}{2\cdot 4}\frac{(z-a)^2}{a^2} + \frac{1\cdot 1\cdot 3}{2\cdot 4\cdot 6}\frac{(z-a)^3}{a^3} - + -\right\},$$

die den einen oder den andern Zweig der Funktion liefert, je nachdem man für den vor der Klammer stehendenden Faktor $\sqrt{a}$

den einen oder den andern Wert nimmt (in der Klammer stehen nur eindeutige Funktionen).[1]

Wenn der betreffende Bereich aber einen Verzweigungspunkt in seinem Innern enthält, gilt zwar noch der Satz von § 35, daß:

$$\int f(z)\,dz = 0$$

ist, wenn die Funktion in dem Bereiche stetig ist und eine stetige erste Ableitung hat; aber die Reihenentwicklung des § 37 läßt sich nicht mehr ohne weiteres anwenden. Wollte man nämlich die dortigen Schlüsse auf den jetzigen Fall übertragen, so hätte man zu berücksichtigen, daß die Funktion

$$\frac{f(z)}{z - \zeta}$$

jetzt nicht nur in einem Punkte ζ, sondern in zwei übereinanderliegenden Punkten der Fläche unendlich wird, welchen beide zu demselben Argumentwert ζ gehören. Infolgedessen würde die Entwicklung die Summe der beiden Werte $f_1(\zeta) + f_2(\zeta)$ geben, welche die Funktion f in diesen beiden Punkten besitzt. — In der That konvergiert die Entwicklung (1) auch nur in einem Kreise um a, der durch den Verzweigungspunkt geht, d. h. so lange

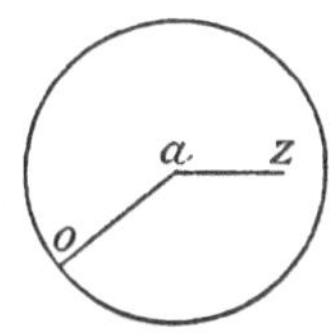

Fig. 34.

2) $$|z - a| < |a|$$

ist.

Will man eine Entwicklung einer auf der zweiblättrigen Fläche in der Umgebung eines Verzweigungspunkts regulären Funktion haben, so muß man die Umgebung des Verzweigungspunkts erst durch die Substitution:

3) $$z = t^2, \quad dz = 2\,t\,dt$$

auf die Umgebung des Nullpunkts einer t-Ebene umkehrbar eindeutig abbilden[2] und die zu untersuchende Funktion in diese

[1] Man schließe nur nicht etwa, daß die Reihe (1) stets den „Hauptwert" $\sqrt{z}$ liefere, wenn für $\sqrt{a}$ der Hauptwert genommen wird; das ist nur so lange der Fall, als die gerade Verbindungslinie $\overline{az}$ die Halbaxe der negativ reellen Zahlen nicht trifft.

[2] Da die Umkehrung der Funktion $s = \sqrt{z}$, durch die wir unsere Riemannsche Fläche definierten, nämlich $z = s^2$, eine eindeutige Funktion ist, können wir s selbst *hier* als t verwenden und erhalten infolgedessen nicht nur die Umgebung des Nullpunkts, sondern die *ganze* Fläche eindeutig auf die t-Ebene abgebildet; im allgemeinen wird das nicht der Fall sein.

Ebene übertragen. Eine in der Umgebung des Nullpunkts auf der zweiblättrigen Fläche reguläre Funktion von z geht dabei über in eine in der Umgebung des Nullpunkts auf der schlichten Ebene reguläre Funktion von t. Diese läßt sich nach Potenzen von t in eine MACLAURINsche Reihe entwickeln; führen wir dann statt t wieder z ein, so erhalten wir den Satz:

I. *Eine in der Umgebung des Nullpunkts auf der RIEMANNschen Fläche von* $s = \sqrt{z}$ *reguläre Funktion läßt sich in eine Reihe entwickeln, die nach Potenzen von* $\sqrt{z}$ *mit positiven, steigenden, ganzzahligen Exponenten fortschreitet.*

Wie aus der Ableitung dieses Satzes hervorgeht, ist in allen Gliedern der Reihe stets derselbe Wert der zweiwertigen Funktion $\sqrt{z}$ zu nehmen; je nachdem man den einen oder den andern nimmt, erhält man den Wert der Funktion in dem einen oder andern von zwei Punkten, die in den beiden Blättern der Fläche übereinander liegen. — Was den Konvergenzbereich der Reihe (I) betrifft, so ist er stets durch einen Kreis begrenzt; das folgt daraus, daß ein Kreis um den Nullpunkt der t-Ebene sich auf einen Kreis um den Nullpunkt der z-Ebene abbildet.

II. Auch der LAURENTsche Satz läßt sich auf Funktionen übertragen, die in der Umgebung des Nullpunkts unserer Fläche, abgesehen von diesem selbst, regulär sind. Man erhält Reihen, die nach Potenzen von $\sqrt{z}$ mit positiven und negativen ganzzahligen Exponenten fortschreiten. Je nachdem dabei nur eine endliche oder eine unendliche Anzahl Glieder mit negativen Exponenten auftreten, schreibt man der Funktion im Nullpunkt einen Pol oder einen wesentlich singulären Punkt zu. Dabei ist es zweckmäßig, *im Falle eines Pols die Ordnung des Unendlichwerdens durch den höchsten vorkommenden negativen Exponenten von* $\sqrt{z}$, *nicht von* z *selbst, zu messen.*

III. Es empfiehlt sich das auch deswegen, weil *gerade bei dieser Formulierung der Satz von § 46 sich ungeändert auf die RIEMANNsche Fläche überträgt.* Ohne weiteres geht das nämlich nicht; *der Satz, daß die Ableitung einer regulären Funktion ausnahmslos stetig sei, gilt in Verzweigungspunkten nicht mehr*, wie das Beispiel von $\sqrt{z}$ selbst schon zeigt. Übertragen wir aber alles in die t-Ebene, so fallen die Umständlichkeiten weg; geht $f(z)$ durch die Substitution (3) über in eine Funktion von t die mit $\psi(t)$ bezeichnet sei, so wird:

4) $$\frac{f'(z)}{f(z)} dz = \frac{\psi'(t)}{\psi(t)} dt,$$

wenn $\psi'(t)$ die Ableitung von ψ nach t bedeutet; und eine *geschlossene Kurve auf der Fläche,* die den Verzweigungspunkt umgiebt, geht über in eine Kurve der t-Ebene, die den Nullpunkt umgiebt. Das Integral:

$$\frac{1}{2\pi i}\int\frac{f'(z)}{f(z)}dz,$$

genommen um einen Verzweigungspunkt, ist also gleich der Ordnungszahl des Unendlichwerdens von $\psi(t)$ für $t = 0$; und das ist eben gerade die Zahl, die wir oben als Ordnungszahl des Unendlichwerdens von $f(z)$ im Verzweigungspunkte definiert hatten.

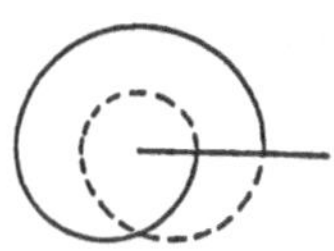

Fig. 35.

Will man auch den Satz von § 45 auf die zweiblättrige Fläche übertragen, so hat man zu beachten, daß $f(z)dz$ nicht einfach $= \psi(t)dt$, sondern $= 2\psi(t)t\,dt$ ist.

IV. *Infolgedessen ist als Residuum von $f(z)$ im Verzweigungspunkt der halbe Koeffizient von z^{-1} anzusehen.*

Für die Umgebung des im Unendlichen gelegenen Verzweigungspunkts unserer Fläche gelten analoge Modifikationen.

Damit können wir auch die Sätze IV und V von § 44 übertragen. Zunächst findet man wie dort:

V. *Eine auf unserer zweiblättrigen Fläche überall reguläre Funktion ist notwendig eine Konstante.*

Ferner:

VI. *Eine auf unserer zweiblättrigen Fläche im Endlichen überall reguläre Funktion ist eine rationale ganze Funktion von $s = \sqrt{z}$.*

In einer solchen Funktion können wir durch Benutzung der Gleichungen:

$$5)\qquad s^2 = z,\quad s^3 = z\sqrt{z},\quad s^4 = z^2,\quad s^5 = z^2\sqrt{z},\quad s^6 = z^3\ldots$$

die höheren Potenzen von s auf die erste herabdrücken und die Funktion auf die Gestalt bringen:

$$6)\qquad g_1(z) + s\,g_2(z),$$

in der g_1 und g_2 rationale ganze Funktionen von z allein bedeuten.

Auch § 44, VI können wir übertragen, sobald wir erst Funktionen haben, die auf der ganzen Fläche regulär sind mit Ausnahme eines einzigen Pols vorgeschriebener Ordnung an vorgeschriebener Stelle. Solche können wir aber leicht bilden: wir brauchen nur auf die t-Kugel überzugehen, da diese umkehrbar eindeutig auf unsere Fläche bezogen ist. Wir gelangen so zu dem Satze:

VII. *Eine auf unserer zweiblättrigen Fläche mit Ausnahme einzelner Pole reguläre Funktion ist eine rationale Funktion von $\sqrt{z}$.*

Wir könnten statt dessen (vgl. (6)) auch sagen: „*eine rationale Funktion von z und $s = \sqrt{z}$*“. Diese Form des Satzes gestattet noch einen andern Beweis, den wir hier mitteilen wollen, weil er sich auf kompliziertere algebraische Funktionen übertragen läßt, was mit der ersten Form und ihrem Beweise nicht der Fall ist.

Um einen Punkt der Fläche unzweideutig zu bezeichnen, müßten wir eigentlich außer z auch immer noch den zugehörigen Wert von s mit angeben. Statt dessen können wir aber auch festsetzen, daß das Zeichen z stets einen bestimmten Punkt der Fläche bedeuten soll, gleichgültig welchen von den beiden, die zu demselben Wert der complexen Variabeln z gehören; der andere von diesen beiden Punkten sei dann für den Augenblick mit $\overline{z}$ bezeichnet (abweichend von der § 11 benutzten Bedeutung dieses Zeichens).

Betrachten wir nun erstens die Funktion

$$f(z) + f(\overline{z}). \tag{7}$$

Auf unserer RIEMANNschen Fläche ist diese Funktion jedenfalls eindeutig; wir behaupten aber darüber hinaus, daß sie auch auf der schlichten Ebene eindeutig ist. Denn lassen wir z einen geschlossenen Weg in der Ebene beschreiben, der auch auf der Fläche geschlossen ist, so kehrt z nach z zurück und $\overline{z}$ nach $\overline{z}$; lassen wir aber z einen nur in der Ebene, nicht auch auf der Fläche geschlossenen Weg beschreiben, so kommt z nach $\overline{z}$ und $\overline{z}$ nach z. In beiden Fällen kehrt die Funktion (7) zu ihrem Ausgangswert zurück; sie muß also eine eindeutige Funktion von z sein. In der That fallen aus ihrer Entwicklung in der Umgebung eines Verzweigungspunktes die Glieder mit ungeraden Potenzen von $t\,(= s)$ heraus; denn wenn zu z der Wert t gehört, gehört zu $\overline{z}$ der Wert $-t$. Da sie ferner bis auf einzelne Pole regulär ist, muß sie nach § 44, VI eine rationale Funktion $r_1(z)$ von z allein sein:

$$f(z) + f(\overline{z}) = r_1(z). \tag{8}$$

Wenden wir dieselben Schlüsse auf das Produkt $s \cdot f(z)$ an, so erhalten wir:

$$s f(z) - s f(\overline{z}) = r_2(z); \tag{9}$$

und aus den beiden Gleichungen (8) und (9) folgt:

$$f(z) = r_1(z) + \frac{r_2(z)}{s}. \tag{10}$$

Damit ist Satz VII in der zweiten Form abermals bewiesen.

§ 62. Die Funktionen $\sqrt{(z-a)/(z-b)}$ und $\sqrt{(z-a)(z-b)}$.

Auf die in den letzten Paragraphen ausführlich behandelte Funktion $\sqrt{z}$ läßt sich die scheinbar allgemeinere Funktion

1) $$s = \sqrt{\frac{z-a}{z-b}}$$

durch die umkehrbar eindeutige Substitution

2) $$z' = \frac{z-a}{z-b}, \quad z = \frac{bz'-a}{z'-1}$$

zurückführen, die uns von den §§ 14—16 her geläufig ist. Breiten wir über einer z'-Kugel die Fläche der Funktion:

3) $$s = \sqrt{z'}$$

aus und führen dann diese Kugel samt der über ihr ausgebreiteten Fläche durch die Substitution (2) in die z-Kugel und eine über dieser zweiblättrig ausgebreitete Fläche über, so ist diese letztere Fläche geeignet, den Verlauf und die Verzweigung der Funktion (1) geometrisch darzustellen, da diese Funktion auf ihr eine eindeutige und stetige Funktion des Ortes ist. Den Verzweigungspunkten $z' = 0$ und $z' = \infty$ der ersteren Fläche entsprechen auf der letzteren Verzweigungspunkte bei $z = a$ und $z = b$; der Halbaxe der negativ reellen Zahlen nach § 14, IV ein diese beiden Punkte verbindender Kreisbogen, der auch durch den Punkt $z = \frac{1}{2}(a+b)$ (entsprechend $z' = -1$) geht, d. h. die gerade Verbindungslinie $\overline{ab}$.

Auf der so konstruierten Fläche ist nun auch die Funktion:

4) $$\sigma = \sqrt{(z-a)(z-b)}$$

eindeutig, wie man erkennt, wenn man sie auf die Form bringt:

5) $$\sigma = (z-b)s.$$

Diese Form zeigt, daß σ eine rationale Funktion von z und s ist; umgekehrt ist auch:

6) $$s = \frac{\sigma}{z-b}$$

eine rationale Funktion von z und σ. Man drückt das wohl auch so aus:

I. $\sqrt{(z-a)/(z-b)}$ *und* $\sqrt{(z-a)(z-b)}$ *sind Irrationalitäten derselben Klasse.*

Wir können natürlich die Riemannsche Fläche von σ auch direkt konstruieren, ohne auf s zurückzugehen. Zu diesem Zwecke gehen wir von der Bemerkung aus, daß die Gleichung:

7) $$\sqrt{z_1 z_2} = \sqrt{z_1}\sqrt{z_2}$$

in dem § 56, VII erläuterten Sinne eine *vollständige* Gleichung zwischen mehrwertigen Funktionen ist, daß nämlich jeder Wert der rechten Seite einem Wert der linken gleich ist und umgekehrt; es folgt das einfach daraus, daß für gegebene z_1, z_2 jede Seite zwei und nur zwei Werte hat (nicht etwa die rechte Seite vier Werte). Infolgedessen können wir die Wertänderung von $\sqrt{(z-a)(z-b)}$ bei stetiger Änderung von z übersehen, wenn wir die Änderung der beiden Faktoren $\sqrt{z-a}$ und $\sqrt{z-b}$ einzeln verfolgen. Das ist aber einfach die in den §§ 58—61 behandelte Frage, nur daß an Stelle des Nullpunkts der Punkt a, bezw. b tritt: $\sqrt{z-a}$ ändert sein Zeichen, wenn z den Punkt a umkreist, $\sqrt{z-b}$ wenn z den Punkt b umkreist. Das Produkt ändert also sein Zeichen oder bleibt ungeändert, je nachdem der Weg von z die beiden Punkte a und b zusammengezählt eine gerade oder eine ungerade Anzahl Male umkreist. Wir können Wege, für welche diese Anzahl ungerade ist, verhindern, wenn wir a mit b durch eine Linie verbinden und dem Punkt z verbieten, diese Linie zu überschreiten; denn dann kann er nur noch solche Wege beschreiben, welche den einen dieser beiden Punkte ebenso oft umwinden wie den andern. Schneiden wir also die Ebene längs dieser Linie ein, so ist dadurch auf der eingeschnittenen Ebene ein Zweig der Funktion eindeutig definiert; nehmen wir zwei Exemplare der in dieser Weise eingeschnittenen Ebene (bezw. Kugel) und heften sie längs des Einschnittes kreuzweise aneinander, so erhalten wir eine Riemannsche Fläche, auf der die zu untersuchende Funktion eine zugleich eindeutige und stetige Funktion des Ortes ist — genau dieselbe Fläche, die wir oben auf anderm Wege erhalten haben.

(Nicht unerwähnt bleibe, daß der Punkt $z = \infty$ *kein* Verzweigungspunkt der Fläche ist; umkreist man ihn, so ändert zwar jeder der Faktoren sein Zeichen, aber eben deswegen ändert die Funktion selbst das ihrige nicht. Die Entwicklung der Funktion lautet für die Umgebung des Punktes $z = \infty$ in einem Blatte:

$$8)\qquad \sigma = z - \frac{a+b}{2} - \frac{a^2 - 4ab + b^2}{8z} + \dots$$

im andern:

$$9)\qquad \sigma = -z + \frac{a+b}{2} + \frac{a^2 - 4ab + b^2}{8z} + \dots).$$

Nun hatten wir doch gesehen, daß sich jede rationale Funktion von s und z auch als rationale Funktion von s allein ausdrücken ließ, indem $z = (bs^2 - a)/(s^2 - 1)$ ist. Infolgedessen kann auch jede rationale Funktion von σ und z als rationale Funktion von s allein ausgedrückt oder, wie man wohl zu sagen pflegt: „durch Einführung von s rational gemacht" werden. *Daher führen auch die Integrale rationaler Funktionen von σ und z nicht auf neue Transcendenten,* *sondern lassen sich durch ebensolche Funktionen und Logarithmen solcher Funktionen ausdrücken.*

§ 63. Die Funktion $\sqrt[n]{z}$.

Nach der in den letzten Paragraphen ausführlich vorgenommenen Untersuchung des speciellen Falls der Quadratwurzel wird uns der allgemeine Fall der n^{ten} Wurzel aus z keine Schwierigkeit mehr bereiten. Wir definieren wieder:

I. *Unter der n^{ten} Wurzel einer complexen Größe z:*

1) $$s = \sqrt[n]{z}$$

(n eine positive ganze Zahl) verstehen wir eine complexe Größe s, die der Gleichung:

2) $$s^n = z$$

genügt.

Führen wir wie § 58:

3) $$\eta = \log z$$

als unabhängige Veränderliche ein, so finden wir wie dort:

II. *Wir erhalten alle Paare zusammengehöriger Werte von z und s, welche die Gleichung (2) befriedigen, wenn wir:*

4) $$z = e^\eta, \quad s = e^{\eta / n}$$

setzen und η als unabhängige Variable betrachten.

III. *Nehmen wir für $\log z$ in (3) den Hauptwert η_0, so erhalten wir aus (4) den „Hauptwert s_0 der n^{ten} Wurzel"; er ist dadurch charakterisiert, daß sein Arcus ψ den Bedingungen:*

5) $$-\frac{\pi}{n} < \psi \leqq \frac{\pi}{n}$$

genügt.

Aus dem Hauptwert des Logarithmus entstehen alle andern Werte desselben durch Addition von $2k\pi i$, wo k eine positive Zahl bedeutet. Ist $\varkappa$ der kleinste positive Rest dieser ganzen Zahl nach dem Zahlenmodul n, so erhält man, wenn man in (4) $\eta = \eta_0 + 2k\pi i$ setzt:

6) $$s = \varepsilon^\varkappa s_0;$$

darin bedeutet ε (vgl. § 18, 3) die bestimmte complexe Größe:

7) $$\varepsilon = e^{\frac{2\pi i}{n}} = \cos\frac{2\pi}{n} + i \sin\frac{2\pi}{n}.$$

Die n Potenzen dieser Größe:

$$\varepsilon^0 = 1, \quad \varepsilon^1, \quad \varepsilon^2 \ldots \varepsilon^{n-1}$$

sind alle voneinander verschieden; denn wäre etwa:

$$\varepsilon^{\varkappa} = \varepsilon^{\lambda},$$

so würde folgen:

$$\varepsilon^{\varkappa - \lambda} = 1,$$

was nicht der Fall ist (vgl. § 41, VII). Es giebt folglich für die n^{te} Wurzel außer dem Hauptwert noch $n-1$ Nebenwerte; wir können sagen:

IV. *Zu jedem von 0 und ∞ verschiedenen Werte der complexen Größe z gehören n und nur n verschiedene Werte von s, welche der Gleichung (2) Genüge leisten.*

Infolgedessen bedarf man, um die n^{te} Wurzel zu einer eindeutigen Funktion des Ortes auf einer Fläche zu machen, von der unendlichvielblättrigen Fläche des Logarithmus nur n Blätter. Soll die Funktion auch stetig auf der Fläche sein, so muß sich an das n^{te} Blatt das erste wieder anschließen; damit das geschehen kann, muß die Schlußkante des n^{ten} Blattes die sämtlichen unter ihr liegenden Flächenteile durchdringen, um die zu unterst liegende Anfangskante des ersten Blattes erreichen und sich mit ihr verschmelzen zu können.

Man wird sich auch von dieser Fläche am ehesten eine Vorstellung machen, wenn man sie sich allmählich entstehend denkt. Das geschieht wie § 59 im speciellen Falle $n = 2$; man hat nur den beweglichen Radius, statt zwei, n Umgänge ausführen und erst nach dem n^{ten} die unter ihm liegenden Flächenteile durchsetzen und sich mit dem Anfangsrand vereinigen zu lassen. Fig. 36 stellt einen senkrecht zur Halbaxe der negativ reellen Zahlen geführten Schnitt durch die Fläche (für $n = 4$) dar, vom Nullpunkt aus gesehen. Der Nullpunkt ist ein Verzweigungspunkt der Fläche, und zwar ein *$(n-1)$-facher;* geht man von der Ebene zur Kugel über, so erscheint auch der Punkt ∞ als $(n-1)$-facher Verzweigungspunkt.

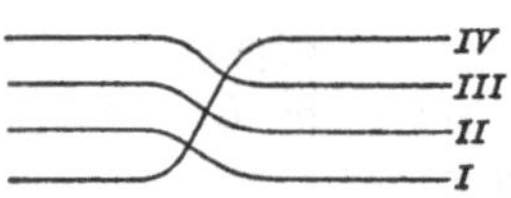

Fig. 36.

V. *Was die Zusammenhangsverhältnisse dieser Fläche betrifft, so sind sie auch im allgemeinen Falle eines beliebigen n dieselben wie die der Kugel.* Man kann das nach jeder der in § 60 besprochenen Methoden erkennen. Will man eine stetige Umformung haben, so muß man sich zuerst das innerste Blatt aus dem zweiten von innen herausgezogen denken, dann die aus der Umformung dieser beiden Blätter entstehende Kugel aus dem dritten u. s. w. Läßt man vorläufige Zerschneidung unter der Bedingung nachheriger Wiedervereinigung zu, so forme man jedes einzelne Blatt in der § 60 a. E. angegebenen Weise so lange um, bis der Winkel im Nullpunkt auf $\frac{2\pi}{n}$ reduziert ist, und lege die Blätter dann nebeneinander. Es bedarf kaum mehr der Erwähnung, daß man die Beziehung der so eingeteilten Kugel auf die n-blättrige Fläche auch als eine konforme, eben durch die Gleichung $s^n = z$ vermittelte, sich vorstellen kann.

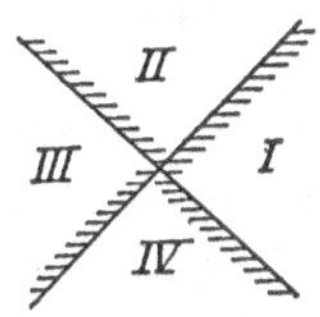

Fig. 37.

Die auf dieser Fläche mit Ausnahme einzelner Pole regulären Funktionen sind rationale Funktionen von $s = \sqrt[n]{z}$ und lassen sich wie § 61 behandeln.

Der nur scheinbar allgemeinere Fall der Funktion

$$\sqrt[n]{\frac{z-a}{z-b}}$$

läßt sich, wie in § 62 für $n = 2$ geschehen, auf $\sqrt[n]{z}$ zurückführen. Dagegen gehört die Funktion

$$\sqrt[n]{(z-a)(z-b)} \qquad (n > 2)$$

einer andern Klasse von Irrationalitäten an; sie hat, außer bei a und b, auch noch im Unendlichen einen Verzweigungspunkt.

§ 64. Die Gleichung $s^2 = 1 - z^3$.

Als Beispiel einer etwas weniger einfachen algebraischen Beziehung möge noch die durch die Gleichung

$$1) \qquad s^2 = 1 - z^3$$

dargestellte Abhängigkeit zwischen s und z besprochen werden. Die Gleichung zeigt zunächst, daß s eine zweiwertige Funktion von z ist; die Faktorenzerlegung:

$$2) \qquad (1 - z^3) \equiv (1-z)(\varepsilon - z)(\varepsilon^2 - z), \quad \varepsilon = e^{\frac{2\pi i}{3}}$$

läßt erkennen, daß s sein Zeichen ändert, wenn z einen der Punkte $1, \varepsilon, \varepsilon^2$ umkreist, daß also diese Punkte Verzweigungspunkte in der z-Ebene sind. Außerdem ist auch $z = \infty$ Verzweigungspunkt, wie die Entwicklung

$$is = z^{\frac{3}{2}} - \tfrac{1}{2} z^{\frac{1}{2}} + \dots$$

zeigt. Wollen wir also einen eindeutigen Zweig von s abspalten, so müssen wir diese 4 Punkte so durch Einschnitte verbinden, daß es nicht mehr möglich ist, einen einzelnen derselben zu umkreisen, ohne einen Einschnitt zu überschreiten. Wir können das in symmetrischer Weise erreichen, wenn wir von den 3 Punkten aus geradlinige Einschnitte so ins Unendliche legen, daß sie rückwärts verlängert den Nullpunkt treffen. Solcher eingeschnittenen z-Ebenen müssen wir 2 Exemplare nehmen und sie längs der Einschnitte kreuzweise aneinander heften, um eine Fläche zu bekommen, auf der auch s als einwertige und stetige Funktion des Ortes dargestellt werden kann.

Umgekehrt ist z eine dreiwertige Funktion von s:

$$z = \sqrt[3]{(1-s)(1+s)}.$$

Umkreist s einen der Punkte $+1$ oder -1 seiner Ebene in positivem Sinne, so tritt zu z jedesmal ε als Faktor; diese beiden Punkte sind also Verzweigungspunkte in der s-Ebene. Außerdem ist auch $s = \infty$ Verzweigungspunkt. Man wird also die s-Ebene etwa längs der Axe der reellen s, mit Ausnahme der Strecke zwischen -1 und $+1$, einschneiden. Von solchen eingeschnittenen s-Ebenen hat man dann 3 Exemplare längs der Einschnitte aneinander zu heften. Definiert man die Blätter dadurch daß für $s = 0$ im ersten Blatt $z = 1$, im zweiten $z = \varepsilon$, im dritten $z = \varepsilon^2$ sein soll, so muß positive Umkreisung jedes der beiden im Endlichen gelegenen Verzweigungspunkte aus dem ersten Blatt ins zweite, aus diesem ins dritte, aus diesem wieder ins erste führen; man muß also längs $(\infty, -1)$ die positive Halbebene des $\begin{Bmatrix}1\\2\\3\end{Bmatrix}$ Blattes mit der negativen des $\begin{Bmatrix}2\\3\\1\end{Bmatrix}$ zusammenhängen lassen, dagegen längs $(1, \infty)$ die positive Halbebene des $\begin{Bmatrix}1\\2\\3\end{Bmatrix}$ Blattes mit der negativen des $\begin{Bmatrix}3\\1\\2\end{Bmatrix}$ Blattes. Vom Punkte ∞ gehen also zwei Übergangslinien aus, längs deren die Blätter in verschiedener Weise zusammenhängen; man bestätigt, daß man bei einmaligem Umlauf um diesen Punkt in positivem Sinne (d. h. so daß er zur Linken liegt) aus dem ersten ins zweite Blatt gelangt, wie es sein muß.

Jene zweiblättrige Fläche über der z-Ebene und diese dreiblättrige Fläche über der s-Ebene sind nun durch die Gleichung (1) umkehrbar eindeutig und konform aufeinander abgebildet. Wollen wir diese Abbildung ins einzelne verfolgen, so müssen wir vor allem wissen, welche Linien jeder Fläche den Übergangslinien der andern Fläche entsprechen. Zu diesem Zwecke setzen wir:

$$z = x + iy, \quad s = u + iv$$

und trennen in Gleichung (1) Reelles und Imaginäres; wir erhalten so:

$$3) \qquad u^2 - v^2 = 1 - x^3 + 3xy^2$$

$$4) \qquad 2uv = -3x^2y + y^3.$$

Den Übergangslinien:

$$y = 0, \quad y = x\sqrt{3}, \quad y = -x\sqrt{3}, \quad (x^2 + y^2 > 1)$$

entspricht sonach die eine Linie $u = 0$ (in den 3 Blättern der Fläche über der s-Ebene); den Übergangslinien:

$$v = 0, \quad u < -1 \text{ und } v = 0, \quad u > 1$$

entsprechen die Linien:

$$y = 0, \qquad x < 0$$

$$\left.\begin{array}{l} y = \quad x\sqrt{3} \\ y = -x\sqrt{3} \end{array}\right\} x > 0$$

(in beiden Blättern der Fläche über der z-Ebene). Ziehen wir diese Linien auf den beiden Flächen, so zerfällt jede in sechs Teile; die Figg. 38 geben an, wie diese Teile einander zugeordnet sind. Um diese Zuordnung festzulegen, müssen wir noch (was oben noch nicht nötig war) auch die beiden Blätter der Fläche über der z-Ebene

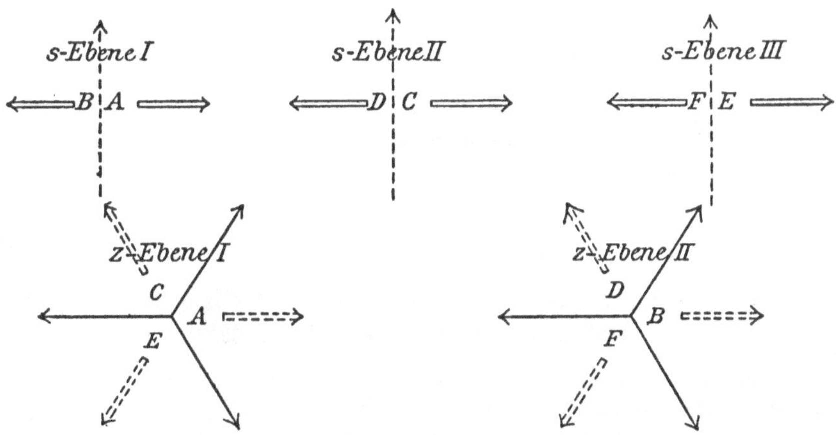

Fig. 38.

voneinander unterscheiden; etwa durch die Festsetzung, daß im Nullpunkt des ersten Blattes $s = 1$, in dem des zweiten $s = -1$ sein soll. Dann ist z. B. das Gebiet A dadurch definiert, daß es die Punkte ($z = 0$, $s = 1$) und ($z = 1$, $s = 0$) enthält; B enthält ($z = 0$, $s = -1$) und ($z = 1$, $s = 0$) u. s. f.

Will man die Abbildung etwa des Gebietes A_s auf das Gebiet A_z noch näher untersuchen, so mag man etwa aus den Formeln (1) noch entnehmen, daß folgende Linien beider Gebiete sich entsprechen:

$$u^2 - v^2 = 1, \quad u > 0, \quad v > 0 \ldots x + y\sqrt{3} = 0, \quad y < 0$$
$$u^2 - v^2 = 1, \quad u > 0, \quad v < 0 \ldots x - y\sqrt{3} = 0, \quad y > 0$$
$$v = 0, \quad 0 < u < 1 \quad \ldots \quad y = 0, \quad 0 < x < 1.$$

Man erhält dadurch je 4 Untergebiete, die einander so entsprechen, wie in der Fig. 39 angegeben.

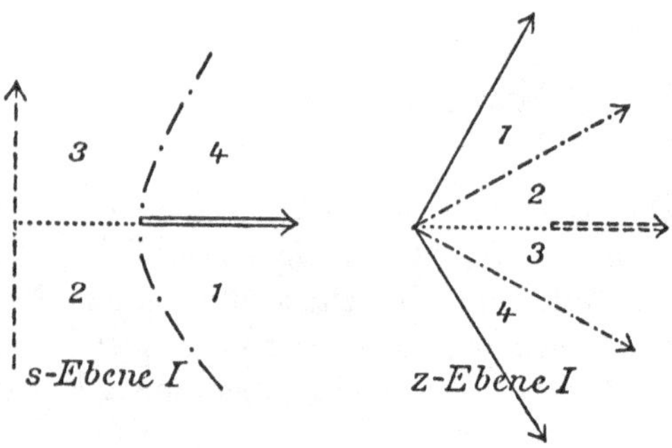

Fig. 39.

Wollte man noch weiter gehen, so würde es hier nicht zweckmäßig sein, nach den Kurven zu fragen, die den Parallelen zu den Axen jeder andern Ebene entsprechen. Dagegen ist aus Gleichung (3) und (4) zu entnehmen, daß den Hyperbeln der s-Ebene:

$$u^2 - v^2 = C_1, \qquad 2uv = C_2$$

Kurven der z-Ebene entsprechen, deren Eigenschaften sich aus ihren Gleichungen in Polarkoordinaten:

$$\varrho^3 \cos 3\varphi = 1 - C_1, \qquad \varrho^3 \sin 3\varphi = -C_2$$

ergeben.

§ 65. Übergang von der Mittag-Leffler'schen Partialbruchzerlegung zur Weierstrass'schen Produktentwicklung.

Haben wir eine Funktion der in § 51 betrachteten Art, deren sämtliche Pole einfach und deren sämtliche Residuen $= 1$ sind, die sich also durch eine Reihe der Form darstellen läßt:

$$1) \qquad \varphi(z) = \sum_{\nu=0}^{\infty} \left\{ \frac{1}{z - a_\nu} + a_{\nu 0} + a_{\nu 1} z + \ldots + a_{\nu k} z^k \right\},$$

so können wir (als Umkehrung des Satzes § 46, II) zeigen, daß diese Funktion die logarithmische Ableitung einer ganzen transcendenten Funktion $f(z)$, d. h. daß:

2) $$\varphi(z) = \frac{d \log f(z)}{dz} = \frac{f'(z)}{f(z)}$$

ist. Nach § 35, IV ist $\int_0^z \varphi(z)\,dz$ in jedem einfach zusammenhängenden Bereich regulär, der keinen der Punkte a_ν in seinem Innern enthält; lassen wir z einen der Punkte a_ν umkreisen, so vermehrt sich das Integral um $2\pi i$. Infolgedessen ist:

$$e^{\int_0^z \varphi(z)\,dz}$$

eine in der ganzen Ebene, zunächst abgesehen von den Punkten a_ν, reguläre Funktion; in der Umgebung von a_ν ist sie gleich dem Produkt aus $z - a_\nu$ in eine reguläre Funktion. Also kann sie dadurch zu einer in der ganzen Ebene regulären, d. h. ganzen transcendenten Funktion gemacht werden, daß man ihr in den Punkten a_ν den Wert 0 zuschreibt. Von dieser ganzen transcendenten Funktion ist dann $\varphi(z)$ die logarithmische Ableitung.

Wegen ihrer gleichmäßigen Konvergenz dürfen wir die Reihe (1) auf einem beliebigen Wege, der nur keinen der Punkte a_ν enthält, gliedweise integrieren. Unbeschadet der Allgemeinheit[1] dürfen wir annehmen, 0 gehöre nicht zu den a_ν; dann können wir 0 zur unteren Grenze der Integrale nehmen und erhalten so die ebenfalls unbedingt und in demselben Umfange wie (1) gleichmäßig konvergente Reihe:

3) $$\int_0^z \varphi(z)\,dz = \sum_{\nu=1}^{\infty} \left\{ \log\left(1 - \frac{z}{a_\nu}\right) + a_{\nu 0} z + \ldots + \frac{a_{\nu k}}{k+1} z^{k+1} \right\}.$$

Nun gilt der Hilfssatz

4) $$e^{\lim\limits_{n=\infty} s_n} = \lim_{n=\infty} e^{s_n},$$

(die Existenz des Grenzwerts $\lim\limits_{n=\infty} s_n$ vorausgesetzt), da die Exponentialfunktion eine stetige Funktion ihres Argumentes ist; aus ihm, aus der Definition der unendlichen Reihe (§ 25, I) und aus der ganz analog zu bildenden Definition des unendlichen Produkts folgt

5) $$e^{\sum\limits_{\nu=1}^{\infty} u_\nu} = \prod_{\nu=1}^{\infty} e^{u_\nu},$$

d. h.:

[1] Gehört 0 zu den a_ν, so braucht man nur $\varphi(z) - \frac{1}{z}$ statt $\varphi(z)$ zu untersuchen.

I. *Wenn die Reihe* $\sum_{\nu=1}^{\infty} u_\nu$ *konvergiert, konvergiert auch das Produkt* $\prod_{\nu=1}^{\infty} e^{u_\nu}$, *und zwar gegen einen von Null verschiedenen Grenzwert.*

Infolgedessen können wir aus Gleichung (3) die folgende ableiten:

$$6)\qquad f(z) = e^{\int_0^z \varphi(z)\,dz} = \prod_{\nu=1}^{\infty} \left\{\left(1 - \frac{z}{a_\nu}\right) e^{a_{\nu 0} z + \cdots + \frac{a_{\nu k}}{k+1} z^{k+1}}\right\}.$$

II. *Die ganze transcendente Funktion* $f(z)$, *die die Punkte* a_ν *zu einfachen Nullpunkten hat, läßt sich in der Gestalt des unendlichen Produkts (6) analytisch darstellen, vorausgesetzt, daß die Punkte* a_ν *der Bedingung des § 51 genügen und daß die Koeffizienten* $a_{\nu\varrho}$ *den dort gegebenen Regeln gemäß bestimmt werden.*

Ist nun irgend eine ganze Funktion $F(z)$ gegeben, welche die Punkte a_ν ebenfalls zu einfachen Nullpunkten hat, so wird der Quotient $F(z)/f(z)$ eine in der ganzen Ebene reguläre, also ganze transcendente Funktion $E(z)$ sein, die überdies nirgends 0 wird. Der Logarithmus einer solchen Funktion ist auch noch in der ganzen Ebene regulär; es ist also:

$$7)\qquad E(z) = e^{g(z)},$$

wo $g(z)$ ebenfalls eine ganze transcendente Funktion bedeutet. Folglich gilt der Satz:

III. *Die allgemeinste ganze transcendente Funktion, welche die Punkte* a_ν *zu einfachen Nullpunkten hat, läßt sich in der Form darstellen:*

$$8)\qquad F(z) = f(z)\, e^{g(z)},$$

in der $f(z)$ *das Produkt (6),* $g(z)$ *irgend eine ganze transcendente Funktion bedeutet.*

Als Beispiel für Satz I mögen etwa die beiden *Produktentwicklungen des Sinus* angeführt werden, die sich aus den Partialbruchentwicklungen der Cotangente, § 52, (2) und (18), ergeben:

$$9)\qquad \sin(\pi z) = \pi z\, \Pi' \left\{\left(1 - \frac{z}{\nu}\right) e^{\frac{z}{\nu}}\right\}$$

und

$$10)\qquad \sin \pi(a + z) = \sin(\pi a) \cdot e^{\pi z \cot(\pi a)} \prod_{\nu=-\infty}^{+\infty} \left\{\left(1 - \frac{z}{\nu - a}\right) e^{\frac{z}{\nu - a}}\right\};$$

speciell für $a = \frac{1}{2}$:

$$11)\qquad \cos \pi z = \prod_{\nu=-\infty}^{+\infty} \left\{\left(1 - \frac{2z}{2\nu - 1}\right) e^{\frac{2z}{2\nu - 1}}\right\}.$$

Der Accent am Produktzeichen in (9) hat analoge Bedeutung, wie früher der Accent am Summenzeichen.

SECHSTER ABSCHNITT.

Allgemeine Funktionentheorie.

§ 66. Das Prinzip der analytischen Fortsetzung.

Wir haben im vorigen Abschnitt bereits eine Reihe mehrwertiger Funktionen einer complexen Veränderlichen untersucht; wir haben aber noch gar nicht die Frage prinzipiell aufgeworfen und entschieden, wann wir denn überhaupt, wenn jedem Werte einer complexen Veränderlichen mehrere Werte einer andern zugeordnet sind, diese letzteren zusammen als eine mehrwertige Funktion (und nicht als verschiedene einwertige Funktionen) der ersteren ansehen wollen. Wir müssen dieser Frage jetzt näher treten; dazu beginnen wir mit folgender Überlegung:

Es sei in der Ebene (bezw. auf der Kugel) ein begrenzter Bereich S und eine in diesem Bereiche reguläre Funktion von z gegeben. Wir betrachten dann einen Bereich S', von dem S ein Teil ist, und fragen, ob eine eindeutige analytische Funktion existiert, welche innerhalb S' überall eindeutig definiert und regulär ist, und welche innerhalb S mit der zuerst gegebenen Funktion identisch ist. (Daß, wenn überhaupt eine; jedenfalls nur eine solche Funktion existieren kann, folgt aus Satz III von § 39).

I. *Ist es uns gelungen eine solche Funktion zu finden, so sagen wir mit* Weierstrass: *wir haben die gegebene Funktion über ihren ursprünglichen Definitionsbereich hinaus analytisch fortgesetzt.*

Wir könnten die Frage, ob eine solche Funktion existiert, als eine Frage der Lehre von den linearen partiellen Differentialgleichungen auffassen. Der reelle und der imaginäre Bestandteil einer regulären Funktion complexen Arguments genügen ja den Cauchy-Riemannschen Differentialgleichungen; die Aufgabe würde also auch so formuliert werden können: Die Werte zweier Funktionen $\bar{u}, \bar{v}$ längs einer Linie L (der Grenze des ursprünglichen Bereichs S) sind vorgeschrieben; es wird verlangt in der Umgebung dieser Linie zwei Funktionen u, v anzugeben, welche den Differentialgleichungen:

$$\frac{\partial v}{\partial x} = -\frac{\partial u}{\partial y}, \quad \frac{\partial v}{\partial y} = \frac{\partial u}{\partial x}$$

genügen und längs dieser Linie sich bezw. auf $\bar{u}$, $\bar{v}$ reduzieren. Diese Formulierung der Aufgabe führt jedoch auf Schwierigkeiten, sobald genau angegeben werden soll, welcherlei Stetigkeitseigenschaften man einerseits von der Linie L und den auf ihr vorgeschriebenen Werten voraussetzen muß, andererseits von den zu bestimmenden Funktionen fordern darf. Wir wollen deshalb die Frage nicht von dieser Seite her angreifen, sondern mit Weierstrass an die Entwicklung der regulären Funktionen in Potenzreihen anknüpfen.

Sei in einem Bereiche S eine reguläre Funktion $f(z)$ definiert; sei a ein innerer Punkt dieses Bereiches. Die Taylorsche Reihe:

$$1)\quad f(a) + (z-a)f'(a) + \frac{(z-a)^2}{1\cdot 2}f''(a) + \ldots + \frac{(z-a)^n}{n!}f^{(n)}(a) + \ldots$$

konvergiert dann (§ 37, III) jedenfalls innerhalb des größten Kreises Γ um den Mittelpunkt a, der noch ganz dem Bereich S angehört, und zwar gegen $f(z)$. *Es kann aber sehr wohl sein, daß sie noch darüber hinaus innerhalb eines Kreises Γ' mit demselben Mittelpunkt konvergiert.* Die Fläche dieses Kreises Γ' hat mit dem gegebenen Bereich S jedenfalls einen kontinuierlichen Bereich Σ gemein, von der die Fläche des Kreises Γ ein Teil ist; sie kann möglicherweise (vgl. die Fig. 40) noch einen oder mehrere andere Bereiche Σ' mit S gemein haben, die mit Σ nicht zusammenhängen; für diese gelten dann die zunächst folgenden Sätze nicht. Innerhalb Σ aber ist der Wert der Reihe (1) nach § 38, VI eine eindeutige analytische Funktion von z, die vorläufig mit $\varphi(z)$ bezeichnet werden möge. Die Differenz

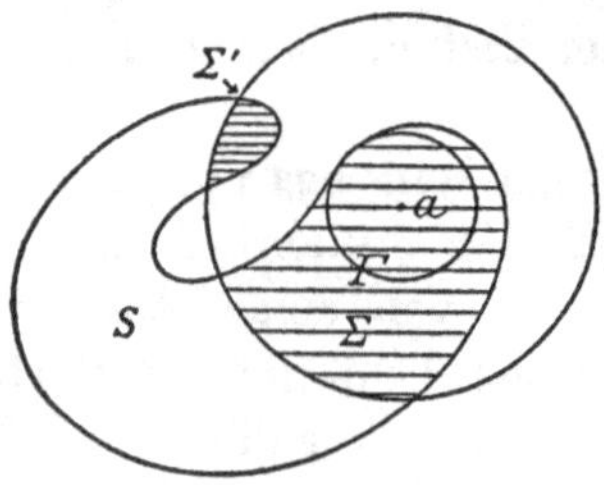

Fig. 40.

$$\varphi(z) - f(z)$$

ist also innerhalb Σ überall regulär und in einem Teile von Σ, nämlich innerhalb Γ, überall $= 0$. Nach § 39, III ist sie also im ganzen Bereich Σ Null; d. h. wir haben den Satz:

I. *Wenn die Reihe (1) auch noch in Punkten konvergiert, die nicht mehr dem ursprünglichen Definitionsbereich der Funktion $f(z)$ angehören, so stimmen beide Funktionen in dem ganzen kontinuierlichen Bereich Σ überein, der zugleich den Definitionsbereichen der Funktion und der Reihe angehört und den Punkt a enthält.*

Wir definieren nun:

II. *In allen nicht zu Σ gehörenden Teilen ihres Konvergenzbezirkes S_1 stellt die Reihe (1) eine „analytische Fortsetzung“ des* *gegebenen „Funktionselements" $f(z)$ vor; der Definitionsbereich dieser Funktion, der ursprünglich auf S beschränkt war, ist dadurch erweitert.*

III. *Alle von einem gegebenen Funktionselement aus durch wiederholte analytische Fortsetzung erreichbaren Elemente konstituieren zusammen eine analytische Funktion.*

Es hat keine Schwierigkeit zu zeigen, daß die im vorigen Abschnitt speciell untersuchten mehrdeutigen Funktionen dieser Definition genügen. Einerseits können wir nämlich von einem Zweig aus durch analytische Fortsetzung zu jedem andern gelangen; andererseits kann uns analytische Fortsetzung auch nicht zu andern als den jedesmal berücksichtigten Werten führen. Das letztere ergiebt sich aus folgendem allgemeinen Satz:

IV. *Ist eine Funktion $f(z)$ in einem Bereiche S regulär definiert, und erfüllt sie in allen Punkten dieses Bereiches eine Gleichung:*

$$G\left(z,\, f(z),\, f'(z)\right) = 0,$$

unter G eine rationale ganze Funktion verstanden, so gilt dieselbe Gleichung auch für alle analytischen Fortsetzungen von $f(z)$.

Zum Beweise entwickle man G nach Potenzen von $z - a$; da diese Entwicklung n. V. innerhalb Σ überall 0 ist, muß G nach § 39, III innerhalb S überall Null sein.

§ 67. Allgemeine Konstruktion der zu einer analytischen Funktion gehörenden RIEMANN'schen Fläche.

Es sei wieder, wie im vorigen Paragraphen, in einem Bereiche S_1 ein Funktionselement $f(z)$ gegeben; man habe in einem Bereiche S_2, der mit S_1 einen kontinuierlichen Bereich Σ_1 gemein hat, eine Fortsetzung $f_1(z)$ von $f(z)$ gefunden; dann eine zweite Fortsetzung $f_2(z)$ in einem Bereiche S_3, der mit $(S_1 + S_2 - \Sigma_1)$ einen kontinuierlichen Bereich Σ_2 gemein hat; dann eine dritte Fortsetzung u. s. w.; endlich eine n^{te} Fortsetzung in einem Bereich S_{n+1}, der mit $(S_1 + S_2 - \Sigma_1 + S_3 - \Sigma_2 + - \ldots + S_n - \Sigma_{n-1})$ einen kontinuierlichen Bereich Σ_n gemein hat. Es kann dann vorkommen, daß S_{n+1} mit S_1 einen Bereich Σ_{n+1} gemein hat (Fig. 40 zeigte dies für $n = 1$, Fig. 41 zeigt es für $n = 6$). In diesem Bereich sind dann zwei Funktionselemente, f und f_n definiert; es ist kein Grund vorhanden, daß diese jedesmal identisch sein müßten. Wir haben daher hier zwei Fälle zu unterscheiden.

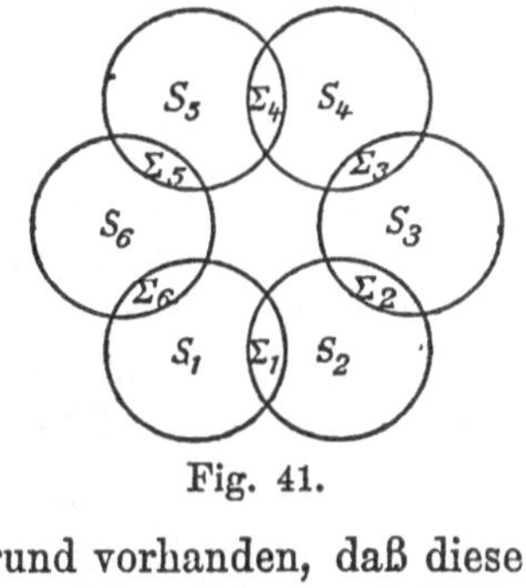

Fig. 41.

I. *Wenn alle Fortsetzungen, die von einem gegebenen Funktionselement aus mittelbar oder unmittelbar erreichbar sind, für dieselben Argumentwerte immer wieder dieselben Funktionswerte liefern, so sagt man: das ursprünglich gegebene Funktionselement erzeugt eine eindeutige analytische Funktion.*

Wenn das aber nicht der Fall ist, können wir uns die obwaltenden Verhältnisse durch folgende geometrische Vorstellung veranschaulichen. Wir denken uns den Definitionsbereich der Funktion schrittweise wachsend, indem wir dem ursprünglichen Bereich S der Reihe nach erst $S_2 - \Sigma_1$, dann $S_3 - \Sigma_2$ u. s. w. hinzufügen. Wenn dann schließlich $S_{n+1} - \Sigma_n$ mit einem Teil Σ_{n+1} über den vorher vorhandenen Bereich hinübergreift, wie in den Figg. 40 und 41, und wenn dort f_n mit f_1 übereinstimmt, dann fügen wir nicht das ganze $S_{n+1} - \Sigma_n$, sondern nur $S_{n+1} - \Sigma_n - \Sigma_{n+1}$ bei, und beseitigen die Grenzlinie zwischen dem neu hinzugefügten Stück und Σ_{n+1}, so daß wir einen zweifach (ev. mehrfach) zusammenhängenden Bereich vor uns haben. *Dieser Bereich ist dann der augenblickliche Definitionsbereich der Funktion; sie ist in ihm eindeutig definiert.* Wenn aber f_{n+1} in Σ_{n+1} mit f_1 nicht übereinstimmt, dann fügen wir an den vorhandenen Bereich, den wir uns etwa als materielles ebenes Blatt denken mögen, das ganze $S_{n+1} - \Sigma_n$ an. Dieses angesetzte Stück wird dann über S_1 hinübergreifen, so daß der mit Σ_{n+1} bezeichnete Teil der Ebene von unserem Bereiche doppelt, mit zwei „Blättern" überdeckt wird. Wir halten diese beiden Blätter in Gedanken etwa durch einen kleinen Zwischenraum völlig voneinander getrennt. *Der augenblickliche Definitionsbereich der Funktion hat dann im einfachsten Falle die Gestalt eines ebenen krummlinig begrenzten Streifens, dessen Enden sich teilweise überdecken (Fig. 42).*

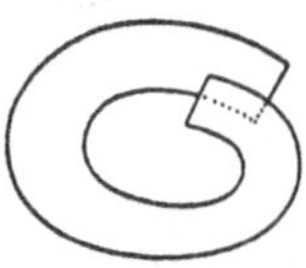

Fig. 42.

Je nach der Richtung in welcher wir fortsetzen, kann natürlich bald der eine bald der andere Fall eintreten. Indem wir aber bei jeder neuen Fortsetzung je nach dem eintretenden Falle in der angegebenen Weise verfahren, entsteht uns schließlich die ganze Riemannsche Fläche, die zu der von dem gegebenen Funktionselement erzeugten Funktion gehört. Wir können sagen:

II. *Im allgemeinen bildet die Gesamtheit der analytischen Fortsetzungen eines Funktionselementes eine vieldeutige Funktion von z, die aber als eindeutige Funktion des Ortes auf einer geeignet konstruierten Riemannschen Fläche angesehen werden kann.*

Natürlich kann es vorkommen, daß man nach einer Reihe von Fortsetzungen, die zu verschiedenen Funktionswerten für dasselbe z geführt haben — z. B. nach einer Reihe von Umläufen des in Fig. 42 gezeichneten Bandes — wieder zu Werten, genauer gesagt zu Entwicklungen, gelangt, die vorher schon einmal da waren. In diesem Falle wird man das neu entstehende Blatt der Riemannschen Fläche mit einem der vorher schon gebildeten zur Verschmelzung bringen müssen. Das hat seine Schwierigkeit für die geometrische Anschauung, wenn die beiden betreffenden Blätter nicht unmittelbar übereinander liegen; man muß sich dann vorstellen, daß eines jener beiden Blätter die zwischenliegenden in Übergangslinien durchdringt, um sich mit dem andern vereinigen zu können. Die so entstehenden Übergangslinien sind aber für die Fläche nichts wesentliches; sie lassen sich in der mannigfachsten Weise auf ihr verschieben, und es ist daran festzuhalten, daß zwei in einer Übergangslinie sich durchkreuzende Flächenteile als nicht in stetigem Zusammenhang miteinander stehend angesehen werden sollen. Wir haben das übrigens alles an den einzelnen im vorigen Abschnitt behandelten Funktionen kennen gelernt, so daß wir jetzt nicht weiter ausführlich darauf einzugehen brauchen. Nur eine Möglichkeit, von der uns bisher kein Beispiel begegnet ist, sei noch ausdrücklich erwähnt: Übergangslinien können sich auch in der mannigfaltigsten Weise durchkreuzen. Man wird das natürlich, wo es angeht, zu vermeiden suchen; aber es läßt sich nicht immer vermeiden.

Statt über der Ebene können wir die Riemannsche Fläche uns auch über der Kugel ausgebreitet denken. Dabei müssen wir die Umgebung des unendlich fernen Punktes durch die Substitution:

$$z' = \frac{1}{z}$$

auf die Umgebung des Nullpunktes der z'-Ebene abbilden und die Funktion in dieser untersuchen. Gehört der Nullpunkt der z'-Ebene mit zum Definitionsbereich der Funktion in dieser Ebene, so rechnen wir auch den Punkt ∞ der z-Kugel mit zum Definitionsbereich der Funktion auf jener Kugel.

§ 68. Singuläre Punkte und natürliche Grenzen eindeutiger Funktionen.

Wenn die analytischen Fortsetzungen eines Funktionselements schließlich die ganze Kugel einfach überdecken, erzeugt das Funktionselement eine auf der ganzen Kugel reguläre Funktion. Eine solche

Funktion ist aber nach § 44, IV notwendig eine Konstante. Wir können also sagen:

I. *Der Definitionsbereich einer eindeutigen Funktion, die keine Konstante ist, kann niemals die ganze Kugel überdecken; er überdeckt entweder nur einen Teil von ihr, oder es bleiben einzelne Punkte frei, die zwar auf der Grenze der Konvergenzbereiche gewisser Fortsetzungen, aber nicht im Innern irgend eines dieser Bereiche liegen. Solche Punkte nennen wir singuläre Punkte der Funktion.*

Wir verfolgen zuerst den zweiten Fall weiter. Haben wir einen solchen Punkt, so sind wieder zunächst zwei Fälle zu unterscheiden: entweder liegen in jeder Umgebung desselben noch andere singuläre Punkte, oder das ist nicht der Fall. Wir definieren zunächst:

II. *Ein singulärer Punkt von der Eigenschaft, daß eine Umgebung von ihm angegeben werden kann, von der jeder andere Punkt mit den Fortsetzungen der Funktion erreicht wird, heißt isolirt.*

Die Untersuchung des Verhaltens der Funktion in der Umgebung einer solchen Stelle haben wir bereits in den §§ 43, 47, 48 erledigt; wir rekapitulieren von dort das Resultat:

III. *Ein isolierter singulärer Punkt einer eindeutigen Funktion ist entweder ein Pol, d. h. ein Punkt, in dem die Funktion von angebbarer ganzzahliger Ordnung unendlich groß wird, oder ein wesentlich singulärer Punkt, in dessen beliebiger Nähe die Funktion jedem beliebigen Werte unendlich oft beliebig nahe kommt.*

Liegt ein singulärer Punkt nicht isoliert, so kann er kein Pol sein. Denn ist $(z-a)^n f(z)$ in der Umgebung von a regulär, so kann $f(z)$ in derselben Umgebung keinen andern singulären Punkt als a haben. Dagegen kann es vorkommen, daß sich unendlich viele Pole in der Umgebung eines bestimmten Punktes häufen (wie bei den in § 51 behandelten Funktionen in der Umgebung von $z = \infty$). *Auch einen solchen singulären Punkt bezeichnen wir als einen isolierten wesentlich singulären Punkt*, insofern er zwar nicht von Polen, aber von andern wesentlich singulären Punkten isoliert liegt, und rechnen ihn mit den wesentlich singulären Punkten von Satz III zur *„ersten Art“* solcher Punkte.

Es können aber dann auch unendlich viele wesentlich singuläre Punkte erster Art sich um einen solchen Punkt *„zweiter Art“* häufen, unendlich viele solche Punkte „zweiter Art“ um einen solchen Punkt „dritter Art“ u. s. f.; wir verfolgen diese Möglichkeiten nicht weiter.

Ist jeder Punkt einer bestimmten Linie ein singulärer Punkt, so kann die Funktion über diese Linie hinüber auf keine Weise analytisch fortgesetzt werden. Ist die Linie geschlossen, so begrenzt sie einen Bereich, aus dem keine Fortsetzung der Funktion heraustreten kann. Es ist dann nicht mehr auf Grund unserer Festsetzungen möglich, den Definitionsbereich der Funktion über diesen Bereich hinaus zu erweitern; die Funktion bleibt nur in einem Teil der Ebene definiert. Wir sagen deshalb:

IV. *Eine geschlossene Linie singulärer Punkte einer Funktion ist für die Funktion eine natürliche Grenze.*

In den elementaren Teilen der Funktionentheorie treten solche Funktionen mit natürlichen Grenzen nicht auf; aber schon die Theorie der elliptischen Funktionen führt auf Beispiele von ihnen. Übrigens sind diese natürlichen Grenzen analytischer Funktionen durchaus zu unterscheiden von den künstlichen Schnitten, die wir gelegentlich benutzt haben, um die Gesamtheit der Werte einer mehrwertigen Funktion zum Zwecke vorläufiger Übersicht in einzelne Zweige zu zerlegen; über einen solchen künstlichen Schnitt hinüber geschieht die analytische Fortsetzung in einen andern Zweig.

§ 69. Singuläre Punkte und natürliche Grenzen mehrdeutiger Funktionen.

Haben wir es mit einer mehrdeutigen Funktion zu thun, so sind analoge Überlegungen, wie wir sie im vorigen Paragraphen auf der schlichten Ebene durchgeführt haben, auf der Riemannschen Fläche anzustellen, auf der die zu untersuchende mehrwertige Funktion eine eindeutige Funktion des Ortes ist. Man muß dann von singulären Punkten und Linien im einzelnen Blatt reden; die in den verschiedenen Blättern auftretenden solchen Punkte und Linien brauchen dabei keineswegs übereinander zu liegen. Insbesondere brauchen nicht alle Teile der z-Ebene von gleich vielen Blättern der Fläche überdeckt zu sein.

Außerdem aber treten bei mehrwertigen Funktionen noch singuläre Punkte einer andern Art auf: die *Verzweigungspunkte.* Beispiele von solchen sind uns bereits im vorigen Abschnitt wiederholt begegnet; allgemein erhalten wir sie bei unserer jetzigen Betrachtungsweise folgendermaßen: Sei ein Punkt a und um diesen Punkt als Mittelpunkt ein Kreis von hinlänglich kleinem Radius gegeben; sei b ein von a verschiedener Punkt innerhalb dieses Kreises. Um b sei ein Funktionselement gegeben; wir beschränken die Betrachtung auf solche Fortsetzungen dieses Elementes, zu welchen man gelangen kann, ohne aus dem Kreis herauszutreten. Dann ist der Fall möglich, daß *keine dieser Fortsetzungen den Punkt a erreicht, daß sie* *jeden andern Innenpunkt des Kreises erreichen, daß aber Fortsetzung längs eines kleineren zu dem ersten konzentrischen Kreises erst nach n Umläufen ($n > 1$) zu dem Ausgangselement zurückführt.* In diesem Falle hängen um a herum n Blätter unserer RIEMANNschen Fläche genau ebenso zusammen, wie es in § 63 bei Gelegenheit der Untersuchung der Funktion:

$$1)\qquad w = \sqrt[n]{z-a}$$

(zunächst für $a = 0$) geschildert worden ist. Bilden wir die innerhalb des erstgenannten Kreises gelegenen Stücke der n Blätter durch diese Funktion auf die w-Ebene ab, so legen sich ihre Bilder dort glatt nebeneinander und bedecken die Umgebung des Nullpunkts einfach. Die zu untersuchende Funktion $f(z)$ geht dabei über in eine Funktion $\varphi(w)$ von w, deren in Betracht kommender Zweig an jeder Stelle der Umgebung des Nullpunkts, abgesehen von diesem selbst, sich regulär verhält und nach einmaliger Umkreisung des Nullpunkts in sich zurückläuft.

Kann man nun zeigen, daß der Wert von $f(z)$, wie nahe auch z in irgend einer Richtung an a heranrücken mag, unterhalb einer angebbaren Grenze bleibt, so bleibt auch $\varphi(w)$ bei beliebiger Annäherung von w an den Nullpunkt unter dieser Grenze. Dann kann aber nach § 48, I der Nullpunkt nicht singulärer Punkt von $\varphi(w)$ sein, $\varphi(w)$ ist vielmehr im Nullpunkt regulär und läßt sich nach der MACLAURINschen Reihe entwickeln. Drücken wir in dieser wieder w durch z aus, so erhalten wir:

$$2)\qquad f(z) = a_0 + a_1(z-a)^{\frac{1}{n}} + a_2(z-a)^{\frac{2}{n}} + \ldots + a_m(z-a)^{\frac{m}{n}} + \ldots$$

Dabei kann, wie aus der Ableitung hervorgeht, für $(z-a)^{\frac{1}{n}}$ irgend einer der Werte dieser n-deutigen Funktion gewählt werden; die Werte der folgenden Reihenglieder sind aber dann nicht mehr willkürlich, sondern es ist allgemein für $(z-a)^{\frac{m}{n}}$ die m^{te} Potenz des gewählten Wertes von $(z-a)^{\frac{1}{n}}$ zu nehmen. Je nach dem Werte von $(z-a)^{\frac{1}{n}}$ stellt also die Reihe (2) für jeden in Betracht kommenden Wert von z n Funktionswerte vor; sie bilden zusammen die n Zweige der Funktion $f(z)$, die um a herum im Cyclus zusammenhängen. *Einen solchen Punkt nennt man einen Verzweigungs- oder Windungspunkt* $(n-1)^{\text{ter}}$ *Ordnung; man zieht ihn mit zu dem Bereiche, in dem die Funktion als definiert anzusehen ist, und schreibt ihr in ihm den Wert* a_0 *zu.*

Kann man aber nicht zeigen, daß $f(z)$ und $\varphi(w)$ in der Umgebung von $z = a$ bezw. $w = 0$ unterhalb einer endlichen Grenze bleiben, so kann man auf $\varphi(w)$ zwar nicht mehr die MACLAURINsche, aber doch noch die LAURENTsche Entwicklung anwenden. Man erhält also dann $f(z)$ entwickelt in eine Reihe nach Potenzen von $z - a$, deren Exponenten positive und negative Brüche mit dem Nenner n sind. *Von einem solchen Punkt sagt man, daß er zugleich Verzweigungspunkt und singulärer Punkt sei;* und zwar Pol oder wesentlich singulärer Punkt, je nachdem die genannte Entwicklung nur eine endliche oder eine unendlich große Anzahl von Gliedern mit negativen Exponenten enthält.

Daß auch Verzweigungspunkte auftreten können, in denen unendlich viele Blätter zusammenhängen, davon haben wir bereits beim Logarithmus ein Beispiel kennen gelernt. Wir gehen aber auf solche Punkte hier nicht weiter ein; noch weniger auf Punkte, in deren Umgebung unendlich viele Verzweigungspunkte sich häufen.

Dagegen müssen wir noch auf eine Frage zurückkommen, die wir in § 34 verschoben hatten: nämlich wie es in der Umgebung eines Punktes, in dem $dw/dz = 0$ ist, mit der Konformität der Abbildung steht. Unbeschadet der Allgemeinheit dürfen wir annehmen, der Punkt, um den es sich handelt, sei der Nullpunkt der z-Ebene, und ihm entspreche der Nullpunkt der w-Ebene; die Entwicklung von w nach Potenzen von z habe die Form:

3) $$w = a_n z^n + a_{n+1} z^{n+1} + \ldots,$$

und a_n sei nicht gleich 0. Führen wir dann eine Hilfsvariable s durch die Gleichung ein:

4) $$w = s^n,$$

so erhalten wir:

5) $$s = \sqrt[n]{a_n}\, z \cdot \left\{1 + \frac{a_{n+1}}{a_n} z + \ldots\right\}^{\frac{1}{n}}.$$

Der Hauptwert der $\left(\frac{1}{n}\right)^{\text{ten}}$ Potenz der Klammergröße ist (vergl. § 61, I) in der Umgebung des Nullpunkts regulär; also ist s in der Umgebung von $z = 0$ eine reguläre Funktion von z, deren Ableitung für $z = 0$ nicht Null (sondern $= \sqrt[n]{a_n}$) ist. Die Beziehung zwischen der s- und z-Ebene ist also im Nullpunkt konform; andererseits sind wegen Glchg. (4) und § 18 die Winkel im Nullpunkt der w-Ebene n-mal so groß als die Winkel im Nullpunkte der s-Ebene. Also sind auch die Winkel im Nullpunkt der w-Ebene

n-mal so groß als die entsprechenden Winkel im Nullpunkt der z-Ebene; m. a. W. wir haben den Satz:

Sind in einem Punkte der z-Ebene die $n-1$ ersten Ableitungen einer dort regulären Funktion $= 0$, die n^{te} aber von Null verschieden, so werden die Winkel in ihm beim Übergang zur w-Ebene ver-n-facht.

Es ist dann nach § 46, X z eine in der Umgebung von $s = 0$ reguläre Funktion von $s = w^{1/n}$, in deren Entwicklung der Koeffizient des ersten Gliedes von 0 verschieden ist; $w = 0$ ist also ein Verzweigungspunkt $(n-1)^{\text{ter}}$ Ordnung für die Umkehrungsfunktion $z(w)$. Da diese Überlegung sich umkehren läßt, so folgt:

Beginnt die Entwicklung einer Funktion $z(w)$ in der Umgebung eines $(n-1)$-fachen Verzweigungspunkts α nach einem konstanten Glied mit $(w-\alpha)^{1/n}$, so werden die Winkel in ihm beim Übergang von der w-Ebene zur z-Ebene auf den n^{ten} Teil reduziert.

§ 70. Analytische Funktionen von analytischen Funktionen.

Ist z' eine analytische Funktion von z:

$$z' = \varphi(z) \tag{1}$$

und w eine analytische Funktion von z':

$$w = f(z'), \tag{2}$$

so entsteht die Frage, ob und in welchem Sinne:

$$w = F(z) = f[\varphi(z)] \tag{3}$$

analytische Funktion von z ist.

Den einfachsten Fall haben wir bereits in § 33 erledigt. Ist φ in einem Bereiche S der z-Ebene eindeutig und regulär, fallen ferner alle Werte von φ, welche zu Punkten dieses Bereiches gehören, in einen Bereich S' der z'-Ebene, in welchem f regulär ist, so ist auch w in S regulär.

Sind aber z' oder w oder beide mehrdeutige Funktionen, so entsteht die Frage: wenn man in (3) diesen beiden Funktionen alle ihre Werte beilegt, werden dann die Gesamtheit der so entstehenden Werte von w zu einer und derselben analytischen Funktion von z gehören, oder vielleicht zu verschiedenen solchen Funktionen? und in beiden Fällen: wird diese Funktion (bezw. diese Funktionen) dadurch vollständig erhalten, oder gehören zu ihr (zu ihnen) außerdem noch andere Werte? Um diese Frage zu entscheiden, müssen wir die analytischen Fortsetzungen im einzelnen verfolgen; dabei wird es nach § 54, XII genügen, wenn wir uns auf geschlossene Wege beschränken.

Sei also z_0 ein Wert von z, für welchen die Funktion φ einen Wert z'_0 (eventuell neben andern Werten) annehme. Für z'_0 sei die Funktion $f(z')$ definiert und ihr Wert bezw. einer ihrer Werte sei w_0. Mit (z'_0), (w_0) seien die bezüglichen Funktionselemente bezeichnet. Das Funktionszeichen $f(z')$ umfaßt dann außer w_0 alle die Werte, zu welchen man gelangen kann, indem man z' in seiner Ebene beliebige geschlossene Wege durchlaufen läßt und w, mit (w_0) beginnend, als Funktion von z' analytisch fortsetzt; das Funktionszeichen $F(z)$ dagegen umfaßt die Werte, die man erhält, wenn man z in seiner Ebene geschlossene Wege durchlaufen läßt und w dabei als Funktion von z fortsetzt. Die Frage nach der Identität oder Verschiedenheit beider Funktionen reduziert sich also auf die zwei folgenden:

I. Kann z' auf allen Wegen von z fortgesetzt werden, auf welchen $F(z)$ fortgesetzt werden kann? Das ist dann und nur dann *nicht* der Fall, wenn $\varphi(z)$ natürliche Grenzen hat, die für $F(z)$ keine sind.[1] Dann hat das Funktionszeichen $F(z)$ eine weitere Bedeutung als $f(\varphi(z))$.

II. Kann jeder geschlossene Weg von z' dadurch erhalten werden, daß man z einen geeigneten geschlossenen Weg in seiner Ebene durchlaufen läßt? Das ist dann nicht der Fall, wenn die Umkehrung der Funktion $z' = \varphi(z)$, $z = \psi(z')$, nicht eindeutig ist. In diesem Fall kann die analytische Funktion $F(z)$ möglicherweise[2] nur einen Teil der Werte von $f[\varphi(z)]$ umfassen. Wir haben § 56 in $\log z^2$ ein Beispiel dafür kennen gelernt; $\sqrt[mp]{z^{np}}$ ist ein zweites.

Die übrigen Werte von $f[\varphi(z)]$ ordnen sich dann noch zu andern analytischen Funktionen $F_1(z)$, $F_2(z)\ldots$ zusammen, so daß $f[\varphi(z)]$ in eine (endliche oder selbst unendliche) Anzahl solcher Funktionen zerfällt.

(Es können auch die Fälle (I) und (II) bei derselben Funktion eintreten; dann ist nur ein Teil der Werte von $f[\varphi(z)]$ mit einem Teil der Werte von $F(z)$ identisch.)

Noch verwickelter können die Verhältnisse werden, wenn f nicht nur von einer, sondern von zwei (oder mehreren) Funktionen von z, $\varphi(z)$, $\chi(z)$ abhängt. Doch wollen wir auf Funktionen von mehreren

---

[1] Daß das vorkommen kann, zeigt das triviale Beispiel, daß f die Umkehrung von φ, also $F(z) = z$ ist.

[2] Es braucht nicht notwendig der Fall zu sein; die betr. Werte von F können vielleicht auch noch durch andere Umläufe von z erreicht werden; $\sqrt[m]{z^n}$ für teilerfremde m, n ist ein Beispiel dafür.

complexen Veränderlichen in diesem Buche nicht eingehen; nur soviel sei bemerkt, daß man in diesem Falle, um Werte von $F(z)$ zu erhalten, φ, χ *simultan* fortzusetzen hat, also nicht immer zwei beliebige Werte von φ und χ verknüpfen darf.

§ 71. Das Prinzip der Spiegelung.

Die in § 67 entwickelte allgemeine Methode der analytischen Fortsetzung ist für wirkliche Verwendung zur Untersuchung specieller Funktionen nicht geeignet. Man muß vielmehr bei solchen Untersuchungen auch zu speciellen Methoden seine Zuflucht nehmen; eine wichtige solche Methode soll in diesem und den folgenden Paragraphen auseinandergesetzt werden.

Fassen wir zunächst einen sehr speciellen Fall ins Auge. Eine Funktion $f(z)$ sei regulär definiert in einem Bereiche A der z-Ebene, zu dessen Begrenzung ein Stück der Axe der reellen Zahlen mit gehöre. Wir wollen nicht von vorneherein voraussetzen, daß die Funktion auf diesem Stücke oder auch nur einem Teile desselben regulär sei; wir nehmen aber an, daß bei beliebiger Annäherung von z an einen bestimmten Punkt x des Stückes $f(z)$ gegen einen bestimmten *reellen* Grenzwert $f(x)$ konvergiere, und daß dieser Wert $f(x)$ eine auf dem Stücke stetige Funktion der reellen Veränderlichen x sei.[1]

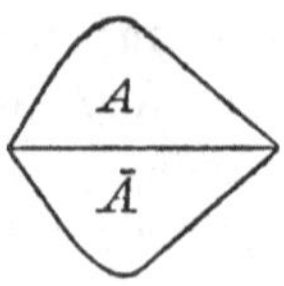

Fig. 43.

Suchen wir nun zu jedem Punkte z des Bereiches A den konjugierten Punkt $\bar{z}$, so bilden alle diese Punkt $\bar{z}$ einen Bereich $\bar{A}$, der das *Spiegelbild* von A in Bezug auf die Axe der reellen Zahlen ist. Weisen wir dann jedem Punkte $\bar{z}$ den konjugierten Wert zu dem Werte von $f(z)$ in z zu, so definieren wir dadurch in $\bar{A}$ eine reguläre Funktion:

$$1) \qquad f_1(\bar{z}) = \overline{f(z)}.$$

Sei nun ζ ein Punkt im Innern von A, so ist nach dem Satze von Cauchy:

$$2) \qquad \frac{1}{2\pi i}\int\limits_{(A)} \frac{f(z)}{z-\zeta}\,dz = f(\zeta),$$

dagegen:

$$3) \qquad \frac{1}{2\pi i}\int\limits_{(\bar{A})} \frac{f_1(\bar{z})}{\bar{z}-\zeta}\,d\bar{z} = 0.$$

[1] Wir lassen unerörtert, ob etwa diese zweite Voraussetzung schon eine Folge der ersten sei; vgl. darüber P. Painlevé, Ann. de la fac. de Toulouse, t. II (1888) p. 19.

Wir addieren nun die linken und rechten Seiten dieser beiden Gleichungen. Die über das Stück der reellen Axe erstreckten Teile der beiden Integrale heben sich dabei weg, da längs dieses Stückes $z = \bar{z}$, $f(z) = f_1(\bar{z})$ ist und die Integrationsrichtung das eine Mal die entgegengesetzte ist, wie das andere Mal; es bleibt $f(\zeta)$ ausgedrückt durch ein um den Rand des Bereiches $(A + \bar{A})$ erstrecktes Integral, das genau die Form des CAUCHYschen Integrals hat.[1] Ein solches Integral stellt aber eine im ganzen Bereich reguläre Funktion dar, welche vorläufig mit $\varphi(\zeta)$ bezeichnet werden möge; unsere Rechnung zeigt, daß im Bereiche A: $f(\zeta) = \varphi(\zeta)$ ist.

Ist aber ζ ein Punkt von $\bar{A}$, so ist:

$$4)\qquad \frac{1}{2\pi i}\int\limits_{(A)} \frac{f(z)}{z-\zeta}\,dz = 0,$$

$$5)\qquad \frac{1}{2\pi i}\int\limits_{(\bar{A})} \frac{f_1(\bar{z})}{\bar{z}-\zeta}\,d\bar{z} = f_1(\zeta).$$

Verfährt man wie oben, so findet man, daß dieselbe reguläre Funktion $\varphi(\zeta)$ im Bereiche $\bar{A}$ mit $f_1(\zeta)$ identisch ist. Es giebt also eine im ganzen Bereich $(A + \bar{A})$ reguläre Funktion, welche innerhalb (A) mit $f(\zeta)$, innerhalb $(\bar{A})$ mit $f_1(\zeta)$ identisch ist; das sagt aber nichts anderes aus, als daß $f_1(\zeta)$ analytische Fortsetzung von $f(\zeta)$ ist. Somit haben wir den Satz:

I. *Unter den getroffenen Voraussetzungen ist die analytische Fortsetzung von $f(z)$ über das Stück der Axe hinüber stets möglich und geschieht dadurch, daß man konjugierten Argumentwerten konjugierte Funktionswerte zuordnet.*

Der Satz gestattet eine leichte Verallgemeinerung auf den Fall, daß statt der Axe eine andere Gerade der Ebene auftritt; man findet dann:

II. *Nimmt eine analytische Funktion auf einem Stücke einer Geraden reelle Werte an (in dem zu Beginn des Paragraphen definierten Sinn), so nimmt sie konjugiert complexe Werte an in solchen Punkten, die Spiegelbilder voneinander bezüglich jener Geraden sind.*

§ 72. Konforme Abbildung eines geradlinig begrenzten Dreiecks auf eine Halbebene.

Die Sätze des vorigen Paragraphen kommen zur Anwendung, wenn die Aufgabe gestellt wird: ein geradlinig begrenztes Dreieck

[1] Man beachte, daß die Bezeichnung der Integrationsvariabeln gleichgültig ist.

der w-Ebene konform auf eine Halbebene (bezw. Halbkugel) der z abzubilden. Sei einmal die Möglichkeit der Lösung vorausgesetzt und mit:

$$z = \varphi(w)$$

die verlangte Abbildungsfunktion bezeichnet. In der Aufgabe liegt zunächst nur, daß diese Funktion innerhalb des Dreiecks regulär sein und bei Annäherung an dessen Grenzen stetig bleiben muß. Aber diese Eigenschaften genügen, um gemäß § 71, II die Funktion über die Seiten des Dreiecks hinaus analytisch fortzusetzen über drei weitere Dreiecke, welche die Spiegelbilder des gegebenen in Bezug auf seine Seiten sind. Derselbe Schluß kann dann auf jede Seite jedes der neuen Dreiecke angewendet werden u. s. w., so daß man schließlich die ganze RIEMANNsche Fläche der Funktion $\varphi(w)$ aus lauter Dreiecken zusammensetzt, die zu dem gegebenen abwechselnd kongruent und symmetrisch sind.

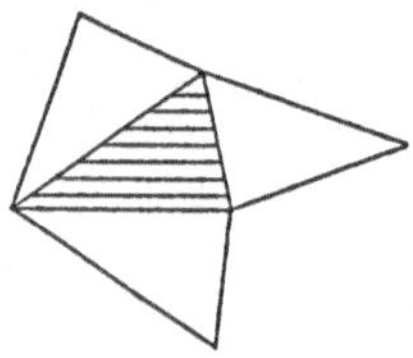

Fig. 44.

Dabei werden im allgemeinen die später gebildeten Dreiecke über vorher schon vorhandene, auch über das Ausgangsdreieck hinübergreifen, und die entstehende RIEMANNsche Fläche wird im allgemeinen unendlich viele Blätter bekommen. Soll nur eine einblättrige Fläche entstehen, so ist dazu jedenfalls erforderlich, daß nicht schon an einer Ecke des Dreiecks ein Windungspunkt entsteht, daß also nach einer geraden Anzahl von Spiegelungen an den von einer solchen Ecke auslaufenden Dreiecksseiten das Ausgangsdreieck wieder erhalten wird. Dazu ist erforderlich und hinreichend, daß *jeder Winkel des Dreiecks ein aliquoter Teil von π ist.*

Wenn diese Bedingung aber erfüllt ist, entsteht auch wirklich stets eine einfache Überdeckung der Ebene durch die abwechselnd kongruenten und symmetrischen Wiederholungen des Ausgangsdreiecks. Man prüft das am bequemsten an den einzelnen möglichen Fällen, deren nur eine geringe Anzahl ist. Denn sollen die Winkel eines Dreiecks bezw. π/l, π/m, π/n sein, unter l, m, n ganze Zahlen > 1 verstanden, so müssen diese ganzen Zahlen der Gleichung:

1) $$\frac{1}{l} + \frac{1}{m} + \frac{1}{n} = 1$$

genügen. Das ist einmal der Fall, wenn jede $= 3$ ist, das Dreieck also gleichseitig ist. Sind sie aber nicht alle $= 3$, so muß eine kleiner, also $= 2$ sein. Sei $l = 2$; dann muß $\frac{1}{m} + \frac{1}{n} = \frac{1}{2}$, d. i. $(m-2)(n-2) = 4$

sein, also entweder $m = 4$, $n = 4$ oder $m = 3$, $n = 6$ ($m = 6$, $n = 3$ giebt nichts Neues). Wir sehen also:

I. *Die konforme Abbildung der Fläche eines geradlinigen Dreiecks auf eine Halbebene kann jedenfalls nur in drei Fällen durch eine in der ganzen Ebene eindeutige Funktion vermittelt werden: wenn das Dreieck entweder gleichseitig, oder gleichschenklig-rechtwinklig, oder die Hälfte eines gleichseitigen Dreiecks ist.*

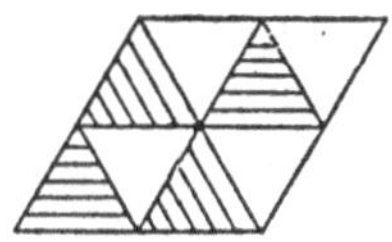

Fig 45.

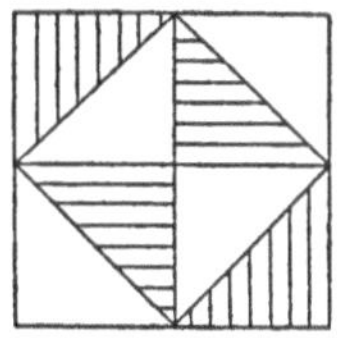

Fig. 46.

Nun sieht man, daß in den beiden ersten Fällen je acht, im dritten Falle zwölf solche abwechselnd kongruente und symmetrische Dreiecke ein Parallelogramm von der Art bilden, daß die weitere Fortsetzung immer wieder zu kongruenten[1] Parallelogrammen führt. Daß aber die Ebene durch kongruente Parallelogramme einfach und lückenlos überdeckt wird, folgt aus den Elementen.

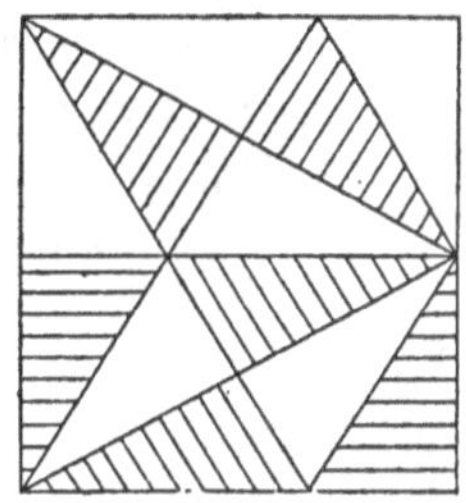

Fig. 47.

Die Funktionen, welche die Abbildung vermitteln, kann man in jedem Fall (nicht bloß in den drei erwähnten Specialfällen) durch folgende Überlegung erhalten:

Sei $w = f(z)$ die Auflösung der Gleichung (1), so wird durch die Funktion $C_1 w + C_2$ bei beliebiger Wahl der Konstanten C_1, C_2 die Halbebene auf ein zu dem gegebenen ähnliches Dreieck abgebildet (vgl. § 10). Wir machen uns von der hierin liegenden Unbestimmtheit frei, wenn wir statt der Funktion w die Funktion

$$2) \qquad \frac{d}{dz} \log \frac{dw}{dz}$$

betrachten, die ungeändert bleibt, wenn man $C_1 w + C_2$ für w setzt. Ferner dürfen wir unbeschadet der Allgemeinheit annehmen, daß den drei Ecken des Dreiecks der Reihe nach die Punkte 0, 1, ∞ der z-Kugel entsprechen; denn wir können das nach § 15 stets durch eine vorausgehende lineare Transformation der Variabeln z erreichen. Dann muß w eine Funktion von z sein, welche in der Umgebung jedes Punktes der z-Kugel, mit Ausnahme der drei genannten Punkte, regulär ist und einen von Null verschiedenen

[1] Kongruent auch in Bezug auf die Lage der einzelnen Dreiecke in ihnen, die in den Figuren durch die Schraffierung sichtbar gemacht ist.

Differentialquotienten (§ 33, VI) hat. Im Punkte $z = 0$ muß der Winkel π der z-Halbebene auf den Winkel $\alpha\pi$ des Dreiecks der w-Ebene abgebildet werden; es muß also dort:

$$w - w_0 = z^\alpha f(z)$$

$$\frac{dw}{dz} = \alpha z^{\alpha-1} f_1(z)$$

3) $$\frac{d}{dz}\log\frac{dw}{dz} = \frac{\alpha-1}{z} + f_2(z)$$

sein, unter $f(z)$, $f_1(z)$, $f_2(z)$ in der Umgebung des Nullpunkts reguläre Funktionen verstanden. Ebenso wird gezeigt, daß in der Umgebung des Punktes 1:

4) $$\frac{d}{dz}\log\frac{dw}{dz} = \frac{\beta-1}{z-1} + \text{fct. reg.}$$

und in der Umgebung des Punktes ∞:

5) $$\frac{d}{dz}\log\frac{dw}{dz} = \frac{-\gamma-1}{z} + z^{-2}\,\text{fct. reg.}$$

ist. Die Funktion (2) hat also in den singulären Punkten 0 und 1 Pole erster Ordnung und ist sonst auf der ganzen Kugel regulär und im Unendlichen 0; sie ist also nach § 44, VI eine *rationale* Funktion, und zwar:

6) $$= \frac{\alpha-1}{z} + \frac{\beta-1}{z-1}.$$

(Die Entwicklung dieser Funktion in der Umgebung von $z = \infty$ hat in der That die Form (5), da $\alpha + \beta + \gamma = 1$ ist.) Durch zweimalige Integration erhält man aus (6):

7) $$C_1 w + C_2 = \int^z \frac{dz}{z^{1-\alpha}(z-1)^{1-\beta}}$$

als Lösung der Aufgabe; die nähere Diskussion dieser Lösung würde uns über die uns gesteckten Grenzen hinausführen.

§ 73. Verallgemeinerung des Spiegelungsprinzips; Spiegelung an einem Kreis.

Der Satz von § 71 gestattet, wie H. A. Schwarz ausgeführt hat, eine sehr weitgehende Verallgemeinerung. Ist nämlich ein „regulärer Kurvenbogen“ durch zwei Gleichungen:

1) $$x = \varphi(t), \quad y = \psi(t)$$

gegeben, in welchen φ, ψ zunächst reguläre Funktionen der reellen Variabeln t bedeuten, so kann man dieser Variabeln nach § 38, I auch complexe Werte t beilegen, ohne daß die Reihen für φ und ψ aufhören zu konvergieren. Durch die Gleichung:

$$2)\qquad z = x + iy = \varphi(t) + i\psi(t)$$

wird dann ein Bereich der t-Ebene, der zu beiden Seiten eines bestimmten Stücks der Axe der reellen t liegt, abgebildet auf einen Bereich der z-Ebene zu beiden Seiten des gegebenen regulären Kurvenbogens; und man kann den ersteren Bereich so weit einschränken, daß der letztere sich nirgends selbst überdeckt. Ordnen wir dann je zwei Punkte z einander zu, welche konjugierten Werten t vermöge (2) entsprechen, so ist dadurch in dem letztgenannten Bereich eine umkehrbar eindeutige paarweise Zuordnung der Punkte z definiert.

I. *Diese Zuordnung ist nur abhängig von dem gegebenen Kurvenbogen selbst, unabhängig von der Art seiner Darstellung durch Gleichungen der Form (1).*

Ersetzen wir nämlich, um eine andere Darstellung desselben Kurvenbogens zu erhalten, in den Gleichungen (1) t durch eine reelle reguläre Funktion einer andern reellen Variabeln τ, und geben in dieser dann dem τ auch complexe Werte, so gehören nach § 71, I zu konjugiert complexen Werten von τ auch konjugiert complexe Werte von t. Infolgedessen sind wir berechtigt, die Definition aufzustellen:

II. *Wir nennen zwei solche Punkte der z-Ebene, welche konjugierten Punkten der t-Ebene entsprechen, Spiegelbilder voneinander bezüglich des gegebenen regulären Kurvenbogens.*

Damit ergiebt sich aus dem speciellen Satz I von § 71 der allgemeinere:

III. *Sei eine Funktion $f(z)$ regulär definiert innerhalb eines Bereiches der z-Ebene, zu dessen Begrenzung ein regulärer Kurvenbogen:*

$$x = \varphi(t), \quad y = \psi(t)$$

gehört; sei ferner bekannt, daß $f(z)$ bei beliebiger Annäherung von z an einen bestimmten Punkt t dieses Bogens gegen einen bestimmten reellen Grenzwert $\chi(t)$ konvergiere, und daß dieser Grenzwert eine stetige Funktion von t sei. Dann läßt sich die Funktion $f(z)$ über jenen Kurvenbogen hinaus analytisch fortsetzen, und zwar erhält sie dabei konjugiert complexe Werte in Punkten, welche Spiegelbilder voneinander in Bezug auf jenen Bogen sind.

Ist der gegebene Kurvenbogen speciell ein Bogen des Einheitskreises, so kann man etwa:

$$\varphi(t) = \frac{1-t^2}{1+t^2}, \quad \psi(t) = \frac{2t}{1+t^2}$$

setzen; es wird dann:

$$x + iy = \frac{(1+it)^2}{1+t^2} = \frac{1+it}{1-it}$$

(vgl. § 15, 3). Geben wir hier dem t zwei konjugierte Werte $u + iv$ und $u - iv$ und bezeichnen die zugehörigen Werte von $x + iy$ bezw. mit $x_1 + iy_1$ und $x_2 + iy_2$, so erhalten wir:

$$x_1 + iy_1 = \frac{1 - v + iu}{1 + v - iu},$$

$$x_2 + iy_2 = \frac{1 + v + iu}{1 - v - iu},$$

also:

$$x_2 - iy_2 = \frac{1 + v - iu}{1 - v + iu} = \frac{1}{x_1 + iy_1}.$$

Das ist aber (vgl. § 11, Glchgen. (7)) gerade die Beziehung zwischen zwei Punkten $(x_1 y_1)$ und $(x_2 y_2)$, die wir früher als Spiegelung am Einheitskreis bezeichnet hatten; wir können also sagen:

IV. *Die früher untersuchte Spiegelung am Einheitskreis ist ein specieller Fall der unter (III) definierten Spiegelung an einem beliebigen analytischen Kurvenbogen.*

§ 74. Konforme Abbildung eines Kreisbogendreiecks auf die Halbebene.

Ebenso wie wir den speciellen Satz von § 71 im § 72 dazu verwendet haben, die konforme Abbildung eines geradlinig begrenzten Dreiecks auf eine Halbebene zu untersuchen, erlaubt der allgemeinere Satz von § 73, dieselbe Aufgabe für ein von Kreisbogen begrenztes Dreieck in Angriff zu nehmen. Doch können wir hier noch weniger als dort die Aufgabe erschöpfend behandeln, müssen uns vielmehr auf die Hervorhebung einiger prinzipieller Punkte und die Durchführung eines leicht zugänglichen Beispiels beschränken.

Soll die Umkehrung der Abbildungsfunktion eine eindeutige Funktion sein, so müssen auch in diesem Falle die Winkel des Dreiecks aliquote Teile von π sein. Aber die Relation § 72, 1 ist jetzt nicht mehr notwendigerweise erfüllt; infolgedessen haben wir drei Fälle zu unterscheiden.

I. Ist $\frac{1}{l}+\frac{1}{m}+\frac{1}{n}=1$, so beweist man geometrisch (vgl. Fig. 48), daß die drei Kreise, denen die das Dreieck begrenzenden Bogen angehören, sich in einem Punkte schneiden. Geht man durch lineare Transformation von der w-Ebene zu einer w'-Ebene über, in welcher diesem Schnittpunkt der Punkt $w'=\infty$ entspricht, so entspricht dem gegebenen Dreieck der w-Ebene ein geradliniges Dreieck der w'-Ebene; wir sind damit auf den vorigen Fall zurückgeführt.

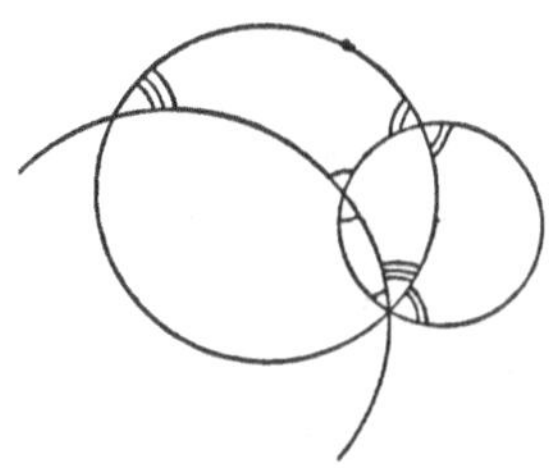

Fig. 48.

II. Ist $\frac{1}{l}+\frac{1}{m}+\frac{1}{n}>1$, so übertragen wir das Dreieck zunächst durch stereographische Projektion auf die Kugel; dann läßt sich geometrisch zeigen, daß sich die Ebenen der drei Begrenzungskreise in einem Punkte *innerhalb* der Kugel schneiden. Wir können unter den in § 16 besprochenen Kollineationen des Raumes, die zu linearen Transformationen der Variabeln w gehören, noch unendlich viele finden, die den genannten Schnittpunkt in den *Mittelpunkt* der Kugel überführen; nehmen wir irgend eine von diesen vor, so geht das vorgelegte Dreieck in ein „sphärisches Dreieck" (im gewöhnlichen Sinne dieses Wortes) über, das von drei *größten* Kreisen der Kugel begrenzt wird, und die im vorigen Paragraphen definierten Spiegelungen an den Seiten des Dreiecks werden (vgl. § 13, XI) zu Spiegelungen an den Ebenen dieser Seiten, im gewöhnlichen, optischen Sinne des Wortes Spiegelung. Zwei solche Spiegelungen nacheinander ausgeführt sind zusammen äquivalent einer Drehung um die Schnittlinie beider Ebenen durch das doppelte des Winkels, den sie miteinander einschließen. *Daher muß die aus den abwechselnd symmetrischen und kongruenten Wiederholungen des Ausgangsdreiecks gebildete Figur die Eigenschaft haben, bei bestimmten Drehungen der Kugel um ihren Mittelpunkt in sich überzugehen.*

Der Ungleichung (II) kann übrigens nur auf folgende Arten durch ganzzahlige Werte von l, m, n genügt werden:

1. $l=m=2$, $\quad n$ beliebig,

2. $l=2$, $m=3$, $n=3$, 4 oder 5;

wir wollen den Fall:

$$l=2, \quad m=3, \quad n=3$$

eingehender untersuchen.

Der sphärische Exzess eines Dreiecks mit den Winkeln ($\pi/2$ $\pi/3$, $\pi/3$) beträgt:

1) $$\frac{\pi}{2} + \frac{\pi}{3} + \frac{\pi}{3} - \pi = \frac{\pi}{6};$$

sein Flächeninhalt ist demnach gleich dem 24. Teil der gesamten Kugeloberfläche. Wenn es also überhaupt möglich ist, durch abwechselnd symmetrische und kongruente Wiederholungen des genannten Dreiecks die ganze Kugel einfach und lückenlos zu überdecken, so wird man dazu gerade 24 solcher Dreiecke brauchen. Man erhält in der That eine solche Überdeckung der Kugel, wenn man jede Seitenfläche eines regelmäßigen Tetraeders durch ihre Mittellinien in sechs Dreiecke zerlegt und die entstehende Einteilung vom Mittelpunkt des Tetraeders aus auf die umbeschriebene Kugel projiziert. Soll nun ein solches Dreieck so auf eine Halbebene abgebildet werden, daß seinen Ecken bezw. die Punkte $z = 0, 1, \infty$ entsprechen, so muß die Funktion z von w, welche die Abbildung leistet, folgende Eigenschaften haben (ihre Existenz immer vorausgesetzt):

1. Sie muß in allen Punkten w, welche nicht Ecken der Dreiecke sind, regulär sein und einen von 0 verschiedenen Differentialquotienten haben.

2. In den Dreiecksecken w_0, welche dem Punkte $z = 0$ entsprechen, muß $w - w_0$ eine reguläre Funktion von $\sqrt{z}$ sein, da hier ein Winkel $\frac{\pi}{2}$ auf der w-Kugel einem Winkel π der z-Kugel entspricht; also z eine reguläre Funktion von w, die in w_0 einen Nullpunkt 2. O. hat.

3. In den Dreiecksecken w_1, welche dem Punkte $z = 1$ entsprechen, muß $w - w_1$ eine reguläre Funktion von $\sqrt[3]{z-1}$ sein, also $z - 1$ eine reguläre Funktion von w, die in w_1 einen Nullpunkt 3. O. hat.

4. In den Dreiecksecken w_∞, welche dem Punkt z_∞ entsprechen, muß $w - w_\infty$ eine reguläre Funktion von $z^{-1/3}$ sein, also z eine Funktion von w, welche in w_∞ einen dreifachen Pol hat.

Es ist demnach z eine auf der ganzen w-Kugel mit Ausnahme einzelner Pole reguläre, d. h. nach § 44, VI eine *rationale* Funktion von w. Als solche ist sie durch die Eigenschaften (1), (3), (4) bereits bis auf einen konstanten Faktor bestimmt; können wir diesen so bestimmen, daß auch die Eigenschaft (2) statt hat, so ist die Aufgabe gelöst.

Die Kantenmitten des Tetraeders sind Ecken eines regulären Oktaeders; wir können sie uns so gelegt denken, daß die ihnen auf der Kugel entsprechenden Punkte w_0 nach:

$$0, \quad \infty, \quad +1, \quad +i, \quad -1, \quad -i$$

fallen, also (abgesehen von $w = \infty$) die Wurzeln der Gleichung:

$$2) \qquad f_1(w) \equiv w(w^4 - 1) = 0$$

sind. Die Ecken und die Seitenmitten des Tetraeders geben dann auf der Kugel Punkte, deren Raumkoordinaten ξ, η, $\zeta - \frac{1}{2}$ (vgl. § 13) alle drei den absoluten Betrag $\frac{1}{2\sqrt{3}}$ haben; man kann etwa annehmen, daß die ersteren eine gerade, die letzteren eine ungerade Anzahl negativer Koordinaten haben. Dann werden die Argumente w_1 der ersteren (§ 13, (6)):

$$\frac{1+i}{\sqrt{3}-1}, \quad -\frac{1+i}{\sqrt{3}-1}, \quad \frac{1-i}{\sqrt{3}+1}, \quad -\frac{1-i}{\sqrt{3}+1},$$

d. h. die Wurzeln der Gleichung:

$$3) \qquad f_2(w) \equiv w^4 - 2i\sqrt{3}\,w^2 + 1 = 0;$$

die Argumente w_2 der letzteren werden:

$$\frac{1-i}{\sqrt{3}-1}, \quad -\frac{1-i}{\sqrt{3}-1}, \quad \frac{1+i}{\sqrt{3}+1}, \quad -\frac{1+i}{\sqrt{3}+1},$$

d. h. die Wurzeln der Gleichung:

$$4) \qquad f_3(w) \equiv w^4 + 2i\sqrt{3}\,w^2 + 1 = 0.$$

Eine rationale Funktion $z - 1$ von w, welche den Bedingungen (1), (3), (4) genügt, ist also:

$$5) \qquad z - 1 = a\left(\frac{f_2(w)}{f_3(w)}\right)^3 = a\left(\frac{w^4 - 2i\sqrt{3}\,w^2 + 1}{w^4 + 2i\sqrt{3}\,w^2 + 1}\right)^3;$$

soll es möglich sein, auch der Bedingung (2) zu genügen, so müssen sich zwei Koeffizienten a, b so bestimmen lassen, daß die Identität besteht:

$$f_3^3 + a f_2^3 = b f_1^2.$$

In der That findet man:

$$f_3^3 - f_2^3 = 6(w^4+1)^2 \cdot 2i\sqrt{3}\,w^2 - 2\cdot(2i\sqrt{3}\,w^2)^3$$

$$6) \qquad = 12\sqrt{3}\,i w^2[(w^4+1)^2 - 4w^4] = 12\sqrt{3}\,i f_1^2.$$

Die gesuchte Funktion, durch welche das vorgelegte Kreisbogendreieck auf die Halbebene abgebildet wird, ist also:

7) $$z = 12\sqrt{3}\, i \frac{f_1^2}{f_3^3} = 1 - \frac{f_2^3}{f_3^3};$$

man überzeugt sich nämlich nachträglich leicht, daß diese Funktion auch in $w = \infty$ (was wir zunächst außer acht gelassen hatten) einen 2-fachen Nullpunkt hat.[1]

III. Der dritte Fall $\frac{1}{l} + \frac{1}{m} + \frac{1}{n} < 1$ führt auf transcendente automorphe Funktionen; wir können auf seine nähere Untersuchung nicht eingehen, halten vielmehr das Ziel dieser Einführung für erreicht, nachdem wir bis an die Schwelle desjenigen Gebietes gelangt sind, in dessen Erforschung die funktionentheoretische Arbeit gegenwärtig ihre dankbarsten Probleme findet.

[1] Vgl. über den Fall II F. Klein, Vorlesungen über das Ikosaeder, Lpz. 1884.

Register.

Berichtigungen.

Seite 147 Glchg. 10 statt $\frac{1}{\zeta - \nu} + \frac{1}{\zeta - \nu}$ lies $\frac{1}{\zeta - \nu} + \frac{1}{\zeta + \nu}$.

Seite 166 Z. 3 v. o. statt $A_n = n A_{n-1}$ lies $A_{n-1} = n A_n$.

Seite 203, Fig. 45 sollte das Dreieck rechts unten von links unten nach rechts oben schraffiert sein.

Druck von Metzger & Wittig in Leipzig.

FSC
www.fsc.org
MIX
Papier | Fördert gute Waldnutzung
FSC® C083411

Zeitfracht Medien GmbH
Ferdinand-Jühlke-Straße 7
99095 Erfurt, Deutschland
produktsicherheit@kolibri360.de